新一代用户体验设计

面向多模态、跨设备的UX设计整合框架

[美] 谢丽尔 · 普拉茨（Cheryl Platz） 著
林泽涵 [加] 毕庭硕（Ethan Pitt） 译

清華大學出版社
北 京

内 容 简 介

本书对人机交互设计进行深度思考和探索，通过讲故事的方式来介绍如何营造出一种人机协同互信的多模态和多设备使用体验。全书共 15 章，内容丰富，信息量大，理论清晰，案例丰富，图文并茂，可读性强。

本书适合从事产品和服务的需求、设计、开发和测试人员及团队参考和使用。

北京市版权局著作权合同登记号 图字：01-2021-6540

Design Beyond Devices: Creating Multimodal, Cross-Device Experiences by Cheryl Platz
ISBN 13: 978-1933820-78-1

图书在版编目(CIP)数据

新一代用户体验设计：面向多模态、跨设备的UX设计整合框架/（美）谢丽尔·普拉茨（Cheryl Platz）著；林泽涵，（加）毕庭硕（Ethan Pitt）译.—北京：清华大学出版社，2024.1
书名原文：Design Beyond Devices：Creating Multimodal, Cross-Device Experiences
ISBN 978-7-302-60687-1

Ⅰ.①新… Ⅱ.①谢… ②林… ③毕… Ⅲ.①人机界面－程序设计 Ⅳ.①TP311.1

中国版本图书馆CIP数据核字（2022）第069362号

责任编辑：文开琪
封面设计：李 坤
责任校对：方 婷
责任印制：杨 艳
出版发行：清华大学出版社
网 址：https://www.tup.com.cn，https://www.wqxuetang.com
地 址：北京清华大学学研大厦A座 邮 编：100084
社 总 机：010-83470000 邮 购：010-62786544
投稿与读者服务：010-62776969，c-service@tup.tsinghua.edu.cn
质量反馈：010-62772015，zhiliang@tup.tsinghua.edu.cn
印 装 者：涿州汇美亿浓印刷有限公司
经 销：全国新华书店
开 本：160mm×230mm 印 张：24.25 字 数：464千字
版 次：2024年1月第1版 印 次：2024年1月第1次印刷
定 价：129.00元

产品编号：090744-01

推荐序（一）

据我们所知，只有人类这个物种能够根据语境及自身的能力将同相的信息自由切换到不同的沟通模式。其他一些动物会用歌唱、吼叫和鸣叫（如蟋蟀）来交流，每个物种都有自己固定的模式，传达的意义也相当有限。蓝脚鲣鸟如果不能在求偶的时候向雌鸟展示其独特的舞姿，单靠发出声响是无法赢得雌鸟芳心的。长尾猴能够针对其四种主要的天敌发出不同的叫声，然而一旦面临危险，它们无法通过无声沟通的方式来实现交流。

唯独我们人类像是中了多模态老虎机的大奖。如果想对自己所爱的人传达信息，我们可以选择大声说出来、用唇语来表达、用单手比划、发个表情包或是用手肘轻推示意。我们可能会在不同场景下选择不同的方式，具体取决于自己觉得最自在的表达方式以及对方是否能够理解。

然而，一旦将数字化场景纳入考量，一切都变得复杂起来。面对这种复杂性，人们总是缺乏深思，仍然习惯性地期盼现有解决方案（如“移动端优先”或“对话式界面”）能充分表达全面的、以人为本的设计。实际上，如果只专注于一种设备或一种模态，将无法照顾到更多用户。

幸运的是，我们有谢丽尔。在这个领域，她不仅专业和富有同理心，还能直接指出我们的错误。她提醒我们，要想顾及所有的人群，必须对任何事抱有批判精神。她对那些侧重于人文关怀的技术充满热情且乐于分享，尽管这样做可能会使某些设计师和技术专家觉得奇怪或难以理解。

这本书是数字化系统设计进化过程中不可或缺的参考指南。无论您之前擅长什么领域，都可以从本书中看到之前所有的相关主题及其原理和过程。就算不是马上开始进行多模态的、脱离设备限制的设计工作，也可以通过本书的阅读从容面对频繁出现的信息干预和切换不同设备这样的科技常态，培养同理心，为用户营造出更好的体验。

就像谢丽尔书中有个案例中说明的那样，仅仅只是额外增加一个输入方式，就可以为人们提供以往环境中缺少的自主性。我们经常说的“赋能”就是这个意思。

人性是我们共有的，但我们每个人的生活环境和能力各不相同。阅读本书，迎接来自内心的挑战，帮助大多数人充分参与人类共同的未来。人和人之间，本来就应该携手并肩。

——埃丽卡·霍尔
Mule Design Studio 策略总监

推荐序（二）

人机交互有一个漫长的发展史，各个平台的最佳交互模式经历过长久的探索和洗礼。最早的计算机通过开关来控制输入指令，通过晶体管来读取输出的计算结果。后来，输入的形式进化为纸带，大大提高了输入效率，同时，指令可以存储和重复使用。为了让计算机能够普及，后来又有了打印机键盘和阴极射线显示器，极大降低了使用的门槛。鼠标和 GUI 的引入，使得计算机从命令行的一维世界进入可视化的二维世界。后来，手持设备上真正替代实体键盘的多点触摸屏使人们真正进入了随时随地可以使人机交互的时代。

人机交互方式也随着平台的演进为人与机器的交流打开了通道。在输入方面，键盘输入每分钟可以输入约 200 个字符，鼠标可以在二维平面上实现精准的像素级定位，手指可以在多点触摸屏上直接操作对象。在输出方面，从满屏的字符，到丰富多彩的视觉元素，再到 VR/AR（虚拟现实/增强现实）的三维世界，甚至还能重建一个虚拟世界。

新的设备和平台在抢占用户的时间和空间，需要与其匹配的最佳交互方式。个人电脑是在固定空间（或移动后固定）中使用的生产力工具，需要高效的输入和输出，也为键盘鼠标这样的设备提供了空间。手机则是可以随身携带和随时使用的设备，对输入效率和输出效果的要求往往让位于便携性。智能电视是家庭公共设备，但使用时人往往又远离电视，大部分时间都在输出，输入主要集中在少量参数和关键词上，如此一来，在传统遥控器的基础上增加语音识别就是一种非常棒的设计。

时代在不断发展，既有的时空不断被新的寡头占据，新的交互方式可能给新势力带来新的机会。当我们热衷于新的交互方式时，也需要冷静思考它究竟是颠覆者还是只是过眼云烟。曾几何时，Oculus VR 眼镜的发明让人们一度幻想它可以颠覆手机和颠覆 PC。然而到今天，它的主要应用场景仍然有限。AR 也给我们带来无限的遐想，谷歌眼镜、Hololens 和 Magic Leap 仿佛真的把未来带入了现实，仿佛大街上人人都会佩戴这样的眼镜，俨然这就是下一代的计算平台。

事实上，军用仍然是它最大的用途，因为军人在作战时无法携带手机。

设备平台的进化还在继续。作为从业者，面对新出现的交互方式，我们需要冷静分析在某个设备平台和时空关系里用户最典型的需求场景及其需要执行的任务是否真的迫切需要新的交付方式。最理想的交互方式是什么？人的听觉、视觉、味觉、嗅觉和触觉如何调用？它们之间如何既优势互补又冗余备份？当这些非常复杂的问题摆在我们面前时，可以借助于本书提供的一整套思考框架，在欣喜和谨慎中找到较为正确的方向。

——朱晨

思特沃克物联网（IOT）总监

前言

网站的用户越来越少，这样的说法也许有些夸大其词，但我们确实不能再像以前那样假设用户一种设备来完成各种任务。情况实际上很复杂，交互体验的跨度可能涵盖网站、移动端应用、智能音箱甚至车辆。这是一个多态的、多设备的复杂世界。

我们甚至整个行业是时候抛弃“移动端优先”或“语音优先”这类先入为主的观念了。用户已经懂得自主选择最符合个人需要的交互方式，我们只有关注用户想要完成的事情及其完成事情的方式并赋予其多种输入和输出的选择，才能最终实现共赢。

微软小娜、Alexa 和史迪奇

我一直是个科技迷，但说实在的，指引我写这本书的契机是……额，皮卡丘，确切说，是《您好皮卡丘！》这款游戏。

在卡耐基梅隆大学计算机科学与人机交互念本科的时候，我有机会接触当时最前沿的技术，比如机器人学、人工智能与虚拟现实。

2000 年左右，完全沉迷于皮卡丘世界的几年之后，发现任天堂在 N64 平台上推出一款游戏《您好皮卡丘！》（图 1）。这是一款令人惊奇的多模态游戏，它附带一个很特别的麦克风（图 2），可以对皮卡丘说话（我知道它只是个噱头）。这款游戏是为儿童开发的，而我当时已经是个成年人了。我在试玩并第一次和皮卡丘说话的时候，颇有一些心动。当它无视我的时候（因为心情不好或 00 年代初期麦克风的问题），我会感到难过。我还特意为此写了一篇主题为《您好皮卡丘！》的研究生论文，语音技术因此也对我产生了深远的影响。

图 1
小小的神奇宝贝，却产生了极大的影响，《您好皮卡丘 !》帮助塑造了我的职业生涯

图 2
作者穿着 20 世纪 90 年代天鹅绒面料的服装，在弟弟凯尔的房间里，用麦克风装置玩游戏《您好皮卡丘 !》，第一次体验通过语音来控制游戏

我在多模态领域的专业经验最早来自于任天堂，当时我的身份是 DS 电子艺术部门的助理制作人，我负责七款首发游戏中的《模拟人生：上流社会》。游戏中的多模态形式主要是触觉（按键）和运动觉（触摸 / 手势）。

几年后，我以任天堂 DS《迪士尼朋友》（2007 年发行）这款游戏主要制作人的身份回到任天堂。受《任天狗》、《动物之森》及《您好皮卡丘 !》的影响，我第一次在《迪士尼朋友》中应用了语音交互界面。我在触控式 UI 设计、自动语音识别、本地化和语音界面方面都获得了宝贵的洞察。如图 3 所示，从游戏记录也可以看出我花了不少时间和史迪奇说话。

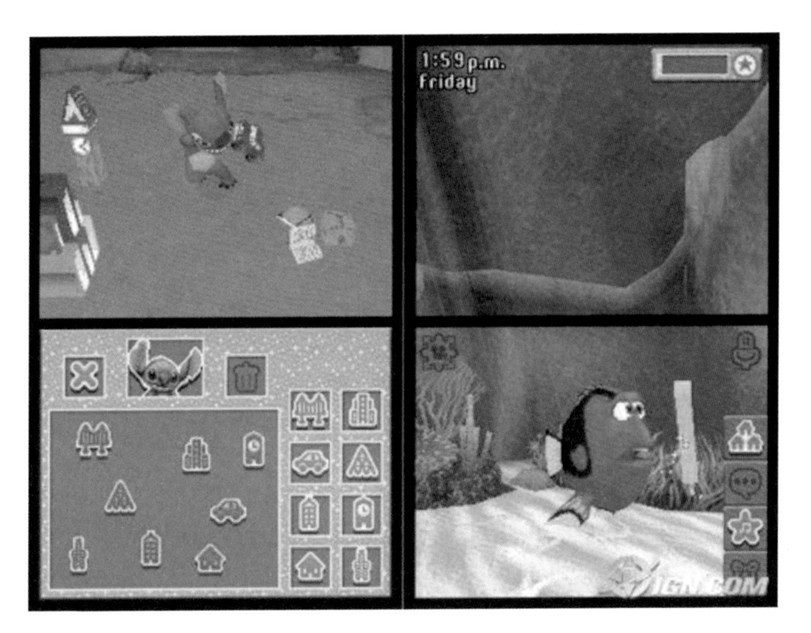

图 3
开发《迪士尼朋友》时，我们使用多模态设计将任天堂 DS 的沉浸式体验推向极致

2012 年到 2014 年，我加入微软车载系统团队，再一次回到多模态的丛林。我们设计的体验就像科幻小说中描述的一样。我们尝试了从声音到触觉控制再到触屏的无缝切换，就像星际飞船“企业号”的舰桥一样。

之后，我加入微软小娜（Cortana）团队，工作内容是在台式机上用语音和触控来安排行程等和生产力场景相关的工作。这些工作为我后来加入亚马逊 Echo 团队做好了准备。我在做亚马逊 Echo 产品的两年时间中，参与的项目包括 Echo Look 的电脑视觉项目（已结束）、Fire TV 的集成、Echo Show、Alexa 汽车和智能家居场景中的产品。

说明 **关于微软小娜**

> 亚马逊的 Alexa 是大家最熟悉的语音设备，但实际上，微软小娜问世的时间更早。微软小娜是微软推出的智能语音助手，虽然现在只出现在桌面电脑中，但它最初是内置于 Windows 手机平台的。

至于 Alexa，我最关注的是系统层面的设计。在 Echo 平台上，如何使纯语音的交互方式适配 Echo Show 及其屏幕上？我在主导设计 Alexa 的通知、勿扰模式和我们的干预模型的过程中，遇到了个人职业生涯中最让人兴奋的设计挑战。

将设计范围从密切关联到设备的体验，再转到不受设备限制的整个系统，意味着我们为用户打开了一个崭新的、充满机会的、人性化的世界。人们终于可以身临其境地表达自己并根据当下的本能反应和需求来自如流畅地选择表达方式。

涉足多模态设计多年后，我看到行业中很多从业人员仍然在黑暗中努力探索该领域未来的发展前景，便萌生了写书的念头，旨在弥补空白并鼓励大家应用系统思考的方式来面对这个充满机遇的人机交互领域。

新的基础

科技公司的节奏通常都很快，而且都懂得谨慎地保护自有的知识产权，所以在产品推出之前，人们很少充分考虑新概念的应用场景。这些不完善的最小化可行产品（MVP）几乎成为新的网站、新的应用程序和新的设备的“标配”。

过去，这种狭隘的观念不会带来严重的后果，因为至少可以假设用户当下完全专注于一种体验。虽然设计的时候可能不了解用户家中的应用场景，但至少知道用户在使用产品的购物车功能时，用键盘和鼠标在标准的家用电脑上进行操作，至于用户家中还有其他什么应用，完全不关您的事，因为他只在电脑上进行操作。

如今，这样的假设不再成立。为单一的环境或场景进行设计是一个过时的、以设备为中心的设计观念，它诞生于充满着物理限制和功能限制的世界。

这一个观念将许多有身心障碍或情境障碍的群体拒之门外，他们被认为是“需额外花太多成本的边缘化群体”，以最低的限度满足他们就好。

对于“最小化可行”，如果不认真地重新规划架构，将无法提供更加复杂的、以人为本的人机交互体验。本书可以作为蓝图来重构原来的产品或者系统。

世界正在发生天翻地覆的变化

我在 2019 年 9 月开始写这本书。新冠的大流行，导致我即将完成这本书的时候，已经居家隔离近 6 个月了。我当时想象的新书发布场景可不是这样的。在这么短的时间里，有这么多的悲伤、痛苦和离开。一开始，我还以为这一切会波及这本书而必须全部推翻重写。但最后，除了抓紧时间完成，几乎没有什么别的变化。

本书使用说明

哪些人应该阅读这本书？

如果您关心网站的未来，建议好好读一读这本书。如果正在努力整合移动端应用与网站和智能音箱应用，也建议阅读这本书。如果对未来的科技（如虚拟现实或人工智能）既期待又畏惧但并不确定是否应该深入了解，建议好好阅读这本书。

如果对未来学家感到失望并且正在寻求切实可行的方案来推动产品的开发，应该阅读这本书。如果在这个丧失道德伦理的科技领域中感到迷茫并且需要以用户为中心的工作方法作为指导，应该阅读这本书。

设计师、项目经理、开发人员以及工程师，如果想要知道如何打造理想的交互界面，绝对不要错过这本书。

本书包含哪些内容？

本书的结构经过精心编排，旨在帮助大家了解整个端到端的多模态体验设计旅程。

第 1 章 “创造一个更理想的世界”对多模态及其相关的基础性概念做出定义，以便读者利用本书的内容来创造有价值的体验。

第 2 章 “获取用户的语境”和第 3 章 “了解忙碌的人类” 展示了一个框架，以对产品的应用场景进行提问和描绘。

第 4 章 “受到干预的活动”和第 10 章 “主动采取行动” 探索主动式交互可能对用户造成的影响并提出相应的设计框架。

第 5 章 “设备的语言”和第 6 章 “表达意图” 从人体感官的角度探讨不同类型的输入和输出技术，这些技术可以结合起来打造一个多模态的交互体验。

第 7 章 “多模态的图谱”列举一系列多模态交互模型，以平衡有形与无形的交互。

第 8 章“多模态的陷阱”和第 9 章“迷失在切换中” 深入讨论多模态设计师面对的设计挑战—— 同步性、语境、可寻性、人因工程、身份特征以及模态切换。

第 11 章“探索未知”介绍一些构思和创意技巧以及多模态设计师在未知领域用于探索新想法的心智模型。

第 12 章“从想法到执行”涵盖需要准备的特定设计产出，这些产出可以帮助团队成员对多模态体验达成一致的理解。

第 13 章“超越设备：人类 + AI”和第 14 章“超越现实：XR、VR、AR 与 MR”涵盖较为前沿的主题，比如探讨 AI 所扮演的角色、数字助理以及多模态和跨平台体验中的扩展现实技术。

第 15 章“为与不为”探究行为及其影响，提供用于评估解决方案的伦理框架，以确保兼顾道德和创新。

书中还列出了为包容性发声的建议和值得思考的具体问题。

书中对业内十大事业有成的资深人士与学者的访谈呈现出不同的观点：

- 珍妮斯·蔡博士，谋智研发部门研究员
- 赛义德·萨米尔·阿尔沙德，计算机语言学家
- 凯瑟·彼尔，对话设计圈的先锋
- 珍·科顿，谷歌 Nest 资深设计师
- 安娜·阿波维扬，多模态创新者、讲师
- 克雷格·福克斯，混合现实的业界领袖
- 布拉德·弗罗斯特，《原子设计》的作者
- 奥维塔·桑普森，创意总监以及 IDEO 前职员

- 杰西・谢尔，虚拟现实领域的先锋
- 凯西・菲斯勒博士，社会计算研究员

本书不包含以下主题：

- 深入探讨特定模态的设计话题，因为市面上已经有很多书在探讨类似的话题
- 全面的用户研究方法论，因为市面上已经有许多涉及民族志研究方法和用户测试的资源
- 探究道德伦理的完整框架。虽然本书提供了一些问题指引和框架结构，来主动评估潜在的影响并将危害最小化，但我鼓励大家通过自己的研究来决定哪些道德伦理的框架更为符合自己的价值观

这对读者意味着什么？

在感到惊慌失措之前，可以确定一点：无论是设计师、工程师还是项目经理，您现有的技能并不会派不上用场。多模态设备仍然离不开设计。本书要介绍如何将现有的技能应用于支持多种输入和输出模态的设备。但这种单一的关注点在科技几乎无所不能的新世界中，并不能真正做到以人为本。

跳出单一设备的框架才是魔法的开始。作为设计师，必须对无形的系统与可供性[①]进行探究，让用户在不同设备及不同地点无缝衔接且不遗漏关键内容。除了探究，还要找到既精简且人们普遍可以理解的产物来诠释系统。

尽管我们做的产品不像“进取号”星舰的舰桥[②]那样壮观，但本书展示的不同应用模型适用于最复杂的跨设备应用场景。此外，这些模

① 译注：可供性（affordance）是人们认为产品应该具有的性能，在本书部分地方也翻译为“直观功能 / 功能”。

② 译注：“进取号星舰”是《星际迷航》系列中一些虚构星舰的名称，而舰桥是星舰的大脑，用于操控星舰和指挥作战。

型有助于识到对多模态、不受设备限制的系统设计与服务设计的投入以及能够给现在和未来带来什么好处。

毫无疑问，这是一条漫长的道路，但值得我们躬身入局。不可避免的是，挫败乃是常态，毕竟，我们做的事情是将整个人类的交互方式编入系统中，以系统化的方式使用各种不同的输入方式与传感器并通过在设备诠释出来。在这个过程中，经常需要从用户的角度换位思考，需要在不同阶段运用不同的框架来帮助自己做出明智的决定。对自己好一点，因为冰冻三尺非一日寒。

不要再要求用户去适应新的技术，反过来，要让技术适应人。是时候学习如何超越设备进行设计了。

让我们开始吧！

本书配套资源有哪些？

本书网站（rosenfeldmedia.com/books/design-beyond-devices）包含一些补充内容，书中部分图表以及插画有知识共享许可（www.flickr.com/photos/rosenfeldmedia/sets/），可以下载并用于自己的演示文稿中。

常见问题解答

到底什么是多模态设计？

第 1 章“创造一个更理想的世界”对此下了一个定义：“多模态交互体验是指人的多种感官同时参与的体验，比如可以在设备上通过说话或触控的方式进行选择。”20 年前，个人电脑只能通过视觉和用户进行交流，而用户也只能用触觉进行操作。现在，有更多的选择（详情参见第 7 章“多模态的图谱”），但也给我们的设计带来更多的复杂性（详情参见第 8 章“多模态的陷阱”）。

多模态设计有哪些挑战？

最大的挑战就是引入了看不见的输入方式，比如语音和手势。这些输入方式使得设计的产出与交互更加复杂。现有的许多设计产出标准并不适用于有多种输入和输出方式的系统，第 12 章“从想法到执行”会介绍如何将复杂的想法转化成具体设计的实际案例。一旦这类设备变得越来越普遍，也会出现越来越多涉及信息干预的挑战。第 4 章“受到干预的活动”和第 10 章“主动采取行动”会介绍如何设计可预测的、负责任的主动式系统。

这本书会讲人工智能吗？

虽然本书并不完全在讲人工智能（AI），但人工智能确实驱动着语音和手势的交互模式，所以这个话题是绕不过的（对设计师来说也一样）。第 5 章“设备的语言”和第 6 章“表达意图”要介绍驱动输入和输出的特定类型的人工智能。第 13 章“超越设备：人类 + AI”专注于人工智能如何工作？有什么潜在的偏见问题？在体验中部署人工智能时，哪种方式最有效？

本书会不会谈无障碍与包容性设计?

有关包容性设计的内容贯穿全书，所以我就不是在某个章节单独加以说明。第 1 章“创造一个更理想的世界”提到近年来人们对“设计社区”和“身心障碍社区”关系的担忧以及如何通过新的思维方式来解决这些担忧。在第 5 章“设备的语言”和第 6 章“表达意图”中，会提到包容性设计在执行层面的潜在风险与机会。额外的补充内容也适当穿插于全书各处。最后，第 15 章“为与不为”提出一个全新的轻量级框架，从正反两个方面来衡量后果和影响。

简明目录

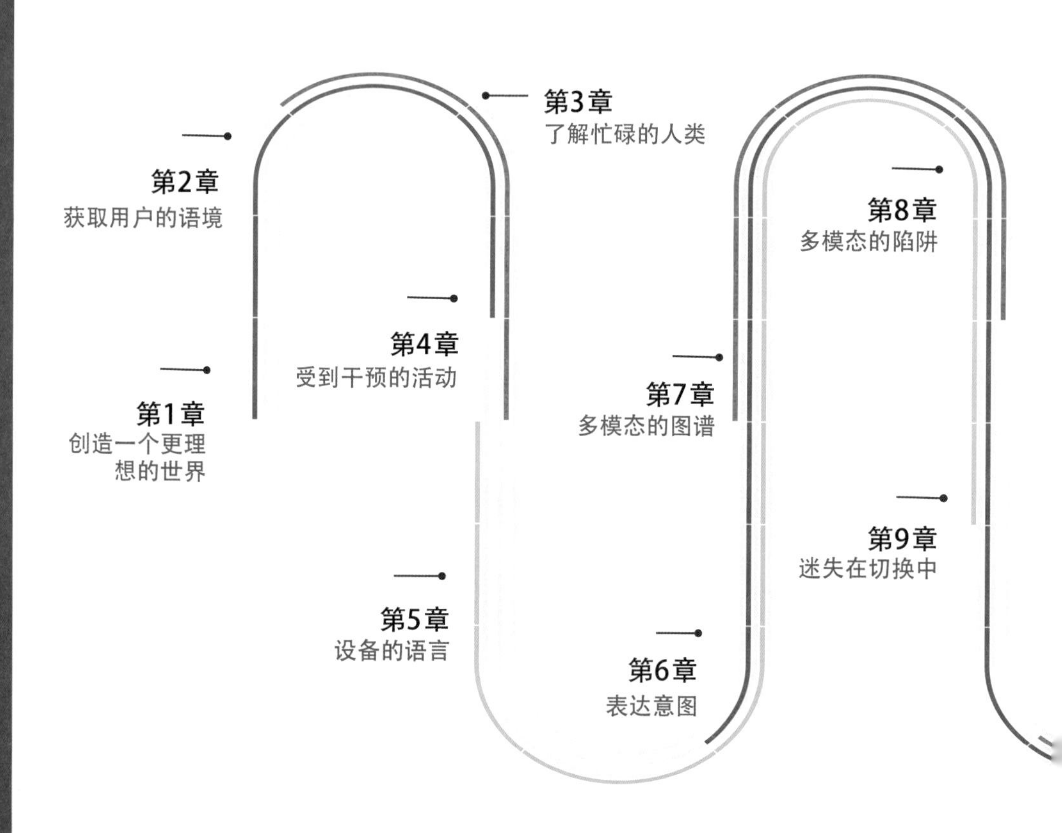
第1章
创造一个更理想的世界
第2章
获取用户的语境
第3章
了解忙碌的人类
第4章
受到干预的活动
第5章
设备的语言
第6章
表达意图
第7章
多模态的图谱
第8章
多模态的陷阱
第9章
迷失在切换中

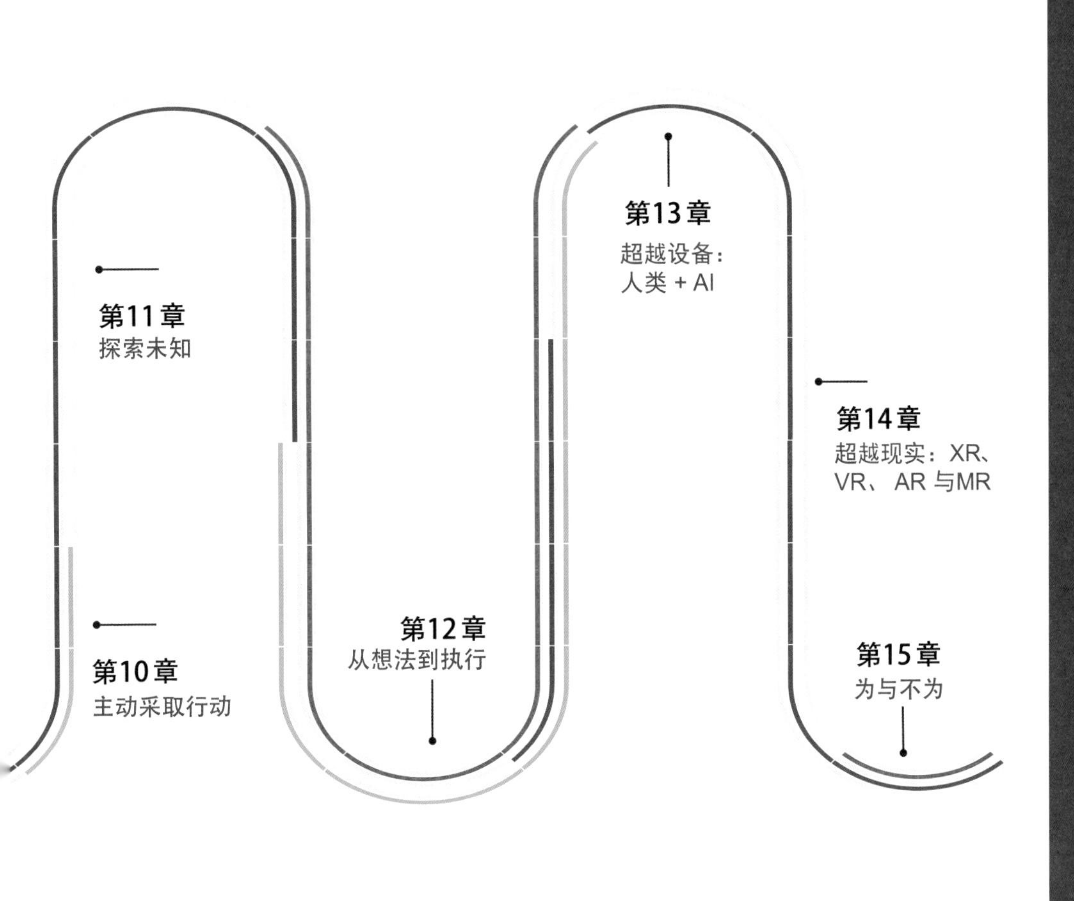
第13章
超越设备：
人类 + AI
第11章
探索未知
第14章
超越现实：XR、
VR、 AR 与MR
第12章
从想法到执行
第10章
主动采取行动
第15章
为与不为

详细目录

第 1 章

创造一个更理想的世界

众所周知，整个社会各个层面再一次经历着惊人的变化，人机交互领域也不例外。为了适应这个美丽新世界，我们必须进一步从真正意义上理解“交互”，从中发现“交互”的定义及其与推动这次变革的某些力量有哪些联系。“能力有多大，责任就有多大。”（谢谢我的叔叔本。这是2002年电影《蜘蛛侠》中的一句台词）

智能手机的问世使得人机交互得到了很好的定义。电脑进入人们的生活，通过屏幕上的图片和文字与人们展开对话，有时还有声音，人类借助键盘和鼠标来表达自己的想法或作出相关的回应。

值得庆幸的是，交互技术越来越多样化，当前和未来的设备能够支持很多输入与输出方式。可是，经过这么多年，我们使用的许多设备却还是一成不变！

设计师可以用这些新的技术来丰富他们的工具箱并根据用户的需求来选择最合适的互动方式。一些系统支持用户根据需要来选择各种不同的输入和输出方式。这种更具有包容性的交互方式通常称为“多模态”）。

交互技术成为消费市场的宠儿，也成为另一种力量，推动着人类社会的发展。对用户生活经历的认知比以往任何时候更为重要，设计师设计的体验会影响到用户的生活。设计决策不再局限于输入和输出，而是关系到造成的影响和后果。技术的影响力大大超出我们的预期。如何才能充分利用大家的专长来创造一个更理想的世界呢？

1.1 语境的重要性

幸运的是，我从小成长于一个热爱技术的家庭（图1.1）。在我小的时候，就对家里“闪着灯的黑盒”有浓厚的兴趣，我甚至还在大学论文也探讨了这个话题。但显然，我不是诺查丹马斯①那样的预言家，因为我没有在迷雾中预见到我的未来会真正接触到那些闪着灯的、

① 译注：法国星象学家和物理学家，生活在15到16世纪，他在1555年出版的预言诗集中预言过1555到2242年间发生的事。

由 Alexa[②] 驱动的黑色圆柱体。

不过值得注意的是，我家的这些设备并非总是在闪烁，尤其是在我开始阅读使用手册之后。我会设置 VCR 的时间并在录制时间出错时调整。我的父母不得不经常和早熟且没上幼儿园的我争论不休。VCR 指的是盒式录像机，如果您没听说过，也没关系。

图 1.1
我对父亲公司（美铁，美国全国铁路客运公司）的编租设备很感兴趣

过去几十年大众普遍认为，与科技交互的模式是像下面这样的。

1. 购买昂贵的硬件（或软件）。
2. 阅读指导手册。
3. 坐在硬件设备的输入通道（按钮、键盘、鼠标等）附近。
4. 根据手册中的内容，通过复杂的方式完成每个步骤。

② Alexa 是亚马逊开发的智能个人语音助手，黑色圆柱体指的是搭载 Alexa 的智能音箱 Echo。

过去的诸多迹象表明，人类还是一如既往地认为，应该对自己的生活方式进行调整以适应当前日新月异的科技。这种心态在身心障碍群体中尤为明显，详情参见本章末尾的讨论 。

我们竟然很少考虑诸如“这个设备放在哪里？”或者“我们能不能假设用户有1.5的视力水平？”等情景化设计的问题，这可能会带来以偏概全的风险，人们过去需要外接物理设备与这些设备进行交互，或许可以假设用户距离设备仅由咫尺之遥。除此之外，因为多数设备都很沉，并且需要接通电源，所以可以合理假定这些设备都在同一个电源插座附近。

如今，理论上大家都知道情况已经发生了变化。但这些认知是否改变了人们对产品进行构想、推广和设计的方式？实际上，并没有想象中那样大的变化。产品团队仍然凭着经验基于各种陈旧的假设和不周全的方式进行工作，尽管它们在笔记本电脑、电池、触摸屏、细胞信号和免手持设备进入市场后已经过时。

对语境的研究已经成为所有设计师工作中的关键，我们甚至不能再假设用户可以看到“闪着灯的黑盒”（或圆柱体）。无论是设计可移动的设备（笔记本电脑、智能手机、健身追踪器、智能手表等）还是动态的环境（开放式办公室、家庭厨房和公共空间），互动的语境都会影响体验的效用，决定产品的成效。

这本书中，我的部分使命是鼓励大家将用户及其语境当作利益相关方。随着交互方式变得越来越丰富且复杂，如果无视用户的环境、关系和形势对体验设计的巨大影响，不仅可能有风险，甚至可以说有后果极其危险的风险。

深入了解

第2章和第3章可以提供用于探索与定义用户语境的工具，以便大家在进行人机交互设计时能够始终坚持以人为中心的设计理念。

1.2 定义多模态

模式和多模态这两个术语到底是什么意思呢？这两个词可能是您阅读这本书的动机之一。但设计师和技术人员有没有好好想想两者其实是同一个东西？

事实证明，这是一个很难回答的问题。《韦氏词典》如此定义多模态："具有或涉及几种或多种不同的模式或模态。"这样的定义非常笼统。需要进一步对模式的概念进行有价值的定义，才能赋予其意义。聚焦于数字化体验领域，以多种方式对模式与多模态进行解读。

- 单一输入操作，多种响应方式：尼尔森诺曼集团对模式的定义："根据不同的激活状态，系统对用户输入的信号产生不同的响应方式。同一种输入操作可能带来不同的结果。"③ 以键盘上的大小写切换键为例：切换为大写键后，通过键盘输入的英文字母从小写变为大写。尼尔森最初的定义中，多模态的概念并不适用于系统的输出方式。

- 能力或功能："模式"一词也广泛用于描述不同的能力或状态，例如智能手机上的飞行模式。心理学家对人类不同的感知模式进行了定义：视觉、听觉（声音）、触觉（触摸、移动）和本体感觉（空间中的方向和运动）。

- 沟通的方式：即便跳出科技行业，沟通模式的概念也被广泛接受。沟通模式涵盖书面文字、图片、言语、移动、触摸等。

这些定义对整个行业意味着什么呢？这些定义没有本质上的错误。"模式"这个词本身就有许多不同的形态。2019 年拉丁美洲交互大会的主题演讲中，路·罗森菲尔德在题为"狭隘困境"的演讲中批评当前行业过分拘泥于具体的定义，并提出语境才能给事物提供意义。人与设备之间的关系在演进。在这本书中，我如此定义多模态交互："人与设备之间的一种沟通方式。在这个过程中，人们可以

③ 访问日期为 2019 年 4 月 14 日，网址为 www.nngroup.com/articles/modes/。

根据不同的语境或者个人习惯，在同一时间或按先后顺序进行多种输入和输出模态的操作。”

为了方便之后的讨论，我认为有必要建立一套通用的定义，这些模态既适用于以人为主导的输入方式，也适用于以设备为主导的输出方式（表 1.1）。

表 1.1 沟通方式

模态	描述
视觉	刺激物通过光通道产生投影或渲染，刺激物可以是书籍、电子阅读器、动态图片和视频
听觉	用声波进行交流，比如音乐、音效或语言
触觉	通过物理环境的变化来传达含义，比如压力、振动、力反馈，或者触摸和点击这种直接的操作
运动觉	通过身体的运动或在空间中的定向来进行交流
周围环境	由环境或生物特征推断得到的含义，比如温度、心跳、光线等

注意，在交互过程中，输入与输出的模态不一定完全一致。在一些情况下，不一致反而更好。几十年来，我们使用的数字化交互技术就一直是这样的。例如，人们通过触觉（鼠标或键盘）进行输入，但通过视觉或听觉的方式接收系统输出的信息。我们通过敲键盘来输入信息，同时电脑通过图像与声响进行反馈。这种交互方式与人类发展进程中自然的方式有一些差异。

深入了解

第 5 章和第 6 章将介绍各种输入与输出交互模态的具体形式。

1.3 以柔克刚

我最初从事智能音箱方面的工作时，有一种奇怪的矛盾情绪。当时，智能音箱广泛受到媒体和用户的好评，被认为是一个全新的、具有包容性的突破。

然而，我在亚马逊 Alexa 语音用户界面团队里担任语音交互设计师的最初几周个星期遇到一件我觉得有悖于常规认知的事。实际上，并非所有的身心障碍人士都能使用早期的 Echo 音响。某些关键功能（比如注册）只能通过 App 进行操作。这些设置只能依靠视觉能力进行，从而将有严重视障的用户及盲人群体拒之门外。

这引发我思考一个更广泛的问题：如果智能音箱都存在可达性（accessibility，又译为“无障碍”）的问题，那么多模态界面的可行性到底有多大？它是否真的符合道德伦理？如果我们设计的设备要求提供多种重输入方式，是不是也会像这样把更多面临同样障碍的用户拒之门外？

众所周知，要求提供多种输入方式确实会将很多潜在用户拒之门外。早期 Echo 音响在一些核心交互场景下要求用户同时通过听觉和触觉的方式来完成交互。

但是，最优多模态交互方式完全不会指定使用多种输入方式。最强大的多模态交互可以支持多种不同的输入与输出方式，并根据用户的需求与场景在这些交互方式中自由切换。

深入了解

不同模态之间的过渡很重要，本书第 9 章将有详细的阐述。

1.4 修复系统，而不是修复人

身心障碍群体始终生活在一种矛盾的状态下，他们一直是多模态交互的重度用户，在常规交互方式受限的情况下，他们使用语音或触觉这些特殊的方式进行操作。但是，这些多模态的体验都是些事后补救的方法。这种普遍存在的“缺哪儿补哪儿”的心态，导致了低劣的、支离破碎的多模态交互体验。

不能继续犯这样的错误了。我们现在有机会为身心障碍群体建立一套全新的体系！对热衷于解决问题和挖掘新用户的专业人士而言，这样的机会让人兴奋。但与此同时，也要求我们积极深入地了解身心障碍群体的刚需及其行为习惯。

1.4.1 （重新）定义残疾 / 失能

过去几十年，残疾的定义发生了相当大的变化。在 20 世纪八十年代，残疾的定义主要指身体伤残与能力缺失，现在，对残疾的定义是“人的生理能力与经常交互的系统环境之间相互作用的结果。”世界卫生组织如此描述：“残疾是个人健康状况（疾病或意外）或缺陷以及多种环境因素之间相互作用的结果。”

定义的变化使得这类群体不再像以前一样被当成异类，使其逐渐恢复了自尊心。新的定义把关注点转移到解决系统性排斥问题，而不是把责任归咎于个体，要求他们去“克服”系统本应解决的问题。

说明　尊重身心障碍人士的说法

在描述障碍的时候，不同的人有不同的用词偏好。有的人倾向于“残疾人”，而有的人倾向于“残障人士”或“生活障碍人士”。不同群体可能有不一样的描述，但面对具体的一类群体时，请遵循他们的措辞，避免使用残废这样的词，因为这是过去的说法。

1.4.2 将约束当作“礼物”

接下来几章进一步探究输入和输出模态时，会提到许多与潜在用户相关的描述，他们在一些特定环境下有临时性或永久性的障碍使其无法使用某种特定的交互方式。

在设计看来，这样的群体不是约束，而是一种机会，可以做包容性更强的设计！一旦发现这些设计约束，不妨问问自己如何通过可靠的多模态体验以不同的交互方式来帮助这些用户完成任务？

如果项目早期就开始考虑交互模态和支撑系统的选择，就可以得到更包容的设计。

包容性设计不是一项任务，而是一种馈赠。设计师不正是在各种约束下茁壮成长起来的吗？！大多数产品都是用来解决问题的。许多案例表明，受益于包容性设计的不只是身心障碍群体。以下是一些案例。

- 路缘坡（连接人行道与街道路面的小斜坡）：将路边的直角做成斜坡，不只是方便使用轮椅的人，婴儿车、小推车和自行车也可以使用④。
- 流媒体的字幕：字幕最初是为听障人士发明的，后来正常人也开始在拥挤的巴士或其他吵闹的环境下（即使没有耳机）通过字幕看视频。
- 发短信：最初是为听障人士设计的，现在短信已经彻底改变了人们的交流方式。

但不要忘记无障碍设计的本质。路缘坡效应也许能够造福整个社会，但它也可能使其最初服务群体重新被边缘化。轮椅用户斯科特·克劳福德在一篇博文中如此描述：“我拍到的一些坡道，看起来只是人行道上的装饰，对山羊都不安全，更不用说对残疾人了。”轮椅用户使用这些斜坡时，发现这些坡道不仅没有提供帮助，甚至还成了人行道上的障碍。设计师必须回到初衷。⑤

---

④ 网址为 https://ssir.org/articles/entry/the_curb_cut_effect 。
⑤ 访问日期为 2016 年 11 月 16 日，网址为 https://rootedinrights.org/impassable-sidewalks-turn-curb-cuts-into-decorative-accents/。

1.4.3 系统设计中的质疑性设计

顺着这些思路，身心障碍群体中有些人开始对过去的无障碍设计表示担心。2019 年西雅图交互设计周的演讲中，莉兹·杰克逊指出了设计工作背后空洞的动机。

莉兹指出，一些无障碍设计体现出“病态的利他主义”，她还提到人们经常讲述的救世主（公司或设计师）和受益者（身心障碍人士）的故事。这些故事削弱了身心残障群体的能力，“剥夺”了他们的能动性，传递出他们不能自助的信号。用她的话来说：“我们只是故事中的道具。”

莉兹鼓励将“质疑性设计”作为一种思考方式。与其关注“修复”某一类人缺失的能力，不如首先提出质疑：在当前系统下，要求用户有这样的使用能力是否合理？

我知道这么做很难，但这也是多模态设计让人感到兴奋的原因之一。多模态系统要求我们不能再将“为身心障碍人士做设计”当成任务或口号。关注灵活的多模态方式，允许人们运用自身的能力来解决某个问题，让我们从“为失能的人提供便利”迈向“拓展每个人本来就有的能力”。

1.4.4 没有我们的参与，就不要做和我们有关的决定

梅丽尔·阿尔珀在她的《给予话语权：移动通信、残疾与不平等》一书中指出，许多针对身心障碍人士的技术改造项目忽略了更广泛的系统性问题。

我的身心障碍历程

我现在把自己定义为身心障碍人士。经历了 2018 年的一次工伤后（办公场所的人机工程很重要，即便是临时工作空间），有人介绍给我一位理疗师，后者诊断出我除了受伤外有先天性结缔组织异常。

突然间，我以往生活中的许多事情都有了合理的解释。我有过关节创伤、偏头痛、肿瘤和其他奇怪的症状。最重要的是，我的慢性疼痛及其对我生活的影响有了合理的解释，这些干扰有时候甚至阻碍我开车和写作等。

完全摸清楚这次诊断结果需要花费很长一段时间。讽刺的是，这种身心障碍一直就在我的生活中，我却不知道它还有一个正规的名字。一直以来，我还为受大众群体孤立的身心障碍群体感到遗憾。

但我们都是人，有一系列的能力来应对不同的环境，包括已知的健康状况以及仍然未知的其他限制。我鼓励大家思考如何去强化人的各项能力，而不只是试图弥补基本能力的缺失。

为了响应身心障碍群体提出的口号“没有我们的参与，请不要做关于我们的决定（Nothing about us without us）”，一个主流的做法是以无障碍设计为主题举办设计冲刺，邀请相关的身心障碍人士参加为期一周的参与式设计。但是，以之前莉兹的观点而言，这些设计冲刺通常还是把身心障碍主题当作推进活动的手段，而不是作为核心的考虑因素。

也许您是个积极的技术开发者，或对设计冲刺过程充满好奇，但您的观点也是设计圆桌上比较有价值的观点。为了使团队更好地拥有挑战现有体系的创造性视角，要考虑为项目寻找更长期的、能够为身心障碍群体发声的人，请他们出任顾问、供应商或者全职的团队成员。

深入了解

第 5 章和第 6 章会提到多模态交互中潜在排斥性的例子。第 15 章会进一步提到设计过程中的包容性。

1.5 科技要坚决反对中立主义和种族主义

我们生活在这样的时代：在科技领域，我们所有人都需要有勇气维护真理和包容不同。在过去的不公正和我们渴望的变革之间的过渡性状态中（这些变革需要数年、数十年），技术仍然具有极大的影响力。

达内拉·弗雷泽是一位年轻的黑人女性，她用手机拍下了乔治·弗洛伊德事件的整个过程。一方面，科技使她可以采取这种勇敢的行为，另一方面也导致她随后受到种族主义者以及警察暴行和种族主义冷漠者的骚扰。总统在脸书（Facebook）上鼓励暴力行为却没有受到脸书CEO的反对，脸书的员工花了好几个星期才使人注意到自己的反对。

是时候让设计师上场了 #CauseAScene

包括我在内的许多人都有平台和足够的影响力，但一直不曾意识到歧视和压制他人的行为已经渗透到我们的文化中，单纯保持中立已经不足以解决这些问题了。

反种族主义经济学家以及技术伦理的倡导者金·克雷顿博士在推特上建立了话题 #CauseAScene 以及 Cause a Scene 播客来解构科技中立所带来的危害。该话题框架提供几个清晰而重要的指导原则，以帮助大家在这个时代最大程度上地降低工作中可能产生的危害。

#CauseAScene 指导原则

- 科技不是中立的。不采取行动等同于是无所作为，并且会强化现有体系中存在的偏见。在推特上，国家元首和其他掌权者可以滥用平台，并且违反平台用户服务条款。我们对产品的每个决策都可能带来正面或负面的影响，完全中立只是一种假象。
- 缺乏战略的计划终究是一团乱麻。一旦出错，我们经常听到“我的本意是好的”这样的解释。好的意图无法抵消实际带来的伤害。制定战略有助于逐步主动减轻潜在的危害以及制定我们以听取用户的同样，这种态度使得骚扰达内拉女士的人有了“保护伞”。

第15章要介绍如何借助于一个轻量级的框架在工作中探究道德问题。对于刚开始了解多模态的新人，做到这点非常重要：作为一名科技工作者，您的责任不仅是确保设计的系统不会造成伤害，还要确保它能够积极地强化期望中的社会发展。从非种族主义到反种族主义，从可实现性到全面的包容性。

- 科技产品如何助长消极的刻板印象且增强滥用者的能力？
- 科技产品如何被用来打压弱势群体？
- 黑人、原住民、少数族裔和残疾人是否同样可以使用您的科技产品？如果不可以又怎么办？这种排斥会给他们带来怎样的伤害？

意见、监测影响并在发生意外时及时响应。

- 包容性的缺失是风险管理的问题。这一点在2020年奥斯卡颁奖典礼上得到了最好的证明。尽管早些时候奥斯卡提名者致力于提高种族多样性，但女性和少数族裔这次都被关键奖项拒之门外，当然，这也导致奥斯卡颁奖典礼的收视率创下历史新低。值得一提的是，黑人媒体活动人士和曾任律师的艾普·蕾恩在推特上创建了#OscarsSoWhite话题，以推动人们关注奥斯卡提名的种族差异问题。
- 优先关注弱势群体。仅有善意是不够的，仅仅做到“平等”对待也是不够的。当今的科技和社会规范建立在殖民主义、歧视和压迫的复杂历史因素之上。我们必须采取积极努力地来打破这种循环，因为这是我们共同的责任和义务。

克雷顿博士在#CauseAScene框架里概述的原则，为那些面对着社会中最棘手的大量问题的人群提供了一套有用的框架。如果社交媒体平台认为跨性别人士是社会上最脆弱的群体之一，他们能得到拯救吗？如果脸书承认科技不是中立的，那么2016年的美国大选又有怎样不同的结果？与其等到自己的想法完全成形，还不如把这些原则运用到日常实践中。

- 这个科技产品的问世是否会损害或者打乱现有的体系？

这些问题很难回答，而我也不是这方面的专家。总而言之，要与相应的群体进行交流以探索这些问题的答案，而不是作为局外人完全靠猜。我们在 21 世纪前二十年的记录中发现，多数人在做事情的时候，并不擅长为与自己不同的群体争取最大的利益。 包容意味着共同协作，而不只是敞开大门。

深入了解

第 13 章会进一步提到人工智能领域中偏见的潜在来源（这是今天科技领域中最容易产生偏见的领域之一）。第 15 章会介绍一个轻量级框架，可以用来探索项目的可行性、可取性和潜在的影响。

1.5.1 与过去建立连接

培养反种族主义思维模式的另一个要点是要认清历史上殖民主义行为与当下情境的因果关系，这么说一点也不夸张。好比战争赔偿这个概念，铭记过去并不是为了丑化其子孙后代，而是让受到伤害的家庭重新变得完整的第一小步。要从过去中成长，而不是活在过去。

我这本书大部分内容都涉及以人类语境为中心、系统设计以及伦理设，与刚才提及的“反种族主义思维” 有很大的相似性。从某种程度上讲，全世界只有极少地区不受这些模式的影响。至于希望影响大规模变革或者提升公平性的设计师，则应该在工作中思考这些问题，并从开始了解自己家乡的历史着手。

我这本书是在北美沿海地区撒利希人（具体是印第安杜瓦米许部落）的故土上写的。上百年来，他们经历过许多违约和背叛，但西雅图土著的杜瓦米许人，在祖先的土地上继续他们的辉煌，继续向政府递交请愿书。我为杜瓦米许人的过去和现在心存感激并为这片土地感到骄傲。

1.6 性别平等的视角

性别是一个棘手的话题。有些设计师发现自己陷入了困境：想要做正确的事情，然而，性别平等是否意味着消弥性别差异呢？不是的，至少现在不是。不可否认的是，从收入到立法，性别差异仍然存在于我们的社会制度中。如果在设计过程中忽视性别，可能会使这些系统中的危害持续存在。

说明 什么是性别

盖茨性别平等工具箱如此定义性别："在特定语境下，社会和文化所构建的男性和女性的概念。"

但需要重点注意的是，性别、性别认同以及所有形式的非二元性别，都是非常私人的问题。对许多人来说，设计产品时并不一定需要获得这些信息。但这也不代表不需要了解这些因素对用户体验的影响。记住，当人们与数字体验互动时，他们的身份是存在的。

在我工作的比尔及梅琳达·盖茨基金会，我们正在加倍努力地以性别平等的视角看待各种投资。我希望大家也会这样对待自己的产品。

- 不同性别的人看待您设计的体验时有何差异？
- 您的工作是否可能会无意识地扩大或延续现有的性别差异问题？
- 在工作中，可以通过什么方式来减少现有的性别差异？

约束是一种礼物，这种心态不仅适用于包容性设计视角，还有利于提升产品的市场适应能力。

1.7 设计创新

随着智能音箱的问世，一些业内人士开始呼吁"语音优先"或"仅通过语音"，意味着所有交互方式应该从根本上转变为语音主导下的交互体验。我喜欢这些话题所体现的热情。确实，语音界面是一片巨大的蓝海。但从我的角度看，只关注一种交互模式而排除其他模式，只会使用户所面对的问题发生变化，而非得到根本性的解决。

尽管语音交互确实向有行动障碍或视力障碍的人伸出了援助之手，但也可能导致将其他一些人拒之门外。这就是为什么我不相信未来交互仅有语音或者语音优先的原因。没有一种交互模式可以平等地囊括所有人。一旦过度强调一种交互模式，设计就会变得不中立，其他的交互方式和用户会受到影响。

未来是多模态的，支持多种输入与输出模态的流畅转换，这将确保每个人在我们未来的科技中都是平等的参与者。但不要因此而感到失望。实际上，对喜欢钻研有趣的、复杂的问题的人是一个极好的消息。未来是未知的，有许多可能性，而您正在驾船驶向那看似无边的地平线。向哪个方向航行？这本书作为导航指南，将带您驶向更广阔的蓝海！

我这本书无法作为满足所有产品设计需求的完全手册。这本书之所以存在，是因为随着体验的概念日益复杂，我们迫切需要新的、更完整的、全局性的框架和系统。在这些框架和系统上，可以将过去的设计进行相应的分类。终究是需要语音设计和图形用户界面的，但它们会和其他的模态共存，您需要系统地将这些体验统一、连贯地连起来。如果要面向未来设计产品或服务，《新一代用户体验设计》就可以指引您采用最新的方法从容应对。

1.8 落地实践，行动起来

您可能觉得自己还没有准备好在产品或服务中运用多模态体验设计。但事实是这样的：对于一些用户，您打造的体验已经是多模态的。没有一种模态能够满足所有用户的需求。但如果不有意支持这些用户，他们将不得不采用第三方工具或者其他变通的方法，这将导致最终体验对他们反而是一种障碍。

在阅读这本书的其他部分之前，花些时间来思考当前的产品或者最近发布的一些新产品。

- 是否了解过因为设计的体验缺少对某种模态的支持而导致用户不得不换用其他工具来进行操作？
- 如果现在用户的年龄增长或者需求发生了变化，怎么办？您设计的体验仍然能够为他们服务吗？
- 在产品演进过程中，是否考虑过为曾经被排除在外的用户提供更多直接的支持？
- 在用户的生活中，您设计的体验如何与其他角色、其他设备或者系统进行交互？这种交互是正面的还是负面的？

很可能您已经在开发一款多模态产品了，但很难说自己能够完全理解用户的生活场景而有意设计这些体验。在这本书中，您将学会使用一些必要的工具和技巧。来帮助自己获得体验设计的主动权以面对未来的不确定性。

第 2 章

获取用户的语境

为了确保您是为“真实”的世界做设计，您需要先了解这个世界。不能总是假设用户都安静地坐在台式机前使用你的产品，需要了解用户的生活以及使用产品背后更丰富的语境。必须要讲故事，而且是关于人的故事。必须生动地展示使用场景 —— 不仅是给自己看，还包括所有同事以及决策者。

在进行体验设计时，如果希望能够不受单一设备的局限，您需要锻炼一种新的技能：对语境充满好奇心。为了锻炼这种技能，需要探索出一套可以帮助质疑假设的框架。您可以通过这套框架来促使自己提出一些非常规性的问题。当了解了用户的语境后，接下来需要学会讲故事这门艺术，讲这些信息转述给他们听。

2.1 将戏剧表演与设计相结合

1999 年，艾伦·库珀在《软件创新之路》[①]一书中介绍了用户画像的概念：通过虚拟的人物形象来代表一类具有相似特征的用户群体。在 2008 年发表的博客文章“用户画像的起源”[②]中，艾伦介绍了他最早对用户画像的使用，那段时间，他会在计算机编程工作的间隙到高尔夫球场散步，在这个过程中：

> 散步的时候，我开始自说自话，我将自己设想成一个项目经理，就像我工作中的同事凯西一样，对我写的程序提出功能和操作上的需求。我经常沉浸在这种对话中，大声地说话并做着各种奇怪的手势，我的存在和怪异的行为把正在打球的一些人吓了一跳，但这并没有让我自己觉得困扰，因为我发现这种类似于戏剧表演的方法，可以很有效地帮助我剖析产品功能和交互上的复杂设计问题，能让我看到哪些是必要的，哪些是不必要的……

① 出自 Alan Cooper 的 The Inmates Are Running the Asylum：*Why High Tech Products Drive Us Crazy and How to Restore the Sanity*，Sams 出版于 1999 年。

② 出自 Alan Cooper 的“The Origin of Personas，”*Cooper Professional Education Journal*(blog)，发表于 2008 年 5 月。

实际上，艾伦在高尔夫球场的表现就像是一个演员或编剧在为一部新剧演练台词一样。整个世界都是一个舞台，即便只是一个高尔夫球场。

然而，如今的用户画像很少能捕捉到用户的全局面貌。用户画像倾向于聚焦在某一时刻，而不是某一段时间。画像中可能会提及“是谁”以及“在哪里”，但是经常忽略了“如何”以及“为什么”。当然，仍有一些从业者有能力做到后者的程度。可是，几十年后的今天，许多用户画像读起来就像是匆匆填好的约会交友资料（图 2.1）。

图 2.1
这样的用户画像真的可以让您了解到正在使用产品的用户吗

话说回来，该如何更加全面地理解用户语境，并且避免大费周章？演员和编剧，尤其是即兴演员，已经被这个问题困扰了很多年。他们只能利用有限的资源来描绘出立体、丰富的体验。

举个例子，对于“可语音控制的厨房定时器”这个提案，如何才能让满屋子的干系人相信这个概念值得投入几百万美元进行研发。与此同时，3 美元的定时器也能够帮助完成同样的定时任务。

也许可以通过新手厨师的故事来启发干系人，这些厨师需要同时处理三个定时器，然而他们的双手占满了浓浓的肉汁。你是否能够讲述出一个丰满的故事，来帮助干系人做出决策 —— 是建立一个新的产品线，还是在原有的体验中做迭代。

但是，当真正开始创造全新的体验时，如何才能找到合适的故事呢？如何确保能够以动人的方式将这个故事讲述出来？

即兴演员也遇到了相似的难题，他们需要在表演的过程中，实时、快速地进行内容的创作，以保证表演的故事能足够有吸引力。在专业的即兴表演中，付费观众会给演员带来更多压力，这对演员的能力提出了更高的要求——他们的即兴故事足够吸引人。

为了能够熟练地在短时间内快速创作出吸引人的戏剧表演，即兴创作人员需要学会讲故事。他们在故事框架层面上进行实践。在大多数情况下，他们会对一套讲故事的框架达成共识，使得工作的产出更容易进行评估，并且与同伴的合作更高效。

如果即兴表演人员可以学会实时地创作引人入胜的故事，那么想想看，在远超过五分钟的时间和经过大量的用户研究之后，您能创作出什么样的故事！

说明 **我的即兴表演背景**

我做了超过 15 年的即兴表演者和指导老师，我的大部分时间是在历史悠久的 Unexpected Productions 剧院中度过的。在练习即兴表演的日子里，我越来越感激它教会我的这些技能：

- 将任何新的问题或者提议当成馈赠，而不是敌人。
- 跳出自己固有的认知，用不同的视角进行探索。
- 从书面文案到演讲，都能够通过有趣的故事情节、明快的叙事结构和自信的姿态来讲述故事。

此外，即兴表演通常是荒谬而又有趣的。我要将这种方法强烈推荐给想要提升个人技能的设计师，它通常会给人带来意想不到的好处。

2.2 以讲故事的方式进行设计

为什么要讲故事？为什么是现在这个时代？2007年，随着苹果手机的出现，人类和设备之间的关系开始发生了变化。突然之间，发生在家里和办公室的以外场所的交互行为开始变得越来越频繁。此时，用户故事中的细节内容变得更为重要。

- 用户在哪里？
- 他们的目标是什么？
- 他们周围都有谁？
- 他们是如何对周围外界环境做出反应的？

近几年来，问题变得更为复杂。用户不仅没有坐在台式机前，他们甚至可能看不到电脑屏幕。随着潜在的用户需求、目标和语境的扩大，设计师进行故事叙述的责任也随之变得越来越重。

幸运的是，您并不需要实时地讲述一个全新的故事。在理想情况下，可以通过用户研究来获得讲故事的素材。 您就像是个演员，并且拥有观众，比如同事和干系人。但是，这些观众可能无法像您那样地与用户建立连结。为他们回放每一场用户访谈显然不切实际。因此，自己需要成为一个会讲故事的人。

有一个秘密是：讲故事本身就是一种设计。对故事中呈现内容的挑选过程也是一种设计决策。通过不断地询问自己一些关键的问题，可以辨别出哪些部分可能没有答案，哪些部分需要做出假设以进一步验证，以及哪些部分能够获得关键的洞察。

2.3 叙述故事的构成要素

即兴表演的训练和彩排过程，主要是根据表演提纲锻炼大脑的“肌肉记忆”，以便在即兴表演中获得更好的表现。

包括我在内的一些即兴演员讲故事的组成要素抽象成 CROW，即人物（character）、关系（relationship）、目标（objective）、地点（where）英文首字母的组成。这四个组成元素会在很大程度上影响故事的吸引力。当然，并不是所有的优秀短片或故事都会完全遵循所有的四个要素。

什么是即兴戏剧

即兴戏剧经常被误认为是脱口秀，但它们是两种截然不同的东西。在即兴戏剧中，会有多名演员实时合作，一同创造并表演出全新的场景或完全即兴的戏剧，而这一切都是在观众的见证下进行的。

在许多即兴表演中，演员会让观众临时出题。这主要有两个目的：第一，对专业演员而言，临时的出题反而成为一种馈赠，他们并不会因为受到约束而担忧、头脑一片空白；二是向观众表明表演是临场发挥的，而不是按照一定的剧本进行演出。即兴表演的“彩排”主要有两个目的：建立搭档之间的信任以及学习一套共同的规则、结构或游戏，之后搭档可以据此来实时地构建要叙述的故事。

相比之下，脱口秀通常是按照脚本进行的表演：经历无数遍试演以及开放麦的夜晚来精心打磨作品，确保表演的时间、用词、演出顺序、腔调和肢体可以最大程度上使观众产生情绪上的跌宕起伏。

任何预先录制好的媒体内容都缺乏现场表演和直播那种真正的及时性。可可在线点播的经典即兴戏剧例如电视剧《到底是谁的台词？》还有奈飞的即兴戏剧《米德迪奇与施瓦兹》。

但是，即兴表演并不仅局限在表演领域，许多人都发现这种技巧在工作场景中也十分有用。即兴表演是一套代表着积极聆听、乐于共创和弹性思维能力的方法论。

即兴表演最吸引人的一点是，即便是新人也能够轻松上手。无数的即兴表演者都是从自学开始的，一群伙伴根据书上和网站上学到的内容进行训练。不需要成为专业即兴表演者也可以从这些即兴技巧中获益。

想象这样的画面：两个人站在一起讨论巧克力话题。这听起来一点儿也不吸引人，对吧？

- 假设其中一个人在肢体行为上表现出一些焦虑，比如不断地抖腿或者避开眼神交流。这个人的行为举止让整个场景变得略微有趣了。发生什么了呢？为什么这个人在这种普通的场合中表现得如此焦虑？
- 我们也许可以通过两个人对彼此的称呼了解他们的关系（那个焦虑的男孩叫艾迪，另一个叫莎拉）：这两个人应该相互认识。但是，为什么其中一个人如此焦躁？
- 通过进一步观察舞台内容（包括了课堂场景，以及人物和虚拟储物柜的互动），我们了解到事件发生的地点——学校走廊。
- 这时候，观众发现了艾迪的目标：第一次邀请莎拉参加学校舞会。并且通过赠送巧克力的方式和对方发起话题。

在场景演进过程中建立起 CROW，将有可能把场景从一个简单的对话变成充满吸引力的故事。

说明 CROW 的起源

对于本章探讨的故事叙述框架，我已经在我从事即兴创作的 Unexpected Productions 中运用了几十年。虽然相关的文献记录并不详实，但是我们的创始人兼艺术总监兰迪·迪克森以及前演员瑞贝卡·斯托克利和苏珊·麦克弗森帮助我追溯到了 CROW 的来源，CROW 的广泛传播得益于已故的西海岸即兴演讲大师何塞·西蒙在其专题研讨会上的推广。至今，何塞的远见仍然影响着即兴表演者和故事叙述者。

CROW 这种故事叙述结构的精妙之处在于，它为创作者提供了一个完整的、人性化的叙述流程和架构，使得创作者能结合故事的语境来提出和用户相关的重要问题。那么，我们就从用户体验的角度入手来研究 CROW（表 2.1）。创作的故事中，各个模块分别对应 CROW 中的哪个模块以及如何在故事情节创作中梳理出 CROW?

表 2.1 借助于 CROW 架构来创作引人入胜的故事

维度	说明
人物（Character）	定义故事主人公特点：人物属性、思想态度和行为
关系（Relationship）	探索故事中两个（或多个）参与对象过往的关系、情绪和态度
目标（Objective）	理解故事发生的阶段，参与者期望看到的变化，主动或被动，短期或长期
地点（Where）	列举故事中的环境特点：典型的场合，有哪些东西、是否存在阻碍

2.3.1 人物：是什么让您成为自己的

当故事叙述者谈论一个“人物”时，这个词语涉及人类个体方方面面的特质（包括现实世界和虚拟世界中的）。人类并不是一成不变的，相比其他的生物，人的某些特质更容易随着时间的推移而发生变化。为了更好地解构这些不同层级的变量，可以将人物的概念拆分为三个维度。③

1. 人物属性：基本特征、习性和习惯。即便这些属性通常不会随着时间的流逝而改变，但也可能出现例外情况，包括个人技能、性格行为怪癖、性别认同、性取向、身体障碍以及个人在主流社区和边缘化社区中的身份的改变。

2. 思想态度：对外界刺激（包括他人、事物或处境）的情绪反馈和反应。

3. 行为：即故事角色决定采取的行动。但是，如果没有通过角色的思想态度、性格特点或其他事件作为铺垫，以对“为什么”采取行动进行解释，那么用户就会认为这种选择与人物脱节。

当透过以上视角来看待用户时，许多与用户体验相关的疑问便油然而生，这些疑问有助于引导您找到有趣的机会点和关键瞬间（表 2.2）。

③ 出自 Tom Salinsky and Deborah Frances-White 的 *The Improve Handbook: The Ultimate Guide to Improvising in Comedy, Theatre, and Beyond*, Continuum 出版于 2008 年。

表 2.2 通过人物视角所启发的体验问题

维度	探究用户语境的问题
人物属性	◎ 用户是否存在某种习惯或身体上的限制，可能会影响其体验？ ◎ 在与用户在交流时，能否感受到他与其他用户的不同？语言方面？口音方面？ ◎ 用户如何看待自己的身份，如何看待自己在他人心目中的地位？ ◎ 当置身于更大的群体中，用户的哪些属性会导致他们被边缘化，这将对他们造成怎样的影响？
思想态度	◎ 用户的偏好和观念受到哪些文化的影响？ ◎ 在表演起始阶段，用户可能的情绪状态是怎样的？ ◎ 该用户是否把任何先入为主的想法或行为习惯带到欣赏表演的过程中？
行为	◎ 为什么用户会主动选择您设计的体验？他们有其他选择权吗？ ◎ 当用户参与到您设计的体验中时，他们需要做出哪些行为？ ◎ 用户如何进行自我表达，您设计的体验是不是他们自我表达的一部分？

2.3.2 关系：建立的连接

在用户体验工作中，进行人物关系的传达可能是“故事构成要素”中最具有挑战性的一部分；但是，人物关系也是用户情感反馈的关键部分，它们对于语境的设计是至关重要的。与某人（或某物）走得越近，就越有可能对他（它）产生情感。可以仔细检视下自己的生活环境，并试着定义产品与周围事物之间的脉络。

- *人与设备的关系*：用户已经拥有并使用自己的设备多长时间了？会与他人分享吗？他们拥有所有权吗？这个设备是昂贵且珍贵的，还是便宜且一次性使用的？用户是否将设备也当成人一样对待？

他们是否给设备取了名字？他们在设备上花多少时间？他们对这款设备的感情如何？（图 2.2）

图 2.2
人和设备的关系，女士拿着手机的方式

- **人与企业的关系：** 用户是直接与您打交道，还是通过第三方公司？他们是自主选择合作，还是因为垄断或选择有限而不得不选？在这种情况下，他们抱有什么期待？（图 2.3）

图 2.3
人和企业的联系：人与自助点餐机的互动

- **人与人的关系：** 在某些情况下，可能会有多个人在使用产品，也许是同时进行使用。他们之间是什么关系？他们之间是相互信任的吗？（图 2.4）

图 2.4
使用产品时人与人之间的关系，家庭成员正在通过平板设备打视频电话

如果说人物关系是故事叙述中塑造情绪的关键，那么在传达产品中“愉悦”这种难以捉摸的情绪状态时，这些关系也同样关键。如果仅仅是满足用户要求，那么用户也仅仅是满意而已。如果能够深刻地理解这种情感联系并且充分重视用户的期望，这将会为产品的体验打造更坚实的基础。

2.3.3 目标：驱动的力量

产品团队已经通过场景、首要任务和待完成的任务等概念构建出了用户的目标。但只有这个框架仍然不够。大家一定看过不少这样的用户故事：“作为用户，我想看看虚拟机列表。”

除非看的是娱乐内容，否则人们通常不会只是为了好玩而去浏览一整张列表。无论是在视频平台选择一部电影，还是解决电脑的某个软件故障，用户都是带着目的性的。如果忽视了用户的目标，所谓的“解决方案”就会变得缘木求鱼，恐怕无法完全满足用户的需要。

对于专门从事与用户体验相关的工作的人来说，CROW 中的 O（目标）能够提醒您复查自己的假设。

- 所定义的用户目标是怎样的？是他们真正的最终目标，还是仅仅为了通过这些描述将故事引导至已经设想好的功能上？
- 产品团队是否假定他们的解决方案可以独立存在？有没有可能存在这种情况：解决方案其实是属于一个更庞大的、与设备并不一定相关的、可能涵盖多种体验的人类目标的一部分？

达成目标的障碍

在这个时代，人们经常会听到无数次这样的对话：可怕的邮件订阅功能。

> 市场部：我们想要使“订阅邮件”的链接放得更显眼一些，以便提高参与度。
>
> 设计部：好的，但是用户的目标是什么？
>
> 市场部：为了订阅邮件。
>
> 设计部：不是，为什么他们想要订阅？您并没有解释清楚这点。
>
> 市场部：我不理解您的意思。

如果产品无法满足用户真正的目标，那么再高的参与度也是毫无意义的。这只会让设计元素在页面上看起来更大或更突出，但并不会创造高质量的用户粘性。当然，也许用户会去点击那个链接，但是如果他们不清楚自己为什么要订阅，或者能够获得什么利益，那他们在下一步操作的时候也不会输入自己的邮箱。

这种不合时宜的邮件订阅操作不仅与用户的目标脱节，更有甚者，页面上的订阅弹窗还进一步阻碍了用户“我想要了解这个话题”的目标。当用户遇到这种不合时宜的引导操作按钮时，可能会感到沮丧，甚至受到更大的影响。

不仅要确保自己的设计必须与用户的目标保持一致，还要确保不会妨碍用户达成他们的目标。如果没有解决用户的问题，或是没有帮助他们达成目标，那么设计的产品或者功能是无法取得成功的。

案例学习：通过亚马逊 Echo 的案例来学习如何演进目标的设定

有时候，需要持续根据消费者的反馈来调整初期提出的产品目标假设。亚马逊的推出的 Echo 智能音箱可以通过语音设置厨房计时器，但每次只可以设定一个计时。当产品推出市场后，用户反馈就来了，他们希望可以同时设定多个计时。

实际上表明，用户的目标并不是简单的“我想要设定一个计时”，而常常是“我希望做饭不会烧焦”（这应该也是多数人的期望吧）。当对目标背后的语境进行分析后，就会发现做饭的人同时需要多个计时：一个用于土豆，一个用于烧鸡。单一的计时仅能满足单一的小目标，但是不能满足用户整体的期望。

为了满足这个更大的目标，Alexa 智能语音平台最终不仅增加了多个计时的功能，还能够为计时进行命名。因为这两个功能是相关联的，所以它们在同一时间一起发布。一旦厨师设定了多个计时，他们需要知道刚刚响的是哪一个，这样才可以满足“我希望做饭不会烧焦”的目标。

探索人们的目标

为了更彻底地探索用户的目标，可以考虑下面这些问题。

- 当用户在使用产品时，他们在想些什么？
- 用户想要通过产品达成什么目的？
- 如果用户想要雇某人来做这件事，会如何描述这个人的职位？
- 用户会如何向他的朋友或者同事描述自己的目标？
- 用户在一个月后、一年后、五年后的目标分别是什么？设计的产品与这些目标之间具有相互作用的关系吗？

摆脱技术的限制，定义正确的目标，才能实现真正意义上的创新。当您能够摆脱解决方案的限制，深入地了解用户的需求，就说明您已经真正打开了创造力的大门。即使您已经假设某个特定的产品或工具可以用来帮助用户达成目标，但若能对用户的目标进行清晰的描述，对将来进行产品优先级排序也能起到很好的指引作用。

2.3.4 地点：周围有什么

最后，是时候考虑到同等重要的“地点”因素，或者说是用户所在的环境。人因工程专家精通于考虑物理环境对人机交互的影响，然而现今的用户体验设计师却经常想当然地假设了用户所在的环境（图 2.5 和图 2.6）。手机、平板电脑和非接触式的用户界面为当今的世界带来了无穷的可能性。

是不是只要有足够的想象力，即兴表演者就能够很容易地建立表演的环境，并进行故事的演绎？但实际上，我发现这对我的学生来说是一个最难掌握的技能。即使即兴表演者能建立环境，他们往往只能用平淡的方式来描述，很难让观众能联想到一个接近真实世界的画面。

在对“地点”进行定义的时候，通常需要通过情境访谈来了解下面这些问题：

- 这是一个公共环境还是私人场所？
- 这环境是喧闹的，还是安静的？
- 设备放在哪里？是固定的还是可移动的？它是否需要放在插座边上？
- 用户和设备之间展开的是一场对话，还是说只需要保证设备能发出能够让人接受的声音即可？
- 用户手上有什么？他们是否同时在做多件事情？
- 用户在看什么？他们是否一直注视着设备？

当获得了这些问题的答案后，找出并记录下潜在的痛点。现在的工作就是关注这些痛点，并且帮助干系人们在他们脑海里描绘出这些关于用户在“地点”这个维度上有趣的信息。

图 2.5
当在脑海中想象一个典型的故事语境时，通常是一幅枯燥无味的画面，就如这张加工过的厨房照片一样

图 2.6
但用户所处的真实环境通常比电视上所看到的更丰富。与电视中的厨房相比，我自己的厨房看起来会更加老旧、空间狭小且久经居住

说明 **情境画像**

设计研究人员比尔·巴克斯顿创造了“情境画像”这个词，并将它作为一种思考模式，用来指导设计师搭建故事的环境。[4] 如何建立一个适合该环境下的用户画像？它和其他环境下的用户画像有什么不同？

④ 网址为 https://interaction19.ixda.org/program/keynote--bill-buxton/。

探索环境

当考虑“地点”的时候，是否发现自己的创造力被局限住了？表 2.3 提供了一些方法，可以帮助您在不离开办公室的情况下也可以进行思考和探索。表 2.4 提供了一些常用的方法，帮助您获得真实的用户情境。

表 2.3 用来探索“地点”的创造性方法

方法	描述
手绘	不要因为没法手绘出像皮克斯动画那种质量的草图而感到忧虑。将手绘作为一种设计练习。所关注的环境中包含了哪些元素？哪些是重要的？哪些会因为地理位置的迁移而发生改变？
地点对抗赛	这是我们在西雅图即兴戏剧场经常玩的一个热身小游戏。两个玩家相互比拼，中间往往放着一个桌子作为抢答器。先定义一个环境，玩家们轮流讲出环境中存在的物体。以能否及时回答来定玩家的输赢
体力激荡	按实际的比例搭建一个包含了关键场景元素的空间。可以根据设定的核心场景进行角色扮演，并在这个过程中发现新的问题和痛点
图库查找	查看和用户所处环境相似的环境照片，并记下这些环境中的独特元素

表 2.4 用来探索“地点”的研究方法

方法	描述
场地勘察	扮演成一名摄影师，探访一些所设计的体验可能会涉及的地方，并且拍摄周围环境的照片（这通常会在访谈前进行）
日志研究	让用户依据指示拍摄照片并发给您，或者作为日志记录。诸如 Scout 等平台使得这些信息的传递变得更加方便
情境访谈	试图获得用户的允许，在他们使用产品的场景下进行观察和访谈。民族志研究常常会采用这种方式进行

2.3.5 如何向其他人介绍自己的设计

作为（已经停产的）Echo Look 摄像头的初代设计师（请见本章末的案例学习），我高度依赖于通过故事版将故事的“地点”呈现给干系人们。故事的描述可能是“当用户想要拍摄服装照片时，手机恰好不在附近”，也可能是在描述用户换衣服时必须放下手机的一系列动作——因此用户想要拍照的时候，手机并没有拿在手上。

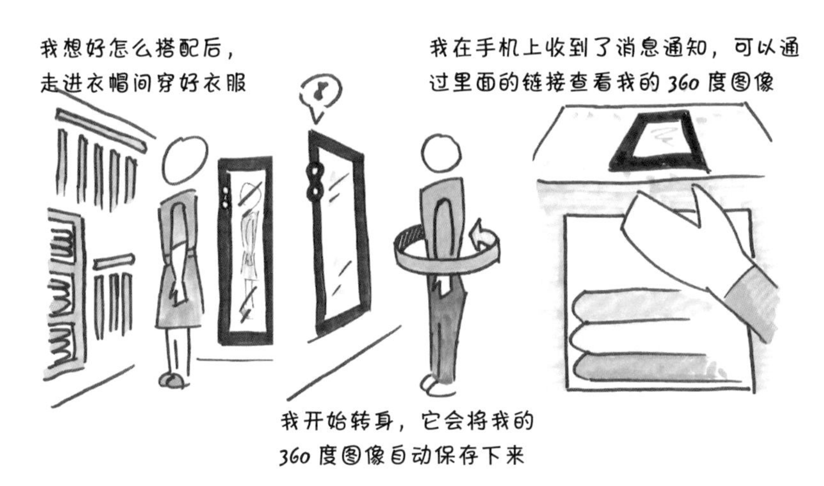

图 2.7
我挑选了早期 Echo Look 故事版的几张画面，它们展示了情境访谈中挖掘到的关于环境的细节。人们可以据此在脑海里快速地补充环境的细节信息。所以说，并不是艺术类科班出身的人才能讲述关于环境的故事

在定义和了解“地点”的时候，情境访谈是一种很棒的调研工具，同时也是一种被遗忘的艺术。在亲自看到用户的场景之前，可能都对它没有概念。尽管您确信自己已经足够了解这个环境了（厨房或者客厅），但仍有责任告诉干系人，这些用户此刻的注意力可能已经分散，运用于网页端体验的决策指标并不完全适用于度量手机端或者是非接触式交互的体验。

无论通过什么方式来描绘场景环境，要记住，要抓住那些最重要的细节，而不是所有的细节。目标有两个：

- 有足够的细节来描述原型中与“地点”相关的信息
- 解释清楚环境中直接影响用户体验的方面

深入了解

在第 11 章中，您会学习到故事版、体力激荡等方法在探索环境背景方面更多的应用方式，接下来，我会进一步讲述 Echo Look 摄像头项目中更多关于故事叙述的案例。

2.4 通过故事来建立共识

在这个技术日趋复杂的时代，如果真心为用户着想（别忘了，您自己也是用户），就有必要为干系人建立一个环境，让他们能够真正地与用户产生共情，了解用户的痛点，并且认识到提出的解决方案如何有效地改善用户的日常生活。

既然我们已经探索了用户体验的 CROW 要素（人物、关系、目标、地点），下一步要接受的事实是，并不总是需要用到所有的四个要素。有些场景即便没有明确定义所有四个构建模块，但也仍然有足够的吸引力。

案例：亚马逊的 Echo Look

为了检验 CROW 是否适用于产品研发，让我们来深入分析我的团队早期对亚马逊 Echo Look 的探索性研究。 Echo Look 是具有语音功能的衣柜管理摄像头设备，上架时间为 2017 年到 2020 年。我们计划通过开放式的用户研究来验证初期的假设。

假设：不需要手动操作的“自拍摄像头”的价值，体现在可以帮助追求时尚的用户时刻追踪记录衣橱内服装状况。

我们与一家外部公司合作，通过人种志研究方法，对潜在用户的住所进行研究，而且研究范围还扩大到一些我们不曾考虑过用户群体。根据获得的信息，我们可以搭建出一些列与 CROW 架构对应的洞察。

- 人物：我们的主要用户都是拥有大衣柜的群体。他们有很强的时尚意识，在日常穿搭中，经常都要试穿 2-5 件衣服。但他们条理性却很差，衣服到处乱扔，导致所有的衣物并不能在眼皮子底下直观地看到。
- 关系：我们的用户语音交互经验较少（我们的研究是在 Alexa 语音

当我在亚马逊内部介绍 Echo 项目时，我的任何一个故事板都可能抽离出语境中。我需要保证每个故事版都充分地考虑到 CROW 要素，以保证它本身有足够的吸引力。但首先要考虑如何定义这些组成要素。

- CROW 故事叙述架构可以在很多方面给产品体验设计带来价值。
- CROW 作为一个激发好奇心的框架，有助于重新构建对用户的现有理解。它可以有助于在产品开发的早期阶段找到正确的方向。

CROW 也可作为藏宝图，帮助您通过研究洞察来写出更吸引人的故事。

如果能够有足够详细的故事语境、细节来帮助受众建立同理心，那么这些故事往往也更能吸引他们。为什么媒体要对个别受害者的伤害案件或谋杀案进行详细报道，而对大新闻、大事件却只言片语地带过？这是不同程度的语境。大脑的构造决定了人不会对宽泛的描述产生共鸣。一旦当加入足够多的细节，受众就更容易将自己带入故事语境中，或者认为故事叙述是切实可信的。

助手搭载之前完成的）。他们有手机，但手机并不总是带在身边（比如在充电）。他们总是对自拍照不满意，因为手机摄像头无法拍全身。

- 目标：我们的用户希望对自己的着装选择感到自信，但有时会觉得实现这个目标比较困难。自信心不足会逐渐影响到他们生活的方方面面——约会、工作和自我评价。一些用户也希望与挚友或家人以照片的方式分享自己的穿着，可是手机摄像头无法拍摄全身。
- 地点：追求时尚的用户很少将所有的衣物都放置在同一个地方，这与一些干系人的假设大相径庭，他们设想的画面是一个整理有序的比弗利山庄风格的衣橱。而事实上，这些时髦的用户通常将衣物塞满壁橱、副壁橱、抽屉，甚至直接将衣物堆放在一起。此外，许多用户住在小公寓里，并没有理想中的全身镜。

通过人种学研究方法来探究我们最初设想中的 CROW，实际上却发现了亚马逊 Echo Look 更多出乎预料的潜在价值，既可以对服装进行追踪记录，又可以取代不实用的全身镜。

描述用户画像的细节时，对描述颗粒度的把控是一件让人纠结的事。一方面，用户画像表面上来说是为了找到共性的故事细节，以便于对抽象概念进行理解，但这也可能带来“举一漏百”的风险。

学过即兴表演的都知道，细节具有神奇的魔力。角色的姓名、情感以及环境的细节——观众的思维可以快速地将这些具体的细节编织在一起，在脑海里创造出实实在在的故事。

在体验设计中，对于一些重要的、极端的场景，对细节的详细描述能帮助您争取到人们更多的关注，从而产生更大的影响力。随着生活与技术的发展结合地越来越紧密，您需要去关注这些可能给用户造成实际生理、情感或经济损失的极端场景，并尽可能地找到应对方案。

确保故事设计遵循 CROW 的叙述架构，可以避免自己对干系人就某个问题的理解做出过多的假设。有说服力的故事设计可以给大家提供丰富的语境信息来协助决策。现在要抛开通用标准的设计，转向为真实的人类进行设计。先讲真实的故事，再来进行抽象。

打算讲什么故事呢？演出一开始，就不可以冷场咯！

2.5 落地实践，行动起来

本章标题为“获取用户的语境”，目的是帮助大家可以随时随地针对产品使用语境提出关键问题。

有时候，这些问题会促成进一步的调研；有时候，可以幸运地从其他渠道获得到答案；有时候，也许需要先建立假设，再进一步进行研究学习。

如果正准备为设计的体验建立一些关于语境的假设，将 CROW 应用于沉浸式的“情境化好奇心工作坊”是一个很好的选择。和干系人预约几个小时的时间，大家进行头脑风暴。

2.5.1 第一步：建立基准

首先，要确保团队成员能对项目建立一致的理解。如果找不到足够的时间一起做这件事，那么可以通过一些前置的准备工作和预备会议来建立共识。

1. 把所有已知的约束条件都暴露出来：预算、时间和方向。

2. 收集、重审、回顾自己掌握的所有用户信息。对所有已有的调研进行总结，并分享给团队。

3. 作为团队，应该提前对项目目标达成共识。你们是在挖掘新的用户需求，还是准备对当前某个产品概念进行研究？

2.5.2 第二步：探索

如果要让整个团队去用户现场进行拜访，这是一种高成本且不实际的方式。应该利用团队成员集体的创造力和生活经验来探索用户的基本生活场景。

1. 团队的每一个成员可以尝试将用户的场景画出来，例如通过“疯狂 8 张（Crazy 8）”头脑风暴的练习来进行手绘。这可以帮助大家快速地表达出个人的观点，并且提出一切核心的问题。

2. 回顾这些手绘图，并且进一步地找到一些与产品或者用户 CROW 相关的规律、洞见以及疑问。这是一个很好的出发点，但是也有可能只是停留在表面上。

3. 进一步推进细节的挖掘。将团组分为四个组，并且让每个组分别负责 CROW 中的一项。通过至少 15 分钟的时间对关注项提出尽可能多的问题。您可以提出一些开放性的问题，也可以提出一些回答。开放性的问题可以为之后进行用户研究或者风险分析提供帮助。

2.5.3 第三步：路线图

所有的小组重新回到一起，并且对第一步与第二步的洞察进行整合。根据产出的聚焦于用户的内容，回答以下几个问题。

1. 哪些信息是真实的？

2. 哪些是我们的假设？

3. 哪些问题我们需要回答？

这些用户所认为的成功是什么？

这个过程的目标并不是为了解决问题，而是了解问题所在的语境。如果幸运的话，这个过程能够得到认可，并且有可能通过进一步的用户研究和探索来验证您提出的假设和待回答的问题。

专家访谈：探究全球视野下的社会语境

我和珍妮斯・蔡博士最初相识于微软，我俩是同事，当时她重点负责 Windows 系统上数字隐私方面的工作。她现在身为谋智基金会（Mozilla，为支持和领导开源的谋智项目而设立的一个非营利组织）的研究科学家，运用她的专业知识研究和发展多模态体验，重点聚焦于推动体验国际化。

问：**您已经在语音的运用方面做了大量的研究工作。哪些方面的研究最出乎自己意料？世界上的其他地区，在对待用户语音交互行为的态度上有何不同？**

社会规范在语音的运用上扮演了重要的角色。了解清楚社会规范具有多少可延展性很重要，也很有趣，具体还是要看新技术可以被运用到哪种程度。在公共场合对着笔记本电脑大喊大叫，或者电脑作出某种回应，这些仍然是比较忌讳的行为。正常来说，人们应该都会关注自身所处的周边环境，注意自己的言行举止；虽说人们当面或通过电话进行对话的行为是自然地、可接受的，但仍旧从骨子里觉得在公共场合对着机器人或者电脑大喊大叫是不太合适的。然而，我们看到这种现象却越来越频繁，看到越来越多的人可能会选择在咖啡店里进行视频通话会议。

专家访谈：探究全球视野下的社会语境

在研究美国和欧洲的语音助手的使用情况过程中，我们发现研究社会规范特别有意思。2018 年在法国和德国的实地研究中，我们发现这两国用户对语音助手的使用程度要低得多。欧洲实验对象使用新技术的动机更多的是出于必要性，而相比之下美国实验对象则更多地出于便利性和好奇心。在欧洲，由于人们的英语口音太重，所以早期使用语音助手时经常出错，导致人们对语音助手的印象很差。大多数语音助手最初仅发布了英语版本。语音助手不适合欧洲家庭成员之间的交流模式，因为多数实验对象家庭成员之间的日常交流都是多种语言无缝切换。谷歌助手现在支持双语识别。

网络连接的差异也会影响人们的日常行为，为了确保用户在出行的时候能够顺利使用语音助手，您需要减少对网络数据的依赖。为了能正常使用语音助手，即使在不用时，也需要一直保持联网，不断地将数据发送回运营商。另一方面，社会规范也可能对无屏幕互动的发展起到推动作用。在我们的法国实验对象看来，边吃饭边使用带屏幕的设备是社交礼仪中的大忌。但是，这些法国家庭会通过语音助手来搜索信息，以解决某个家庭辩论话题，或者收听本地新闻，这表明语音助手以融入了人们的日常生活，并且展现出其价值。

珍妮斯·蔡博士是谋智基金会的研究科学家，致力于运用火狐语音助手构建一个开放性强的、可达性高的语音交互网络。她根据《不含隐私指南》(Privacy Not Included Guide）对所有的隐私产品进行评分，保证用户能够不受监控地在网上挑选心仪的礼物。她拥有用户为中心的隐私和消费者行为方面相关的工作经验，并拥有卡内基·梅隆大学的工程和公共政策博士学位。在微软担任用户隐私经理期间，她将 Windows 10 隐私设置变得更加直观，同时还为微软研究院创立了一套伦理学研究框架。

第 3 章

了解忙碌的人类

要想设计出人们需要的设备，须考虑到他们的心理状态和认知负担。到目前为止，行业中提到的“多任务”模式仍主要是以设备的视角出发。但是，如果无法保证每项活动均在单一的设备上进行，那么以设备为中心的多任务处理模式将不再奏效。即便是听音乐这种几十年来一直都是以设备为中心的任务，现在也可以跨多设备进行了，比如将手机里正在播放的音乐转移到家庭影音系统中播放。

此外，在日常生活中，人们经常会接收到过多的主动消息推送，您必须考虑到在干预用户的时候他们当时正在做什么。对于产品营销团队想要突出展示的那些功能，虽然表面看似无害，但实际上它可能打扰了用户正在进行的中期汇报。

我们喜闻乐见的大多数故事都是围绕着某一类活动展开的。人类与大多数其他生物一样，都是由最早期的活跃生物（持续运动的觅食者）进化而来的。尽管广播、电视、电影等媒体的出现使得我们在物理空间上的活动有所减少，但使用这些媒体设备在某种程度上也算是种活动，甚至睡觉也是一种活动！

当定义了用户的语境和目标后，下一步就需要构建用户想要进行的活动。然而，我们却常常忽视用户当前正在进行的行为。所有的商业活动与人类活动都是由行为来驱动的。但并非所有行为都是相似的。有的行为在很大程度上是非主动型的，而另一些行为则具有较强的时效性，并且会造成较大的认知负担。

“多任务”的概念是时候从以设备为中心转变为以人为中心了。

3.1 将情境感知转化为活动模型

我们都经历过这种情况：在电脑里试图打开一个文件，但看到文件加载图标始终在那里转着圈儿。人们没有盯着那个旋转的图标等待，而是打开了邮件……但是当在邮件里将一段话输入到一半时，之前文件突然打开，导致打的文字输入到了当前打开的文件中。为什么不能等到输入完这句话再打开文件呢？或者更好的情况是，等到您将邮件发送后再打开。电脑设备是否可以考虑到人们当前的行为？

这似乎是个不错的想法，然而，一旦开始分析人类的行为，就会发现有太多的行为需要考虑。人类可能的活动几乎是无穷无尽的。与其被这些大量的活动吓到，倒不如重塑自己的思维方式，将挑战转化为动力。在这些混乱的活动类型中，必然能够找到一些规律，可以帮助自己更得心应手来处理这些信息。

为了能够建立合理的假设，第一步需要解释清楚在特定的场景下用户正在进行什么活动。

当我们的团队刚开始开展 Alexa 消息提醒功能的工作时，我们设想着应该将什么类型的干预信息呈现给用户 （例如来电）。但是当我们进一步思考后，我们对这些来电的处理方式会根据人们正在进行的活动而有所不同，比如他们正在听音乐或者正在进行导航指引。

我们通过下面这些关键的问题对该系统中的活动进行分类。

1. 这项活动是否有一个固定的结束点？

2. 这项活动持续多久？

3. 这项活动的时效性如何？

4. 活动过程中需要多少注意力？

5. 活动被中断后，用户需要花费多大的努力才能重新开始？

这些问题的答案帮助我们找到了一些规律。我们由此来确定哪些问题的回答更为关键，以及有多少种相关的模式。如果您正处于寻找这些模式的起始阶段，那么可以参考表 3.1 的详细分类。本章剩余的部分会对表格中这些常见的模式依次进行详细的介绍。

根据表格中提供的思路对活动类型进行划分，并将它运用于产品中。这种方法可以让您对用户行为所处的语境产生更深的理解，并对当前的产品进行适当地调整。只要定义好了活动的类型，产品功能团队在进行新功能定义的时候就能更容易知道这项功能何时应该开始、结束或者干预，这取决于具体的情境。

当我将表格中这些抽象的概念描述给其他人时候，我使用了“活动模型”这个词。当前并不存在一种适用于所有领域的“活动模型”——适合自己的研究性探索的活动模型颗粒度可能各不相同。但表格中举例的活动柜模型将成为一种极佳的工具，您可以通过它更好地理解为什么以及如何通过活动模型来帮助进行多模态设计工作。

表 3.1 对人类活动分类的实例

活动类型	描述	认知负荷	时长
钝态型	用户的注意力分散，不会持续关注一个设备或一项活动	几乎没有	无法确定
持续型	这类活动持续时间长，仅需较低的认知负荷，且没有一个明确的结束点。这类活动往往可以被暂停、终止或甚至可以与其他任务同步进行且不会导致用户遗漏活动的细节	低	无法确定
离散型	该类活动需要直接的注意力，但需留余一定的注意力用于其他同时进行的任务或者干预信息。这类任务往往有明确的、离散的结束点	中	短
专注型	对于一些活动，它们需要耗费大部分的、甚至全量的认知资源：无论是处于心流状态下的创作活动，还是汽车的驾驶。对于这类活动，需要花费较大的成本才能从被中断的状态下恢复至原状态	高	长
实况型	实时的活动，比如打电话。由于实时交互具有不可预测性，所以在进行时需要高度专注。如果分神了，即使不会带来实质性的伤害，但也会造成上下文的缺失	完全占满	长

如果您有兴趣使用这个活动模型作为工作的基础，那么还需要获得更多的信息来了解每类活动的定义。这章剩余的部分会进一步探究表 3.1 中活动模型的更多细节。即便您最终提出的活动模型会有所不同，这也会让自己对所需要的框架类型有初步的感知，从而为所做的设计提供一个强大的、以用户为中心的基础。

3.2 钝态型活动：放松的状态

钝态型活动往往是带有休闲性质的，比如空想、静坐思考、稍微玩会儿简单的休闲游戏、把看过的电视剧当作背景音播放。在许多情况下，进行钝态型活动根本不依赖于设备。

从某种程度上讲，这些钝态型的活动已成为过眼云烟。当今，人们生活在如此忙碌的世界中，真的存在任何钝态型活动吗？需要明确的是，“钝态”并不意味着“衣来伸手、饭来张口”。在某些情况下，钝态的时间可能是用户拥有的最宝贵的资源。

但应该如何辨别一项活动是不是钝态型的呢？表 3.2 中列举了一些问题和对应的回答，可以帮助判断哪些活动是符合定义的。

表 3.2 识别钝态型活动

问题	如果符合以下描述，可能就是钝态型活动
活动是怎么结束的？	钝态型活动通常会持续进行，直到被打断。它们很少会有一个固有的结束点
活动持续了多久？	这类活动通常没有特定的时长。在某些情况下，钝态型活动的结束点可以通过闹钟的提醒、静默的时长或其他信号推断而出
活动的时效性如何？	钝态型活动本身并没有紧迫性，除非是在医疗的场景中，如压力管理
活动过程中需要有多专注？	钝态型活动几乎不会带来认知负荷
活动被中断后，用户需要付出多大的努力才能恢复？	取决于中断的情况，一旦用户参与其他事情，就可能无法返回原来的活动

说明 **出于本能的判断**

> 您可能已经发现，表格中对活动的描述用了"可能就是……"这个词组。有时候，大家对活动的分类具有主观性，或者会因为语境的差异而产生不同的分类。比如，一项活动是属于钝态型或是持续型的也许会受到用户对这项任务的专业程度的影响。无论如何，对活动类型的判定应该以用户为中心，摆脱其他无关产品的影响。

钝态型活动如下：

- 睡觉
- 做拉伸运动
- 吃零食
- 闲聊

进行与钝态型活动相关的工作时，要注意下面几点。

- 钝态型活动仅存在于用户没有接收到任何设备的输入时吗？或者说在系统中是否存在一种认为是钝态型的互动？
- 允许这些钝态型活动受到干预吗？或者说您是否会侵犯用户的隐私或者宝贵的休息时间？
- 如果干预了用户正在进行中的钝态型活动，应该如何避免惊吓到他们？这种惊吓意味着您设计的系统"说话"的时机不合适。

3.3 持续型活动：消磨时间的状态

启动一项持续型的活动可能需要一定的努力，但一旦开始，往往会持续运转下去。在物质世界中，跑步和走路便是持续型的任务。在某些情况下，需要先通过一定的努力来掌握它，一旦掌握了，就不怎么需要关注，并且不需要额外的互动也能够让它自动运转下去。在另一些情况下，进行持续型活动的同时也可以完成多项离散型活动，比如一边听歌一边化妆。

媒介消费已经成为大多数设备体验的关键组成部分。人们有时觉得不出十年，家中的每一件家具都会成为带有功能的流媒体中心。媒介消费是另一个持续型活动的例子。一旦开始，信息流就会持续产生，直到用户主动干预。表 3.3 分析了如何识别持续型的活动。

持续型活动如下：

- 听有声读物或者播客
- 听歌
- 在家里看电视或者电影以放松心情

表 3.3　识别持续型活动

问题	如果符合以下描述，可能就是持续型活动
活动是怎么结束的？	这类活动一般较为持久，往往是因为用户主动的中断，或是媒体内容播放完而结束
活动持续了多久？	这类活动一般持续数十分钟或是几个小时。结束时间取决于媒体内容的长短，或者是用户何时主动干预
这项活动的时效性如何？	持续型的活动往往有较低的时效性
活动过程中需要有多专注？	通常情况下，持续型的活动一旦开始，便几乎不用需要额外的互动
活动被中断后，用户需要付出多大的努力才能恢复？	如果支持活动进行的系统设计周密，持续型的活动被中断后通常可以再进行恢复

说明　同步且持续型的活动

亚马逊的 Echo 音响在接收到语音命令时，会减弱当前播放音乐的音量，让音乐可以持续收听。此时，音乐音量降低，语音交互同步进行。但是，有声读物就无法以同样的方式进行交互，因为人类的大脑无法同时处理多线程的任务。也许需要将它们视为两种不同类型的活动，或者也可以视情况而定。

当进行与持续型活动相关的工作时，要注意下面几点。

- 持续型的活动是否可以（或是否应该）与其他需要完成的活动同时进行？
- 如果持续型活动被暂停了，会出现什么情况？
- 当活动被中断后，相比重新开始，重新回到该活动的时间成本有多大？

3.4 离散型活动：需要做的事情要处理好

在进行离散型的活动的时候，需要占用大量的注意力，并且通常专注于完成单一的目标。在这些活动中，您可能在进行决策、寻求反馈或接收信息，不然就是基于输入 / 输出的循环来逐渐达成某个结果。

在日常工作中，人们会遇到许多离散型的任务，比如写邮件，或者安排会议。许多与设备的互动就是离散型的活动，比如查看天气。

离散型活动对外部干预更加敏感。例如在听天气预报时分身了，可能需要重新再收听一次，才可以获得想要的信息。当任务性质是离散型的时候，人们很难高效地进行“多任务处理”，通常情况下，人们是在这些离散的任务之间相互转换有限的注意力，而不是同时进行。表 3.4 探究了离散型活动的一些特质。

离散型活动如下：

- 查看天气或者时间
- 预定会议
- 写推文或者邮件
- 订机票
- 看一段培训视频

表 3.4 识别离散型活动

问题	如果符合以下描述，可能就是离散型活动
活动是怎么结束的？	离散型的活动通常有一个明确的终点，也就是当用户的需求得到满足的时候
活动持续了多久？	离散型活动通常需要数秒钟到数分钟。活动持续时间越长，越有可能带来疲劳或者超认知负荷的风险
活动的时效性如何？	离散型是具有一定时效性的。因为这类活动需要用户的注意力，干预或是拖延可能会导致用户对上下文的缺失
活动过程中需要有多专注？	离散型的活动通常需要耗费大量的认知资源，因为这个过程中会同时涉及信息输入与输出。在一些情况下，专家或者细心的人也许能够去处理一些额外的信息
活动被中断后，用户需要付出多大的努力才能恢复？	如果丢失了上下文，用户可能需要从头开始这项活动。用户可能会因为重复的工作或是被已经建立好的状态被中断而感到受挫

当进行与离散型活动相关的工作时，要注意下面几点。

- 是用户还是系统开始了这个活动？
- 用户感到疲劳时，可能会有哪些迹象？
- 如果一个离散型的活动受到干预后，是否应该保留用户原先的进度？哪些东西会保留下来？
- 如果不想让用户感到“自我迷失”，最多可以干预用户多长的时间？

3.5 专注型活动：进入心流状态

专注型的活动通常与创意相关，比如写作和角色扮演这样互动性强的场景。这类互动中，大脑处于完全专注的状态，而所处的环境可能会抑制人们对外界的感知。

有时，特定的语境会引导或增强这种专注力。比如，人们在家里看电影往往没有在电影院里来得专注。传统的电影院通过隔离外界的干扰，并且营造一个不允许使用手机的环境，将看电影这件事转变成一个专注型的活动。

想要在进行一项专注型活动的同时进行其他的任务，即便有可能发生，但是通常也是较为困难的，并且常常会导致过程体验或者结果输出质量的下降。例如，当我刚坐下来写这本书的时候，经常会同时播放着电视作为背景音乐，但几分钟后就会把电视关掉。过多的外界刺激会影响我的专注力，并且显著降低我的效率。表 3.5 列举了专注型活动的一些特质。

专注型活动如下：

- 写邮件或者报告。
- 进行图像或动画处理。
- 制作精致的手工艺品，如艺术品或者华丽的刺绣。
- 在电影院看电影。

当进行与专注型活动相关的工作时，要注意下面几点。

- 用户是如何达到专注状态的？通过时间或是控制外界刺激？
- 活动过程中有是否有一些适当的间歇期？
- 能辨别出什么时候注意力开始下降了？
- 在进行专注型活动时，是否有什么事情仍然是客户很看重的？

表 3.5 识别专注型活动

问题	如果符合以下描述，可能就是专注型活动
活动是怎么结束的？	专注型的活动可能会有一个结束点，但这个结束点并不总是显著的
活动持续了多久？	专注型的活动通常会持续一段时间，即便是想要达到心流的状态之前，都需要专注一段时间。这类活动有时候会持续数分钟，但是大部分情况下都会持续几个小时
活动的时效性如何？	一旦对活动的注意力转移了，那在这种专注状态下所聚积起来的效率也会随之流失
活动过程中需要有多专注？	有效的专注本质上就是对手头上任务的感知高于外部世界的其他事物，要求人们必须全神贯注
活动被中断后，用户需要付出多大的努力才能恢复？	这类活动可以被中断，但是会很难再进入原先专注的状态下。这些不必要的干扰极有可能给用户带来沮丧的情绪或导致他们工作效率的下降

3.6 实况型活动：不能错过任何事情

实况型的活动是实时体验的，并且与当前语境密切相关。活动的即时性往往要求人们处于全神贯注的状态。大多数情况下，这类活动被打断后会导致对上下文显著缺失（在一些情况下，会带来生理的或是情绪上的伤害）。

实况型活动最典型的例子就是打电话。不管是语音电话或者视频电话，从社会环境和规范上的使然，都指示着人们需要将所有的注意力投入到通话中，放下手头上的其他工作。

驾驶汽车也是实况型活动。驾驶是一件时效性极强的活动，快速的转弯必须在几秒钟内完成。分心或者外界的干扰会导致人们无法专注于驾驶， 简直可能造成灾难性的后果。

线上直播中，主播和观众都处在一个具有高度时效性的环境。主播如果分神了，可能会遗漏观众的评论，或甚至是流失观众。而观众如果在看直播的时候受到了打扰或者分神，则可能会丢失上下文，且可能会错过和其他人有效互动的机会。（但有人可能会说，分神给这给观众带来的影响可比主播的小多了。）表 3.6 探究了实况型活动和其他要求较为宽松的活动模式之间的区别。

表 3.5 识别实况型活动

问题	如果符合以下描述，可能就是专注型活动
活动是怎么结束的？	所有的实况型的活动都会结束，但是它们很少有提前设定的特定结束点
活动持续了多久？	实况型的活动往往会持续很长一段时间，即便是建立语境和关系的过程也需要一定的时间
活动的时效性如何？	实况型的活动本质上就是具有时效性的。他们就发生在此时此刻，而不会在其他时间发生
活动过程中需要有多专注？	社会规范和物理学上的使然，都指示着人们在进行诸如打电话这种实况型活动的时候，需要投入主要的注意力
活动被中断后，用户需要付出多大的努力才能恢复？	实况型活动受到中断后，会立即造成上下文的缺失。在一些极端情况下，可能会带来身体的创伤、经济上的影响或者是情绪上的伤害

实况型活动的例子如下：

- 打电话（视频或音频电话）
- 直播中的主播或者是观众
- 参加团体活动
- 音乐或戏剧表演
- 驾驶

说明 **认知负荷与文化规范**

在剧院看现场表演是否算作实况型活动呢？这取决于当时的情况。表演者几乎处于极高的认知负荷状态，以至于他们没有精力去进行其他的活动。而对于观众，他们确实有能力去发短信或执行其他的任务。那随之而来的问题就是：是否想让您设计的系统支持这些行为？您设计的活动模型会影响用户的参与方式，同时也反映了相应的社会规范。

当进行与实况型活动相关的工作时，要注意下面几点。

- 这类实况型的活动对用户意味着什么？
- 为什么用户愿意专注于执行这项任务？
- 如果用户在这类活动过程中分心或受到干扰，最严重的情况会是什么？
- 在实况活动中，用户会遇到什么延迟的问题吗？

3.7 落地实践，行动起来

不管是采用先前提到的活动模型分类方式，还是自己创造新的模型，接下来的挑战是决定它的使用过程和场景。对于小规模的系统，也许编写出活动的类型和相应的模式就足够了，您可以利用这些定义来创造更可靠的、一致的系统干预行为或交互方式。但是，对于诸如亚马逊 Alexa 这种大规模的操作系统或关键路径，有必要进行一些处理工作，将这些活动类型作为系统中的元数据来使用的。

要想搭建一个平台级的活动模型，需要做下面几件事情。

- 定义您设计的系统中的具体活动（比如听音乐或者查看天气），并定义明确的起始点，有时还包括结束点
- 对每一项活动所需要的注意力进行分类

- 让系统学会如何在不同注意力程度的情况下采用相对合适的干预方式

如果现在用的是老系统，那么可能没有条件获知这些活动明确的结束点，更不用说对它们进行分类。对已有的系统进行这些工作固然是可行的，却往往是昂贵的。而且，当活动模型还没被有形地构造出来的时候，很难确定它的成本。

一个可靠的活动模型可以给系统带来更高质量的保障、更可预测的系统性能，以及更高的可扩展性。早期的 Echo 设备并没有做到这些，也导致每一个独立的活动在受到干预时候都会表现得有所不同。

一旦成功扩展了平台，让每个活动有明确的结束点且可以进行分类，基本上就已经使得系统可以在任何情况下都对用户的状态有一个更高水平的理解。一旦了解用户的行为，就可以更好地根据需要来进行干预。

第4章

受到干预的活动

当描述出用户参与的每项活动后，接下来可以开始定义相同类型的活动可能受到哪些干扰。当今的体验设计常常以干预的方式介入人们的活动，但是在这么做的时候并没有尊重人们的时间和注意力。

毫无疑问，开放式办公空间是现代化生活的一大灾难。“开放式办工作空间对人类合作的影响”一文[①]的作者之一伊森·伯恩斯坦在一场访谈中如此表示：“当我一走入这个空间，就看到每个人都戴着一个硕大的头戴式耳机专心地盯着屏幕。因为他们暴露在其他人的视野中，所以试图让自己看起来十分忙碌……我选择以邮件的形式和他们沟通，而不是去打扰他们的工作。”[②]以合适的方式干预别人的工作，是很困难的，不是吗？必须考虑社会道德层面和环境层面的因素来帮助判断当下合适的做法。头戴式耳机通常传达的是不愿意有人来打扰自己，所以当员工不得不使用耳机来隔离环境噪声的时候，突然间办公室的所有人看似都无法打扰了。

正如第2章所述，语境是十分重要的因素。对于即将发生的干预行为，头戴式耳机的出现改变了当下的语境。一旦靠近戴着耳机的同事，人们的行为会不同于往常，除非这个人本身就是个另类。

但如果耳机成为常态，您就会失去人们所处的语境。除非能够透过耳机看清同事是真的专注于工作，还是他们只是想要摆脱周围环境的干扰。

现实生活中，语境的识别对人们来说已经十分困难了，那我们为什么要对数字系统总是出错而感到惊讶呢？比如，一旦系统以不尊重的方式打扰我正常的工作或生活，往往就会激怒我。

我们设计的数字系统在运行的时候处于一种有盲区的状态，就如同一个员工在办公室面对着一群头戴耳机的人一样。如何让系统了解用户在做什么，从而获得更好的效果？怎么才能让设计的体验能够更有技巧地进行干预。

① 网址为 https://doi.org/10.1098/rstb.2017.0239。
② 网址为 www.washingtonpost.com/business/2018/07/18/open-office-plans-are-bad-you-thought/。

4.1 一旦受到干预

首先，让我们探讨一下“干预”的定义。什么才能称作干预？常见的干预会有哪些？答案种类可能会很多，但从体验上看，已经有一些被定义的活动干预类型，我总结在表 4.1 中。

表 4.1 对常见的干预类型进行总结

干预类型	发起对象	示例
活动	用户或者系统	App 之间的切换
主动式干预	系统	收到的短信消息
唤醒词	用户	在听歌的时候说 Alexa
切换	用户	先在手机上搜索一家酒店，然后在电脑上继续操作

4.1.1 活动干预

通过一项活动来取代另一项活动，这种情况经常发生。每次在切换电脑的不同标签页或是点开一个通知的时候，便是正在切换至其他的活动。大部分情况下，这些切换都是用户主导的，但也有例外。无论是哪种方式，当您在设计系统的时候，都需要解释清楚一项活动是如何替代另一项活动的。

4.1.2 主动式干预

当提到“干预”（又称“通知”和“提醒”）这个词的时候，您在第一时间可能想到的是消息通知。虽然活动的切换一般是由用户发起的，但还存在另一类干预（通常称为警告或通知，是由系统发起的互动。在第 10 章里，也会用到“提醒”这个词。在进行主动式交互时系统会因时制宜地将相应的信息呈现给用户。并不是所有的主动干预的程度都是等同的，有的干预会突然要求人们完全中断当前的活动（比如美国的紧急广播系统警报），而有的干预仅仅只是信息的告知。

深入了解

在第 10 章中，将进一步介绍如何处理通知类干预。

4.1.3 唤醒词

当用户希望对设备进行干预或是触发另一项活动时，该如何通过语音来表达他们的意图？智能音箱如何避免将人们说的所有话传输到云端？

“唤醒词”是由一些特定的关键词或者短语组成的，用户通过说出这些词来表达他们想要与设备互动的意图。许多设备在未唤醒的状态下，会有特殊的本地硬件系统来持续监听唤醒词，识别后才会将相关的信息传输到云端，对于关注语音交互设备隐私问题的人，这是一个相当关键的技术。

但当用户已经开始与设备进行语音交互并检测到唤醒词时，这意味着用户此时想要下达语音指令，而当前的活动需要被中断，尤其是在当前活动可能正播放声音以至于可能干扰到语音交互时。

如果系统不是通过唤醒词来激活的话，往往需要诸如麦克风按钮的硬件来控制。在本章后面的部分会有更多的介绍。

4.1.4 切换

有些时候，用户可能会持续进行某一项活动，但在这个过程中会涉及语境的切换。当用户转移至其他地点或者是使用设备的时候，他们有可能会在交互过程中受到干预，无论这个过程是否自然进行转化。以下是一些案例。

- 启动车辆时，将音频耳机切换至车载蓝牙。
- 在地铁上切换将网络从手机网路切换至无线 Wi-Fi。
- 将游戏手柄从电视模式切换至掌上模式，如图 4.1 所示。

- 飞机即将起飞时，将手机切换至飞行模式。
- 结束会议后，盖上笔记本电脑，并赶往下一场会议。

如果搭建的应用与其他应用共生于一个更大的系统中（如智能手机或者笔记本电脑），语境的切换就是一个要考虑的重要因素。Office 365 使用“欢迎回来，让用户从先前离开的地方继续开始”。这个机制能让失去焦点的用户恢复语境。

图 4.1
任天堂 Switch 游戏手柄。用户将设备从 HDMI 接口断开连接，并切换成掌上模式，令人惊喜的是，正在进行的游戏状态没有丢失

4.2 结束当前的活动

除了理解每种干预类型及其表现形式，还需要懂得如何分析。

当用户在进行一些不需要数据输入的短暂性活动时，也许可以让系统的干预直接中断用户原来在做的任务。

对于网上购物或使用语音记事本这类活动，您可能会更倾向于暂缓当前的活动，等到将另一件事情做完后，再自动或手动恢复它。

对于系统中的每一类活动，都可以从下面几个问题进行探究。

- 当前的操作任务是否仍然有意义，或者说是否需要用户放弃当前的活动？

- 对于暂缓的活动，系统能多长时间保存它的状态？
- 如果暂缓用户当前的活动，之后又如何帮用户恢复活动？

在多设备运用场景中，干预行为有可能会给用户带来不安的情绪。因此，标注出这些高风险的干预行为及其对用户造成对影响是至关重要的。您需要反问自己以下这些问题（也许听起来耳熟能详）。

- 对于一项特定的活动，是否可以在操作设备之间或者操作系统之间进行转移？
- 在两个设备之间进行活动交接是否切实可行？
- 用户如何知道发生了交接？
- 是否有丢失语境信息的风险？是否需要提醒用户？

深入了解

第 9 章会深入描述如何处理不同类型的状态切换。

干预行为与包容性

假如一个人没有认知障碍，那么受到干预似乎是个微不足道的麻烦，但是对于时刻在与注意力缺失症和自闭症等疾病进行默默抗争的许多用户来说就不是那么一回事了。由于个体的环境状况和精神状态的不同，一次干预行为对用户的影响也大不相同，它可能给用户带来挫败感，严重的话，甚至造成伤害。

微软设计指南中提到了“尊重焦点任务”（微软“包容性设计工具包”中的一部分），列举了一系列管控干预行为的潜在需求，如表 4.2 所示。

表 4.2　工作风格和干预

风格	描述
孤立型	需要一个孤立的环境来进行高效的工作。比如说一个安静的、私人的空间，或是一个整洁有序的电脑桌面
可被告知，但处于掌控地位	不反感通知提醒，但希望能够控制通知的形式和时间
中立型	对通知的时间、风格或者模式没有特定偏好

4.3 简单三步构建干预矩阵

正如第 3 章所介绍的，活动模型可以告诉您用户当前可能在做什么类型的事情。一旦系统“理解”了这一点，它便可以根据当前特定的（或者检测到的）任务来选择合适的干预行为。Windows 系统中的“聚焦辅助”就是这样一个实例（图 4.2）。在使用某些应用程序的特定模式时（例如用 PowerPoint 进行幻灯片播放），就会被操作系统解读为“聚焦”的活动。操作系统将优先保证这个任务，系统中其他的活动的进行，直到系统判定焦点活动已经结束。

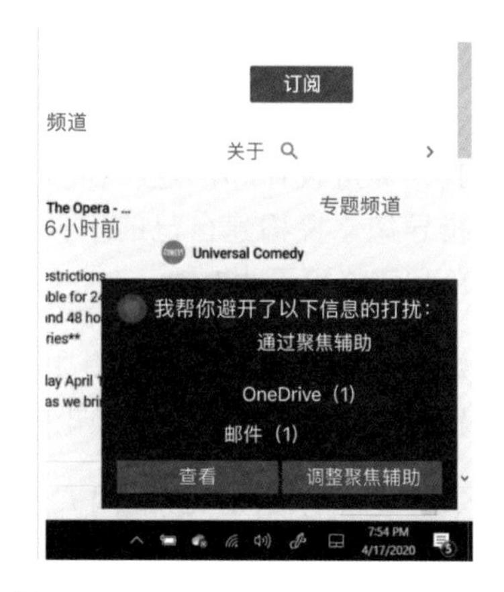

图 4.2
微软设备上语音助手小娜的“聚焦辅助”功能。当识别到人们正在进行一项专注型活动的时候，系统会调整其他干预信息的展示方式

干预行为与包容性（续）

对您来说，以上这些偏好听起来并不陌生。完全可以根据心情好坏或环境条件在这些工作风格之间随心所欲地切换。但是对某些人而言，干预可能是一种致命的伤害，它将导致用户生产力的下降，感到痛苦或带来其他忧虑。

如果一个产品在各方面都有着较多的干预设计，那么就该想办法让那些非神经典型的用户[3]参与设计过程。他们的见解有助于您做出更合理的设计决策，从而惠及那些严重受限于生理缺陷的人，当然也包括其他适应能力更好的人。

③ 译注：神经典型者（neurotypical）指智力、神经得到正常发育的正常人，与此相对的是非神经典型者。

系统可能支持多任务处理和多种潜在的干预类型。相较于多任务系统，单任务系统处理干预的方式可能与之大相径庭，但无论哪类系统都势必要处理好这些干预信息。

为了定义每种干预类型的具体交互模式，我采用“干预矩阵”这种工具来促进设计和沟通。在本章的剩余内容中，我将通过示例，逐步指导您掌握构建自己的干预矩阵的方法。做好心理准备，下面的清单和表格可不少！

先定义系统能够支持的所有主要任务类型和干预类型，然后按照以下步骤构建个人专属的干预矩阵。

1. 沿着表格的横向（或纵向），列出所有任务类型。

2. 沿着表格的纵向（或横向），列出所有潜在干预。

3. 在所有的空白单元格中填上相应内容。

4. 受益（选填）。

好吧，或许这些步骤实际上也并不简单。而且从来没有人仅仅依靠干预矩阵就能从中受益，最起码我自己没有。但这是一张很有价值的路线图。系统设计中，最具挑战性的时刻和棘手的设计问题都蕴含在这些单元格中。它就像是一张藏宝图，只不过宝藏换成了棘手的难题，等着有人去寻找和解决。

4.4 填满空白的单元格

但是，该如何在空白单元格中添加内容呢？当给定任务受到潜在干预的打扰时，您可以通过这些空白单元格展示整个事件发展进程。我重新构建一个示例来展示我过去是如何处理这类问题的，如图 4.3 所示。

- 正在运行的活动会受到什么影响？
- 干预信息以何种形式显示出来？
- 如何将系统可操作的行为呈现给用户？
- 当干预结束后，能否能够继续上一个任务？

干预		当前的前台活动 短时的活动（语音自动播报天气）	 实况活动（如打电话）	 长耗时的活动（如听音乐）
紧急的通知（如拨入的电话）	VUI	终止语音自动播报天气 * 叮 * “普教授来电话了”	继续当前的通话 * 叮 *（不进行播报）	暂缓当前的音乐 * 叮 * “普教授打来了电话” 继续音乐播放
	GUI	全屏应用（来电页面） （“普教授来电。”）	全屏应用（来电页面） （“普教授来电。”）	全屏应用（来电页面） （“普教授来电。”）
定时的通知（如计时器的提醒）	VUI	继续 语音自动播报天气 * 短促的计时器警示音 *	继续当前的通话 * 短促的定时器警示音 *	暂缓当前的音乐 * 较长的定时器警示音 * 继续音乐播放
	GUI	【打开】全屏应用（计时器） 文字“火鸡计时的时间到了”	全屏应用（计时器） 文字“火鸡计时的时间到了”	全屏应用（计时器） 文字“火鸡计时的时间到了”
一般的通知（如短信）	VUI	继续当前的活动 * 通知声标 *		
	GUI	带有预览信息的通知（如短信）：带短信预览的横幅通知 不带预览信息的通知（使用三方技术）：当屏幕切换回主界面后，会通过一张持续出现的卡片展示信息。		
用户主动与设备对话（唤醒词）	VUI	仅终止语音自动播报天气 （保留上次提问的上下文）	继续当前的通话	立即暂缓当前的音乐
	GUI	展示语音状态以及保留的上下文（在用户唤醒前，若屏幕上仍有一些待办事项内容，应该要保留下来）		
唤醒词 + 出错		重复进行语音自动播报天气	继续当前的通话	继续播放歌曲
用户主动进行实况型活动（如接听一个拨入的电话）	VUI	终止语音自动播报天气	终止原先的通话	暂停音乐
	GUI	切换至全屏应用（通话页面）	（将最新通话）切换成全屏应用（通话页面）	切换成全屏（通话页面）
用户主动进行短时的活动（如“现在几点了?”）	VUI	终止语音自动播报天气	继续当前通话 开始短时活动	暂缓音乐播放
	GUI	切换至全屏应用（时钟）	切换至全屏应用（时钟）	切换至全屏应用（时钟）
用户主动进行长耗时的活动（如“播放Spotify音乐”）	VUI	终止语音自动播报天气	继续当前通话 开始播放 Spotify	终止原先的音乐
	GUI	切换至全屏应用（Spotify）	出现播放控制页面	切换至全屏应用（Spotify）

图 4.3

当初设计智能音箱消息通知框架的时候，我搭建了这个干预矩阵。注意，在一些复杂场的景下，这张表格的空间并不足以填写过多复杂性的文字描述， 所以可能需要额外文档来进行补充说明在多数情况下，某些步骤可以参考一套完整的消息通知机制来进行表示。但是消息通知本身通常是不足够的。您可能仍需要在某种程度上对现有的活动进行强调，而这并不是消息通知能够处理的部分。

说明 设备功能

如果设计横跨多个设备，且它们的输入和输出功能有着天壤之别，那么可能需要有多套干预矩阵。先立足于单个矩阵，并然有序地对特定设备上的异常状况进行标注编号，然而，一旦出现过多的异常，就要考虑对矩阵进行拆分。

4.4.1 干预矩阵

干预矩阵会在以下几个关键方面为我们带来回报。

1. 干预矩阵促使您在系统开发过程的早期阶段进行一些复杂边缘情况的探索。
2. 干预矩阵揭示了设计决策中的矛盾之处，激励开发团队为各交互模式提出更优化的决策。
3. 干预矩阵能快捷简便的确认一个新功能在特定干预场景下应该如何表现。
4. 干预矩阵可以构建于平台级之上，实现上述活动切换的自动化、并降低系统新功能的开发及质量维护的成本。

为了让干预矩阵物尽其用，在系统架构和平台功能上的支持必不可少。但因其是一项无形的框架级投资，并不能带来很直接的商业销售转化。您可能需要向干系人提出强有力的理由，以证明这项投资是值得的。

4.4.2 综述与实践

为什么说构建干预矩阵的成本效益更高和可靠性更强呢？想要理解这一点，需要我们事先在脑海中设想一下。假设您正在设计一款小屏语音智能手表软件，并从智能手表的三个功能入手：天气预报、音乐播放和电话功能。由于手表只有三个功能，所以在设计之初即采用一套完整的任务和干预模型似乎有些冗余。其实，只需要采用一个简单的矩阵将这些功能两两匹配起来：表格垂直方向上的为“当前功能”轴，而水平方向上的即为“干预功能”轴。

如表 4.3 所示，对于矩阵中的每一个单元格，需要决定系统在该条件下会如何表现。也许听起来简单，做起来难。在这个例子中，需要有针对性地解答如下几个棘手的问题。

- 假设用户在通话过程中询问天气情况：
    - 系统否会通过最大的音量进行语音反馈？
    - 既然智能手表配有屏幕，系统是否可以采取静默操作，直接在屏幕上显示天气状况数据？
- 假如在上一个天气状况反馈没有完成的情况下，用户再一次查询天气状况，系统会如何反应？
    - 是否会继续播报前一条反馈？
    - 是否会结束第一条反馈，转而播报第二次查询的反馈？
- 假如用户在听音乐时询问天气状况：
    - 系统应该暂停音乐播放吗？
    - 系统是否应该完全停止音乐的播放？
    - 智能手表系统是否可以在保持音乐播放的同时，同步进行天气反馈？

以上任何一个问题可能都需要开个会好好讨论。也许是两场，又或是十场。这么说吧，参与讨论的干系人越多，可能也需要召开更多会议！

表 4.3 当前功能（纵向）与干预功能（横向）的对比

当前 / 干预	天气	音乐	电话
天气	取消先前的响应	天气播报的声音盖过音乐	停止天气播报
音乐	在天气播报时降低音乐音量	切歌	暂停音乐
电话	不降低通话音量的同时进行天气播报	通话过程中同步进行音乐播放	显示来电等待提示

在这个示例中，并未引入任何活动类型，只是将“手表功能”与所有潜在的功能干预一一对应列举出来，也不太难掌握，9 个单元格，9 个交互而已。但如果希望为手表新增一个“体育比分查询”的新功能，该如何做呢？其实只需要在干预矩阵中添加新的行和新的列。

从表 4.4 可以看到，在干预矩阵中，干预的可能性从 9 种扩增到 16 种，也就是说，又新增了 7 种需要进行定义的干预类型。

每增加一项新功能，可能的干预模式几乎就翻了一倍…… 需要的设计工作也随之增加。

表 4.4 在干预矩阵中新增一项功能

当前 / 干预	天气	音乐	电话	体育比分
天气	取消先前的响应	天气播报的声音盖过音乐	停止天气播报	取消天气播报
音乐	在天气播报时降低音乐音量	切歌	暂停音乐	在比分播报时降低音乐音量
电话	不降低通话音量的同时进行天气播报	通话过程中同步进行音乐播放	显示来电等待提示	不降低通话音量的同时进行比分播报
体育比分	取消比分播报	比分播报声音盖过音乐播放	停止比分播报	取消先前的响应

如果不断地增加新的功能，矩阵的体量会不断增长，在这种情况下很快就会失控。更不用说像亚马逊的 Echo 音响和 Google Home 这样的设备，它们的功能规模远超我们这里所展示的。每个新功能的加入，均有可能产生大量的干预，并且，随着需要定义的干预增多，就越容易缺乏一致性。想象一下这个噩梦般的拷问：您愿意将 Alexa 那些看似无穷无尽的功能从头到尾都走查一遍，以保证每项新增的干预行为都能够有恰当的表现吗？

然而，我们也不是无计可施。表 4.3 和表 4.4 是进行功能之间的匹配。是时候轮到活动模型和干预模型上场了，我们将运用这两个模型来降低交互上潜在的复杂性。

即使不确定该从哪入手，像前面这些初步搭建的矩阵也可以带来一些启发。一些规律已经开始浮现。“查询体育比分”和“查询天气状况”是相似的活动。两者都是在具有明确范围下作出的简短的、定义好的回应。让我们回顾一下第 3 章中对离散型任务的定义：

> 该类活动需要直接的注意力，但需保留一定的注意力用于其他同时进行的任务或者干预信息。这类任务往往有明确的、离散的结束点。

如果将“天气预报”和“体育比分播报”任务都按照归纳为离散型任务，那么就可以进一步简化矩阵表格。

将上述两项任务替换为更广义的离散型任务后，干预矩阵的形式如表 4.5 所示。

表 4.5　将任务类型应用于干预矩阵中

当前 / 干预	离散型任务	音乐	电话
离散型任务	取消先前的响应	响应的声音盖过音乐	停止声音播报
音乐	响应时降低音乐音量	切歌	暂停音乐
电话	不降低通话音量的同时进行响应	通话过程中同步进行音乐播放	呼叫等待提示

这种设计和分类的方式能够持续带来指导作用。如果之后决定在手表系统中添加对日期或时间查询的新功能，那么它们也都可以归入离散型任务中，即无需再在矩阵中添加其他的干预类型。设计该功能的团队也不会因为一些设计方面的争论或者是对与新的干预模式相关的质量监测工作感到担忧。

尽早开始

随着干预矩阵的逐渐形成，让开发合作伙伴尽早地参与进来变得越发重要。在极其理想的情况下，可以从零开始进行设计，那么，在开发之初的系统架构阶段，就可以把这些矩阵模型运用到功能设计中。

但是，市面上的软件产品，在设计开发中，并没有运用到活动模型、干预模型或干预矩阵。尽管这些分类方法并不是顺利地将产品推向市场的必要条件，但若是回过头再来采用此分类系统，并把它们叠加在当前的系统中，相较于从一开始就采用，这一操作叠加的复杂程度和开发成本肯定都要高得多。

通过定义一个有效的活动模型，可以为您提供坚实的基础，并帮助以更加可靠、成本更低的方式逐步拓展体验。当然，把这种模型运用在小体量系统的软件设计上，有些“杀鸡用牛刀”的感觉，但是，需要对产品未来的发展建立一个清晰的思路——如果想要让产品的系统日后更具有拓展性，那么就需要构建稳固的“概念性基础”，并与开发合作伙伴同心协力，从设计开发之初起，就要将这些概念推行到系统架构中。

4.5 落地实践，行动起来

本章探讨的活动与干预分类最初让人觉得似乎有些微不足道，因为基本上都局限于纸上谈兵。而事实上，采用的干预矩阵以及为支撑整个模型而做的努力，恰恰体现出团队成员之间已经对人类行为和系统反应建立了共同理解，这些都是用户体验的核心。

干预矩阵不仅仅只是一种设计模式。为了创造出最佳契机和实现干预矩阵得以应用的愿景，要在沟通中切实致力于抓住如下重点。

- 与产品负责人一起对活动模型进行审查，并确保和用户调研的结果保持一致。

- 围绕着初步的干预模型，与干系人建立相关共识，确保各个关键用例都能得以充分展示。

- 结合具体的语境，与潜在用户一起测试这些干预类型假设的合理性。为了避免给用户造成伤害或困扰，还需要非神经典型的用户也纳入测试。

- 参与系统架构讨论。虽然设计师可能觉得自己的努力是徒劳的，但如果是平台级的系统设计工作，设计师有必要参与讨论。

- 尽早物色开发团队成员并在系统平台方中结交盟友，获取他们对矩阵应用扩展的支持，将这种支持纳入产品研发日程中。

- 要确保某项的功能负责人了解干预矩阵的含义，并充分准备好技术文档资料，为矩阵模型的推行创造有利条件。

我当时负责 Echo 和 Echo Show 干预矩阵的设计和推广，作为这些项目的设计师，具有系统思维的我从工作中获得了最具挑战性的乐趣。虽然这是一条漫长的道路，但我希望大家也能在前进的道路上获得同样的满足感来帮助自己渡过重重难关。

第 5 章

设备的语言

在和工程师沟通时，就算是注重用户体验的设计师，也会发现自己必须调整个人心智模型来适应以设备为中心的既有概念。工程师所谈论的输入和输出这些术语是基于设备来定义的：

- 一个人通过键盘表达意图，是一种“输入”，而键盘是一种“输入设备”
- 在这个例子中，系统在视频和音频渠道上对这类输入的请求作出的反应，称为“输出”

一直以来，我都秉持着以人为中心的处事理念，但在这个话题下，试图改变这个输入、输出概念的框架终将是徒劳的，也许就像《星际迷航》中博格人说的那样“反抗是无用的”。所以，我们不如先在这个框架下进行讨论。

设备服务于人，因此，可以将我们对输入和输出的理解与人类语境放在一起进行讨论，包括在发生交互的情况下，不同感官与人类的语境。在第 1 章中，介绍了 5 种核心的交流模态：视觉、听觉、触觉、运动觉与周围环境。所有的交流模态至少都和一种人体感官相互关联（运动觉交流和周围环境交流可能涉及多种感官）。每个设备都有特定的输入和输出能力，这些能力或多或少都与这几个模态有关。

为什么我们要关注设备的能力？这本书不是说不能局限于设备吗？当我们在更细的颗粒度上讨论输入和输出时，自然不会只局限于单一的某种设备。本章和第 6 章并没有先考虑设备，然后再考虑它的功能，而是将重点放在更通用的、可能跨设备的交互上。

随着设备性能的提高，这种更广阔的视角变得更加重要了。举例来说。将语音交互视为一种独立于智能音箱的能力，这可以让人变得更有创意，可以在支持语音交互的其他平台上支持类似的语音交互功能，比如智能手机。

为了能够更好地代入这种“不受设备限制”的设计视角，应该由此开始，即用户及其所处的语境须置于设计的中心位置。

- 基于用户当前所处的环境，怎样交流最合适？
- 用户想以什么形式进行交互？
- 您选择的交流模态如何影响用户对交互的感知？

这些问题超越了设备的边界。通过对输入与输出进行全面的考量，您可能发现更合适的设备规格，或者改变原先基于语境所设想的平台。比如，在开发某个功能时发现，用户在该场景下与台式机的距离比智能音箱更近，因此作为设计师，您决定将功能实现在更合适的平台上。

确实，不是每个项目都能奢望拥有输入、输出或平台的控制权。但这并不代表您没有机会给用户提供真正多模态的、跨平台的体验。当设备变得能做更多事情时，可以评估用户已经可以使用哪些设备和能力，并充分利用这些机会来挖掘尚未开发的潜力，而不是执着于旧式的、局限于设备的思考模式中。

5.1 视觉输出：显示器与指示器

人的大脑有一半用来处理视觉方面的刺激。因为人脑非常擅长处理视觉刺激，所以大部分和输出设备有关的创新都是基于视觉来传达的，物理与数字化的输出都是如此。表 5.1 列出了视觉显示信息的几个大类和它们的能力。

5.1.1 亚马逊 Echo 与丰富的指示信息

亚马逊 Echo 最初的版本带有一个光环形态的指示器（图 5.1），一个环形的 LED 灯，通过颜色及动效来区分不同的状态。尽管 Echo 的功能越来越复杂，但其光环仍然用于指示一系列特定的系统状态，例如设置、连接失败、处理中和倾听中。

表 5.1 多种类型的视觉输出

显示器的类型	描述	示例
静态显示	固定的物体，一旦创建就不会改变形态	书本、纸张、和海报
指示器	与特定的、可变的系统状态相关联的预设用途。系统状态通过指示器的颜色、形状、明暗、符号（包括数字和文字）、物理位置或动效展示	汽车油表、仪表盘和亚马逊 Echo 上的光环
动态显示器	用来传达丰富的视觉信息的动态像素阵列。由于显示范围有限，导致许多信息无法直接显示，需要通过强大的信息架构指引用户寻找信息，降低认知负荷	Kindle 电子书阅读器、苹果手表、智能手机的显示屏以及电视
沉浸式显示器	沉浸式显示器输入的视觉效果旨在覆盖或是替代我们大部分的事视野，并不是传统意义上的“屏幕”	IMAX 电影屏、增强现实以及虚拟现实

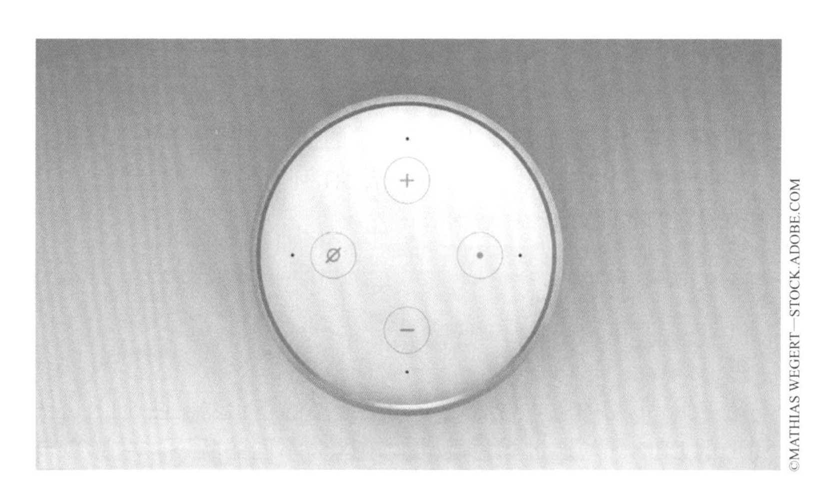

图 5.1
亚马逊 Echo 设备，用深蓝色光表示聆听中，用浅蓝色光指向说话人的位置

“动态显示器”具有多种不同的类型，既有主流的，也有非主流的。动态显示器可能只有一个，可能也有多个，这需要在设计时特别留意。如表 5.2 所示。

表 5.2 动态显示器的限制

限制	关注点
输出类型	某些功能有限的显示器也许只能实现一种类型的输出，例如文字或数字
像素密度与屏幕大小	受限的显示器通常都无法支持高清的输出，并且可能无法展示清晰可读的文字
屏幕形状	当显示器使用非标准的尺寸或不规则的边框时，就需要考虑特殊的界面问题。比如，谷歌的 Nest 产品与亚马逊的 Echo Spot 都是不规则的屏幕形状
刷新率	低刷新率的屏幕不能支持频繁的交互或动画展示
屏幕大小	不可能硬性限制屏幕的尺寸。事实上，屏幕大小的限制会随着科技的发展而相对改变

5.1.2 从排斥到包容

国际卫生组织（WHO）2015 年发布了一项全球人口数据报告，其中如此描述：“至少有 22 亿的人视力受损或者失明。”您可能认为视力受损就等于是视觉的丧失，但美国盲人基金会的报告指出：“在视觉受损的人群中，只有 15% 的人是失明的，其余 85% 还保有不同程度的视力。”①

5.1.3 色盲

色盲很常见，全球有好几百万人有不同程度的色盲。②尽管色盲的严重程度与类型因人而异，但任何界面都不该只依靠颜色来传达意义或显示状态。

① 网址为 www.afb.org/blindness-and-low-vision/eye-conditions/low-vision-and-legal-blindness-terms-and-descriptions。

② 网址为 www.colourblindawareness.org/colour-blindness。

沉浸式显示器的使用

如果将沉浸式显示器用于扩展现实体验（增强、混合或虚拟现实），将能带来令人印象深刻的体验，但它们并非没有缺点，越是沉浸式的显示方式，观看者越有可能出现晕动症。

当显示器取代人们的视野时，人们的身体通常会将显示器输入的信息感知为“真实的”，并做出相应的反应。他们会期待物理感官接收到的信息和视觉感知到的运动相匹配。真实世界与沉浸式显示器的不同步会使人们的思维混乱，并引起恶心或头痛。此外，沉浸式显示器使观看者无法对“真实”世界的刺激做出反应，这可能使他们变得精神敏感或面临身体受害的风险。

在决定是否使用沉浸式显示器时，要仔细权衡这种“不适感”可能造成的排斥性。

以下是几个沉浸式显示器真正发挥用处的案例：

- 模拟现实生活中的情况，以评估人们的反应的安全性

  示例：通过模拟驾驶器来测试车机界面

  与现有的环境无缝融合

  示例：微软的 HoloLens

- 建立丰富的感官记忆，以便训练身体在日后需要时作出反应。

  示例：身临其境的紧急救援人员培训

  要想进一步了解扩展现实（包括增强现实、混合现实和虚拟现实），请参见第 14 章。

5.1.4 视力低下

不可逆的局部视力衰退具有多种形式，包括中心视觉或周边视力下降、视觉模糊或在低光照的条件下无法看清。[③]

为了帮助那些视力低下的用户，设计产品的时候要注意下面几点。

- 产品应该支持高对比度模式，并有效地提供相应的平台设置。如果可能的话，在系统的默认模式中也采用高对比度。即使是视觉

③ 访问日期为 2020 年 5 月 5 日，网址为 www.nei.nih.gov/learn-about-eye-health/eye-conditions-and-diseases/low-vision。

正常的人，也能从高对比度模式中受益。

- 为了给阅读小字有困难的人提供帮助，任何基于文本的输出都应该支持可自定义的文本大小。如果选择的平台（操作系统和浏览器等）支持通过系统设置调整内容的大小，请确保设计的体验能够对这些交互给予响应。

5.1.5 盲人群体

盲人群体用户完全无法使用视觉界面，他们必须依靠其他的形式进行输入。为了最好地支持这些设备的使用，开发人员可能需要添加元数据，以便对屏幕上的元素进行描述或替换。

- 采用可刷新盲文显示器，用触觉刺激取代文字的视觉刺激，如图 5.2 所示。
- 屏幕阅读器将视觉刺激转化为听觉信号，通常以很快的语速来描述屏幕上的内容及控制。

图 5.2
可刷新的盲文显示器可以提供稳定的字符流，使失明的用户便于接收语音

好消息是，对于以视觉为主导的显示器，其无障碍设计是一个非常值得探讨的问题，业界已经定义了许多最佳实践的例子，甚至引用

在了法规中。如果是刚刚开始接触视觉无障碍设计这个主题，《网络内容无障碍指南》[④]是一个很好的学习案例。这份指南由网络无障碍倡议组织（Web Accessibility Initiative，W3C）定义，是一份全面的最佳实践清单。

说明 **无障碍与相关法规**

美国政府要求其使用的任何软件都必须遵守 WCAG 中大部分的准则，因此，多数的大企业（如微软和谷歌）都已经将 WCAG 准则的执行纳入了他们的软件工程流程。如果还不熟悉这些准则，请把这些准则作为您和团队的首要学习任务。

5.2 听觉输出：音效、语音和音乐

人类能通过音频理解许多的东西，而且这种理解往往是基于条件反射的。即使用户可以选择性地将音量调小，也不要放弃将音频作为主要或次要的输出方式。从轻柔的提示音，一直到融合了音乐、音效和口语的复杂模式，在这两个极端之间有很多的可能。

5.2.1 音效和声标

广义地说，"音效"指的是能用来传达某种意义的各种音频信号（一般是非语言形式的）。如果之前没有从事过音频输出相关的工作，您对音效的理解可能来自于游戏和电影等叙事性较强的媒体，例如脚步声、雷声和开门时的吱吱嘎嘎声等。

在设备交互的世界里，有一类音效是为了标记特定的事件或条件而设计的。设计师经常把这些与交互有关的音效称为“声标”，即声音的标识。要避免将这些声标视为素材库里简单的音效包。

正如人机交互专家比尔·巴克斯顿所说：“好的声标设计如同好的

④ 访问时间为2018年6月22日，网址为www.w3.org/WAI/standards-guidelines/wcag/。

图标设计一样，其实蕴含着很多心思、艺术性。”⑤

声标并不仅仅是语音交互中的装饰品，它们无需语言就能进行交流。精心设计的声标可以传达声音来源、方向、频率、幅度和紧迫性。声标通常是短时的、抽象的，并且是为重复使用而设计的（但也有例外）。

声标的特点部分在于它们可以比语音更快地传递意义，也在于它们不需要叙述性的描述就能让人感知到位置。凯茜·彼尔在《语音用户界面设计》一书中描述了这样的案例："在 511 IVR 系统（用来提供交通和公交信息）中，当用户回到主菜单时，会播放一个特定的、简短的音频。当用户进入交通菜单时，会播放一个简短的汽车喇叭声。这就是所谓的标记，它可以帮助用户快速了解到自己已经被带到正确的位置。"⑥

设计声标的工艺可能比您想的复杂得多。简短、抽象的声音更难做出差异化，也更难与整体的声音方案进行整合。

- 是期望用缓和的声音提醒用户，还是想要立即引起人们的注意？
- 多长的时间才算是"过长"？
- 听了 100 遍之后，人们的感觉如何？
- 电话扬声器和环绕声系统上的声音听起来是否一样？

说明 声音的特质

将不同的音量、力度和音调等结合在一起，会为用户创造截然不同的体验。请仔细选择。

微软设备包容性部门负责人布莱斯·约翰逊分享了一个很形象的案例："声音应该让人联想到雪糕车，而不是消防车。"

---

⑤ 汤姆·沃伦，"微软蒙住我的双眼，让我能听到未来"。访问时间为 2014 年 11 月 6 日，网址为 www.theverge.com/2014/11/6/7164623/microsoft-3d-sound-headset-guide-dogs。

⑥ 原书名为 *Designing Voice User Interfaces*，出版于 2016 年。

5.2.2 用非语言信息进行沟通

如果您的工作主要和网页相关，那么音效对您来说最多可能就是个噱头。但在音量足以被听见的情况下，音效和声标能够充分地丰富体验。周围的世界充满了各种微小或是显著的声音线索，可从中被动与主动获取信息。下水管道发出的碰撞声响是否意味着需要找个水管工？门锁是否如预期中的那样锁到位了？为什么电脑风扇在周末还在运转？

5.2.3 安全

您也许很熟悉卡车在倒车时发出的警示鸣笛。但较新的消费型电动和混动发动机在运行时是非常安静的，这给附近的人带来了安全隐患。Edmunds.com 在 2009 年发表了一项研究报告“太安静的汽车造成的危险”中指出，2009 年，混动车和电动车在低速行驶时发生行人事故的可能性是非混动车的两倍。因此，美国政府在 2010 年发布了《行人安全促进法案》，规定了使用音效来警示行人注意附近缓慢行驶的车辆。

5.2.4 状态

即使是简短的声音也能传递信息。现在已经不常见到进行语音播报的电梯了，但以前无障碍电梯设计的最佳实践中就包括了音效的标准规范。向盲人传达电梯状态最简易的方法是什么？“叮”一声代表向上，“叮”两声代表向下。当然，这需要经过一段时间的学习，一旦熟悉，就知道了。

5.2.5 位置

在立体声或沉浸式音频系统中，聆听者可以感知到声音在空间中的方位。例如，精心设计的微软 Soundscape 应用程序就是这种现象的典型例子。正如汤姆 • 沃伦 2014 年在 The Verge 网站中描述的那样："当按下耳机上的一个功能按钮，就能听到附近的景点列表。耳机可以处理并传达声音的方位信息。当设备读出一家商店时，您就能听出它所在的方向。可能是在左后方，也可能是在前方，但仅通过声音就能让您清楚地知道那家店在路线上的位置。"⑦

5.2.6 音乐

音乐与音效的区别在于相对时长、节奏组成以及音乐涉及多种音源（如乐器和打击乐器，有时还包括口述）。音乐能引起情绪反应，提高注意力，唤起记忆，甚至能启发心流的状态。但当音乐与当前的任务不一致时，就会造成人们的认知不协调、分心，甚至让他们有挫败感。

5.2.7 语言

语言的理解能力是我们最早获得的技能之一。如果我们足够幸运，活得足够长寿，这也是我们最后失去的能力之一。人类的大脑已具有独特且专业化的能力去处理语言。比如"鸡尾酒会效应（也叫选择性关注）"：人的大脑能够在嘈杂的声音中辨识出自己想要听到的声音。

说明 **语速很快**

那些经常使用语音用户界面的人通常会发展出惊人的、快速识别语音的能力。如果从来没有机会观察用户使用屏幕阅读器的情形，请观察一下，注意他们接收系统产生的语音的速度有多快。

即使在危急情况下，语言也是有效的。用于警示火灾和其他紧急状况的语音疏散系统在新的建筑中已越来越常见。不仅是因为语音比高分贝的警报器更合适，而且由于人脑对语言有的极好的处理能力，即使在危机中，人类可以本能地处理这些语音信息，从而使警报器的功能更加完善。

---

⑦ 汤姆·沃伦的文章"微软蒙住了我的眼睛，让我能听到未来"。

虽然语音界面越来越主流，但其中也存在下面两个问题。

- 人们独处的时间很少。语音界面并没有良好的隐私性，而且在不合适的语境下可能会令人感到尴尬
- 就像对话一样，语音界面也很容易受到打扰。很多时候，打扰意味着需要完全重新开始

说明 文本转语音

语音输出需要生成用户能听到的音频提示。如今的智能音箱在云端实时地使用精密的文本转语音（Text-to-speech，TTS）系统，使其能够生成任意的字符串。更早的没有接入云端的系统则需依赖预先录制好的语音提示。

5.2.8 输出硬件

并非所有扬声器都是相同的。随着技术的进步，我们需要在各种扬声器上都能保持足够清晰的声音。手机扬声器、智能音箱、耳机和沉浸式或环绕声音系统都能满足不同的需求，并具有不同的声学特征。图 5.3 列出了亚马逊 Echo 系列众多物理设备中的几种。

- 扬声器是否支持合理音质的完整音乐播放？
- 声音听起来是丰富的，还是尖锐的？
- 是否需要通过立体声来传递位置信息？如果需要，又如何做校准？

说明 声音设计的原则

声音设计是一门类别广泛的学科，远比看起来复杂。许多声音设计师以自由职业者的身份或接案的形式工作。如果产品涉及声音设计，即使需求量很小，也需要物色专业人士。专业的声音设计师可以帮助定义合适的声音风格、制定声音的美学标准，并确保声音设计在不同的设备上都表现良好。

图片来源：亚马逊

图 5.3
亚马逊 Echo 系列设备背后的声音设计非常复杂。因为每一个设备的外形特征和扬声器结合后，都会创造出独特的声学特征

5.2.9 从排斥到包容

在智能音箱热潮的早期，全世界的播客和博主都猜测纯语音界面可能是未来的大趋势。但是，在 20 世纪 90 年代和 00 年代，当视觉主导的输出转为声音主导的输出模式，但并没有解决包容性问题（只是将问题转给了不同的用户群）。此外，这世界是如此多样化，把所有的交互鸡蛋都放在音频这个篮子里是很危险的。声音输出将那些不能完全依靠听觉的用户拒之门外，无论他们的听觉是受损、失去听觉还是短暂受限。

5.2.10 听力受损

有些人失去了耳朵中能感知音频信号的部分感觉细胞（称为“音感神经听力受损”）。还有一些人，声音的振动没有办法完全的进到他们耳中（称为“传导性听力受损”）。

这两类用户可能都会觉得声音模糊、不清晰甚至完全听不到细微的声音。

在某些情况下，用户可能会使用助听器或骨传导耳机来增强他们的听力。如果能够通过一种辅助听觉的设备与您的设备或应用程序结合使用，将可以给听力受损的用户带来更好的体验。

5.2.11 听力障碍群体

产品系统需要为听力障碍用户群体考虑无声的交互方式。针对这类用户，需要提供一个替代的输出方式，比如数字盲文系统或相应的视觉输出。声标可以用触觉反馈来替代，例如手机上的“静音模式”。

对于智能音箱，这一挑战整体来说仍未解决，但亚马逊 Echo Show 等设备的兴起可以帮助弥补缺口。考虑到许多用户都有智能手机，所以是否可以利用使用者附近的视觉主导设备，用另一种方式来传递语言或声音信号？

5.2.12 环境干扰

如《微软包容性设计工具包》[⑧] 所指出的，环境上的障碍也是值得考虑的因素。如果设备通过声音传递信息的时候，用户身处于非常嘈杂的环境中，这也相当于是在听力受损的情况下进行信息获取。反之，即便环境是安静的，也并不是都有利于或适合安全地进行音频输出。在产品中加入出色的音频反馈前，一定要考虑用户的使用环境，并提供替代方案。

5.3 触觉输出：触感和力感

针对触觉一词，《牛津英语词典》给出的定义是：“通过触摸和本体感觉产生的对物体的感知，特别是在非语言交流中的感知。”简而言之，触摸后所感受到的反馈。

⑧ 网址为 www.microsoft.com/design/inclusive/。

说明　本体感觉

本体感觉是认知心理学中的一个术语，指的是一个人对自己身体在空间中的位置和相对运动的感知。练舞蹈的往往可以发展出非常敏锐的本体感觉。

这个世界不断地为我们提供触觉反馈。数字产品中的触觉技术只是在试图模仿那些反馈。表 5.3 概述了四类触觉反馈，并分别列举了现实世界和数字世界中的交互示例。

表 5.3　触觉在现实世界和数字产品中的示例

反馈类型	现实世界	数字产品
振动	汽车减速带：质地粗糙的道路标线，当汽车发生危险而偏移主路时，会引起方向盘的抖动	现代智能手机会用短时的振动来提醒我们收到了通知消息
力反馈	当尝试转动一辆未发动汽车的方向盘时，会感到很大的方向盘阻力	有些电子游戏的操纵杆，当您尝试某些游戏复杂动作时，会有回推的力反馈
电位	衣服在皮肤上的感觉	可以传递质感的触觉服
气流	当骑摩托时加速，脸上感受到的风	迪斯尼游乐园内的巨幕飞行影院游乐设施，在静止的游乐车上加上气流来制造速度感

5.3.1 振动反馈

当今最常见的触觉输出形式是与人体皮肤接触的振动触觉反馈，人的皮肤有着敏锐的感受器，能感知到周围的振动。[⑨] 振动设备主要使用的是电动机，通过改变电动机的振荡、脉冲和颤动方式来提供

⑨ 访问时间为 2017 年 3 月 28 日，网址为 https://teslasuit.io/blog/haptic_feedback/。

信息。改变振动序列、强度和持续时间能得到不同的振幅、规模或频率。例如，智能手机的“静音”模式：当有来电或通知时，能产生动反馈。

5.3.2 力反馈

当人们在现实世界中握住一个物体并挤压它时，依赖于物体的坚固程度会遇到一定大小的阻力。为了给虚拟物体提供这种触觉反馈，力反馈输出设备会模拟人们在物理交互中遇到的力度来对动作做出反应。

大多数力反馈输出都是主动的：设备利用电动机或其他的干预方式主动对人的动作施加阻力。被动的力反馈则可以使用替代物，这是一种用于 VR 环境中的技术。例如，虚拟现实中的椅子可以和现实空间中的椅子对应。

5.3.3 电位反馈

电位反馈设备是一种不需要移动部件的触觉输入形式，它使用的电位信号与医疗级的电子肌肉模拟系统类似。电位觉反馈不仅可被皮肤的感受器接收，并且比前面提到的振动反馈更丰富。电信号数据能够深入到皮肤的神经末梢，带来更多的可能性。

图 5.4 展示的是一个非常前沿的设备，该设备综合应用了前述几种技术。触感服装和部分身体的穿戴设备（如即将推出的 TESLASUIT 手套）试图追踪人类在空间中细微的动作，同时通过振动和电位信号来刺激我们的触觉。[10]

[10] 访问时间为 2019 年 12 月 27 日，网址为 https://teslasuit.io/blog/teslasuit-introduces-its-brand-new-vr-gloves。

图 5.4
特斯拉手套采用力反馈和生物识别传感器等技术来实现丰富的物理交互

5.3.4 大气触感

有几类触觉输出无需任何直接交互即可传递信息。

- 空气：将空气加压，形成阻力或运动感。
- 声波：由转换器产生的超声波场，可以干扰空气，使皮肤感觉到肉眼看不见的预设用途。
- 热能：操纵环境温度以提供空间或物体的信息（触觉服也可以提供直接的热反馈，但它的功率很低）。

5.3.5 触觉反馈的应用

当今世界最常见的触觉反馈是振动反馈。大多数振动反馈简单地应用在智能手机和可穿戴技术（如健身追踪器）中，用来提供代替声音通知的无形提醒。

从最新一代视频游戏控制器中精密的振动电动机，到沉浸式 VR 体验中的大气触感反馈，触觉在娱乐场景的应用中以独特方式提升了用户的沉浸感。

随着用于物理反馈的装置变得越来越轻巧和高效，这也带来了更多潜在的可能。比如在举重时，一个可穿戴的健身设备能否提供有效的技巧性触觉反馈？一副手套能否提供方位的信息？

对于触觉输出模式的探索还处于早期阶段。用户研究人员还在探索这个领域的水到底有多深。克莉丝汀和约翰在他们的书中探讨了在多模态设计中认知心理学的应用：“区分（differentiation）和回忆（recall）这类可以用来评估图标可用性的测试，也被用于评估触觉振动反馈，有时也称为‘触觉标识’（hapticon）。这些测试可衡量一个人对某种振动模式的记忆程度，或者两个不同模式的区分度。”[11]

无论用户身处什么情境中，设备都很难仅通过触觉本身传达意义。通常情况下，触觉能够感知的颗粒度太粗了。当人们与纯数字系统交互时，触觉输出可以替代期望中的物理感觉，这时候是最有用的，另外，如果您的设计与人的反射反应有关，触觉也是有用的。

说明 **触觉应用与神经反射在游戏中的应用**

有些游戏使用触觉反馈来触发人们的肢体条件反射。如任天堂的《动物森友会》使用振动触觉反馈让人们感到一条虚拟的鱼已经上钩，便会迅速按下游戏手柄上的按钮将鱼钓起。

5.3.6 从排斥到包容

对于任何已经有某种行动障碍的人来说，振动和力反馈的作用都是有限的。瘫痪也会影响触觉，所以物理反馈无法对那些身体受损的部位产生影响。

即使用户能感知到触觉输出，他们也可能不愿意去体验它。触觉反馈可能让人感觉受到了侵犯，甚至感到痛苦，尤其是对过度刺激特别敏感的人来说更为明显。请考虑产品该如何提供关闭触觉反馈的选项，并确保在没有触觉反馈的情况下，体验仍然是连贯的。

另外，大气触感的体验可能会有多方面的影响。特别是使用空气进

[11] O’Reilly Media 出版发行的 2018 年 Kindle 版，第 444-445 页。

行触觉输出时，戴隐形眼镜的人、有呼吸系统疾病或皮肤敏感的人都可能会对过度使用的大气触感感到不适。

说明 **常见的要求**

根据微软包容性设计负责人拜斯·约翰逊的说法，Xbox One 游戏主机推出后，无障碍反馈论坛上提得最多的改进功能需求是：禁用游戏控制器的振动功能。该功能现已添加到 Xbox 操作系统中。

效果胜于看健身视频

宾夕法尼亚大学的研究员发现，如果在语音及视频健身教学中加入触觉反馈，能够明显提升参与研究者学习肢体动作的效率。*

> 该研究表示，通过低成本的（零件的总成本约 216 美元）、可穿戴的运动指导系统来增强视觉反馈与振动反馈，有助于帮助用户在学习和练习 1DOF（一个自由度）手臂运动时减少运动误差。

更复杂的多自由度运动则没有看到同样的好处，但研究者假设，参与者难以理解设计的反馈，这意味着设计还有许多改善空间，能做得更好。这些研究结果对物理治疗等领域具有特别的意义。在这些领域中，关注用户的动机和目标可能会带来更好的结果。

* Karlin Bark et al., "Effects of Vibrotactile Feedback on HumanLearning of Arm Motions," IEEE *Transactions on Neural Systems andRehabilitation Engineering* 23, no. 1 (January 2015): 51–63, doi:10.1109/TNSRE.2014.2327229.

5.4 运动觉输出：移动和动态

运动觉输出依靠动态信息来传达意义。它与沟通不同之处在于，动态是利用不同状态间的运动进行交流。例如，在舞厅跳舞，是运动觉的交流。但村民乐队的经典《YMCA》舞蹈中，参与者用肢体模仿了 YMCA 这四个英文字母时，这是纯粹的视觉交流。

对于运动觉输出，产出数据的阶段是运动的过程，而不是运动的终点。

- 旧式时钟的钟摆告诉我们时钟是在走的，并让我们感知到时间（图 5. 5）。
- 狗的尾巴通过运动觉输出来表达它当前的情绪。
- 发声人偶同时使用声音输出和运动觉输出来模拟出富有生命力的样子。

图 5.5
旧式时钟的钟摆是常见的运动觉输出形式

当今的数字化系统并不经常依赖于运动觉输出，但在一些场景下，它可能是合适的。运动觉输出极具物质世界的属性，因此当我们期望更加融入周围环境的话，运动觉输出是个非常合适的选择。而随着机器人技术的主流化，运动觉输出将变得更加常见。

数字屏幕上的某些动画也是运动觉输出，因为它们是动态的。当动态被禁用时，如果其意义有所改变，那么也算是运动觉输出。

5.4.1 从排斥到包容

动态感让人感到新意而有趣，但也有许多人会对动态信息感到不适。请看下面的案例。

- 无障碍倡导者瓦尔·海德指出，许多人因视力问题而引发前庭障碍："随着动画界面成为常态，越来越多的人开始注意到，屏幕上大规模的动态信息可能会导致他们头晕、恶心、头痛甚至感觉更糟。"[12]

---

[12] 访问时间为 2015 年 9 月 8 日，网址为 https://alistapart.com/article/designing-safer-web-animation-for-motion-sensitivity/。

- 具有认知障碍的人们会对动态画面更加敏感。例如，动态画面特别容易让患有注意力缺失症和多动症的人分散注意力。
- 科学界仍然在研究自闭症患者对连贯运动的感知是否存在着更高的阈值[13]。

对于能够对动态信息进行自适应调节的功能，其发展已经滞后许久，不过设计标准终于逐渐成型。主要的一些操作系统及许多的网站，它们允许用户将页面上的动效最小化或者禁用。为了让产品体验更加包容，请做以下尝试。

- 不要把动效作为界面中唯一的信息传递方式。
- 尊重用户在操作系统或浏览器中设置的所有偏好，提供能将 UI 界面中的动效最小化的选项。

5.5 周围环境输出：周围的世界

当前的数字输出仅仅包含音频、视频和有限的触觉输出。但在我们的周围环境中，不仅这些交互设备，还有更多的东西。《牛津英语词典》将“周围环境”一词定义为“对当时环境相关的东西”。想一想，用户四周都有什么？比如，一般的环境条件（如光线、气味或背景声音以及条件的变化）都会影响用户对体验的感知。

您可能已经注意到，在我们对输出方式的评估中，仍然忽略了人类的一些感官，比如味觉并不在本书的讨论范围（当然，我希望大家觉得本书的内容读起来很有味道）。因为到目前为止，还没有合适的技术能支持动态地输出味觉。

然而，有一些（目前相当有限的）方法可以输出嗅觉或气味的信号。但是，除了能控制的输出设备外，附近可能还有其他的输出，也会影响用户对端到端体验的感知。

---

⑬ 出自 Martha D. Kaiser and Maggie Shiffrar 的文章“The Visual Perception of Motion by Observers with Autism Spectrum Disorders: A Review and Synthesis，” *Psychonomic Bulletin & Review* 16，no. 5 (2009): 761–777，doi:10.3758/PBR.16.5.761。

5.5.1 嗅觉

虽然在产品设计或开发的教育背景中，可能不涉及任何关于人类嗅觉的内容。但有一些关于嗅觉输出的案例表明人们现今已经很好地运用嗅觉输出。

- 在公共场所使用气味发生器来创造出品牌体验（拉斯维加斯的酒店）。
- 引入气味来表示危险（在无味气体中加入硫磺味）。
- 将气味运用在沉浸式体验中（迪斯尼游乐设施）。

我们的嗅觉较容易引起情绪反应或本能反应，如厌恶感。嗅觉是高度主观的，有些人（比如孕妇）对气味高度敏感，甚至到了会引起无法专注或不舒服的程度。

此外，人类的大脑还没有发展到能精准分离气味的程度，不像人们能将声音从背景噪声中分离出来。如果某个地方混杂了干扰的气味，我们就很难区分它们。

由于这些原因，我们应该非常有节制地使用嗅觉输出，并强烈关注意外的副作用和环境背景。

5.5.2 附带输出

有一些输出反馈是独立于人们操作的设备，利用周围世界的状态来输出信息。例如，当要求智能音箱关灯时，如果灯泡熄灭，人们就知道请求成功了。这是一种视觉形式的输出，但它不是系统输出，它是系统状态变化所附带产生的。附带性发生的反馈不一定只是视觉上的：想想车库门关闭时的振动或者门锁上的声响。

附带输出或反馈一般只有在与初始触发动作的时间非常接近和非常相关的情况下才有效果。关联越不紧密，用户就越难推断出请求和状态的改变是相关的。

在大多数情况下，附带反馈不会是主要的输出或反馈机制，其被动性意味着它也许很容易被忽略。回到之前智能家居的例子中，如果用户要求设备关闭隔壁房间的灯，怎么办？附带性的反馈是不够的，因为用户看不到隔壁房间的灯是否已经熄灭（图 5.6）。

©SKYPICSSTUDIO—STOCK.ADOBE.COM

图 5.6
智能家居充满了附带性输出的机会，但房子越大，反馈则越不可靠

5.6 落地实践，行动起来

使用新技术总是令人激动的。但若要使用最前沿的技术，前提是用户有能力为愿景中描绘的硬件买单。现实情况是，大多数先进的输出技术对许多用户来说仍然遥不可及。

在选择合适的输出技术的前提下，进行越多的工作，带来的影响就越大，因为产品体验将被更多的用户接受。无论他们处于什么样的社会经济地位。一旦开始设计，不妨先思考以下问题。

- 在这个平台上有哪些输出模式是可用的？
- 哪些输出模式被忽视或忽略了？
- 如何让用户在前期或当下选择自己喜欢的系统输出形式，从而更具有包容性？

第6章

表达意图

20世纪末，我们见证了输出技术的飞速发展，而21世纪初则是输入技术创新的时期：电容式触摸屏、传感器、自然语言理解、计算机视觉和手势控制等。

过去几十年里，设备在传达意图的能力非常有限，远没有人类自身的能力这么广。思考一下诸如和人打招呼这种简单的行为，人们也许会说“您好”，也许会招手并进行眼神交流，也许会和他人握手或者拥抱。对于一种意图，可能存在着多种不同组合下的表达方式。而接收者对表达方式的理解即为信息输入。

由于传感器技术显著的提升，现在人们可以通过多种输入模态来向科技产品表达意图。每一种输入模态都有其优势和劣势，这会随着使用情境的变化而有所不同。

自从人类诞生以来，他们就依赖于多种模态进行交流。有时候，人们会在同一时间使用多种模态，而有的时候会在它们之间切换自如。人类不大可能会在短时间内改变他们现有的习惯。设计师们需要停下脚步，重新考量多种主流的输入技术。应如何结合多种输入模态来提供更大的价值？

说明 **人工智能和信息输入**

您在这一章读到的许多输入技术，它们或多或少都由专业的人工智能系统支持。任何对于人工智能的使用都需要额外进行伦理审查，以免无意中带来的偏见或者危害。更多关于人工智能的介绍可以参考本书第13章。

6.1 听觉输入

听觉界面可以让人们通过声音来传达意图。尽管许多人认为语音交互界面是现代化的产品，但它的历史其实可以追溯到更早以前。实际上，在《星际迷航》问世的10年前，就有了第一个有语音控制系统的功能原型！

6.1.1 有声信号

声控系统通常将特定的声音或者音量理解为二进制开关。经典的ClApper声控开关发明于1985年，可以用来收听特定频率的声音。同样的原理也可以应用于收听其他的声音，比如汽笛声、闹铃声或者其他声音。

与今天的智能音箱相比，这些声控设备过于简单。但是对于那些有行动障碍的人来说，声控设备始终都是非常有用的，并且一直销售至今，这也证明了非接触式控制场景的价值。

6.1.2 语音用户界面

语音用户界面（也称“语音界面”）可以让用户通过说的方式向设备传达意图，而不需要进行手动操作。不同于大众认知，多数的语音用户界面并不是基于单片机的人工智能。如今的每一个语音交互界面都由包含多种不同服务的网络组成，每个服务是由机器学习训练的系统驱动，这些系统专门负责各种不同的识别过程，在共同作用下将声音转变为对数字信息的理解。

所有的语音交互都是以语音请求作为起始点，也就是说话。在系统能够理解这段话的含义前，需要先辨别出讲的是什么内容。自动语音识别将说话录音切分成小段，并将这些小段与相应语言中已知的音素进行匹配。语音识别会根据音素的顺序排列找到最有可能的字或词，这就是它持续运作的方式。

说明 什么是音素？

语音用户界面这项技术是为了让互动变得像说话一样简单，但它同时也带来了很多行业术语，这挺讽刺的。前文提到的音素是语言的组成单元，是我们在听觉上可以感知的最小语音单位。

6.1.3 匹配语音指令和意图

当通过语音识别技术对用户所说的话作出最佳的猜测之后，便可以开始分析用户的意图了。通常可以通过下面两种模式来匹配语音指令和用户的意图。

- 语法：语法本质上相当于语音识别的字典。语法是语言学的一个分支，它将单词和短语与意图配对。语法相对来说比较容易建立，但却不够灵活，并容易出错。比如，如果在语法中所有的词都听起来相似，那么这种方法得到的结果可能会不太准确。
- 自然语言理解（NLU）：这样的系统是一种特殊形式的人工智能技术，被训练用来提取各种文本中的句法、句子结构和含义。NLU 系统是用成百上千的话语“训练”出来的，并结合了这些话语的转录以及对应的用户意图。当系统接收了自动语音识别系统的输出后，会根据从训练数据中学习的内容来返回一系列最有可能的意图。图 6.1 演示了这个系统是如何工作的。[①]

人们体验到的	设备	云端
“我想知道我的饼干什么时候烤好。”	检测到唤醒词 “音响” = OK	自动语音识别（ASR） “设一个 15 分钟的计时器”
“音响，设一个 15 分钟的计时器。”		自然语言理解（NLU） 意图：计时 词槽：{ 时间 =15 分钟 }
“计时 15 分钟，现在开始。”		文本朗读（TTS） 提示词 . 计时（时间）
		提示词数据库 提示词。计时： “计时 %%时长%%，现在开始。”

图 6.1
智能音箱或其他声控设备背后的各种系统

① 译注：词槽可理解为对话中的限制条件，系统会对这些限制条件进行解读，并影响对话的执行结果。例如，“计时 15 分钟”的“15 分钟”就是一个关于时间的词槽。

6.1.4 选择正确的语言模型

尽管日常生活中使用的多数设备都采用自然语言理解的模式，但基于语法的系统在一些情况下也十分有用。表 6.1 探究了这两种方式的一些优势和劣势。有些系统甚至会在网络无法支持 NLU 处理的时候，将基于语法的系统作为“后备”系统。但需要注意的是，如果因此导致不同网络状态下语音表现行为的不一致性，这可能会受到用户的吐槽。

表 6.1 语法与自然语言理解

	优势	劣势
基于语法的系统	适用于一系列独特的单词和短语 不需要 NLU 系统 不需要网络连接 更容易进行本土化部署	需要仔细调整以避免声音相似性 往往需要对“正确”的词汇进行训练
自然语言理解（NLU）	容许遗漏部分内容 支持更长和更复杂的语句 就算是非常规的短语，它也能进行推断	需要可靠的网络连接或复杂的初始设置 需要用录制的话语和人工编码来训练 NLU 很难进行本土化

6.1.5 麦克风技术

麦克风会有不同的类型，它们在技术性能上也有所差异，进一步带来用户使用场景上的差异。

6.1.6 近场麦克风

近场麦克风通常只能在近距离起作用，并且是为麦克风只对着一个人的场景而设计的。手机、智能手表和电视遥控器多数都采用了近场麦克风。图 6.2 展示了亚马逊 Fire TV 遥控器使用的麦克风。

因为说话的人必须靠近麦克风，所以近场麦克风的设计师便可以理所应当地认为：

- 用户可以看到设备
- 用户可以触摸到设备
- 用户也许正拿着设备
- 用户说的话不大可能被周围的噪声或者其他人的声音淹没

图 6.2
亚马逊 Fire TV 遥控器顶部的小开孔便是一个近场麦克风，只能近距离收听

6.1.7 远场麦克风

如果您认为用户不大可能站或坐得离设备很近的时候，就该考虑远场麦克风技术了。远场麦克风通常由多个麦克风阵列组成，可以“听到”更远距离的声音，并且可以准确地定位音源的方位。

远场麦克风技术可以让智能音箱收听到房间内任意位置的声音，但这也带来了它自身的劣势。系统能够听到越多的声音，受到干扰的可能性就越大。想想有多少次当人们向 Alexa 或者 Google Home 设备提出语音指令时，发出的请求因为周围人的干扰而被打断？在未来，远场麦克风技术也许可以支持设备参与到多人对话中，但就目前而言，这项功能还无法在消费级别产品中实现。

远场麦克风可以实现更大范围的主动监听，这也意味着不能再继续假设用户就在设备的咫尺之遥了。在某些情况下，用户甚至看不到正在收听指令的设备！

6.1.8 从排斥到包容

语音技术一直以来都被誉为富有包容性的新技术——的确，对于许多使用传统系统时遇到困难的用户，语音界面的设计使他们拥有了自由。对于许多有行动障碍或者视觉障碍的人，语音用户界面这种新兴的解决方案改变了人们的生活，解决了一直困扰着他们的难题（如关灯或打开恒温器）。

在 2017 年《消费者报告》的一篇文章中，艾伦 • 圣约翰对四肢瘫痪的内特 • 希金斯进行采访，提及了内特在生活中是如何使用亚马逊 Echo 音箱的：

> "像我这样的脊髓损伤患者，我们的身体不能像大多数人那样调节体温。我无法像其他大部分人一样排汗。"内特解释道。Echo-Nest 可以让他在没有护理人员帮助的情况下对日常生活中调节暖气这件重要的事情进行操作。"这简直太棒了。我可以在半夜里把暖气调大调小，不必大声喊叫妈妈来来帮忙。"[②]

这个例子描述的并不是一种前所未有的互动方式。 仅仅是改变希金斯先生控制恒温器的输入方式，便将他日常生活的自主权带到了一个前所未有的高度。

可是，有语言障碍的用户无法与纯语音的界面进行互动。亚马逊和谷歌等智能音箱公司，他们正缓慢而稳步地努力着将这些用户纳入其用户群体。

在 2019 年，亚马逊的"Alexa 包容性设计"团队推出了他们的第一个无障碍功能，使得用户可以通过触控或者打字输入的方式与 Alexa 进行交互，并在带有屏幕的设备上显示字幕。[③④]

---

② 访问时间为 2017 年 1 月 20 日，网址为 www.consumerreports.org/amazon/amazon-echo-voice-commands-offer-big-benefits-to-users-with-disabilities/。

③ 出自《发出声音：移动通信、残疾和不平等》（麦克阿瑟基金会的数字媒体和学习系列），麻省理工学院出版社出版于 2017 年。

④ 访问时间为 2019 年 4 月 23 日，网址为 www.abilitynet.org.uk/news-blogs/hear-hear-heres-woman-behind-making-alexa-inclusive。

由于语音的识别需要使用多种基于人工智能的系统，如果完全依赖为这些系统选择的数据训练，则可能带来偏见和排斥的问题。不计其数的故事都反映了在最初没有考虑到训练数据的情况下，口音、方言甚至性别是如何降低这些系统之准确度的，这将使很多人被排斥在外。

超越语音

“扩大和替代沟通”（AAC）是一种用于补充或替代语言与文字的沟通方式，用于帮助在言语或书面文字的描述或理解上遇到障碍的人。

目前AAC最常见的技术工具之一是一款专门在iPad上使用的名为ProloquoToGo的应用。这个工具让语言沟通障碍者可以通过视觉或者触觉交互来向其他人表达自己的意图。

AAC并不一定要是高科技的。通过图像交流的叠字卡（Laminated Glyph cards）和美国手语（ASL）也可以算得上AAC[2]。当您在考虑有语言障碍的人可能会如何与语音交互主导的系统进行交互时，可以看看这些用户正在使用的替代交流方式是什么。计算机视觉可以作为让用户通过手语进行输入的一种手段。与诸如ProloquoToGo这类App的结合也可以给用户敞开新的大门。

6.2 视觉输入

在一张数字图片中所包含的信息量可以是十分惊人的。早期的计算机视觉算法通过专注于检测图像中单一特征的方法来避开这种复杂性。下面是两个案例。

- 任天堂NES ZApper激光枪可以被认为是计算机视觉的早期形态。一旦扣动扳机，枪的传感器会在屏幕画面中寻找可识别的正方形，如果识别到，则判定为击中目标。⑤
- 索尼机器狗爱宝（Aibo）有一个专门的算法是为它最喜欢的粉红色的玩具球设计的。当它“看到”粉红色的玩具球时，就会去追那个球，看起来搞笑又滑稽（图6.3）。

⑤ 访问时间为2020年6月12日，网址为https://en.wikipedia.org/wiki/NES_ZApper。

图 6.3
人们“教会”索尼的爱宝机器狗如何通过形状或者特定的颜色来识别他们最喜欢的球，这可以让机器狗在任何时候一看到球便会上前追赶

近年来，更精密的消费类红外线传感器的出现解锁了更多新的、让人兴奋的计算机视觉场景。就在几年前，这些场景还只出现在电影和科幻小说中。

- Zoom 和微软 Teams 等视频会议软件可以利用新款笔记本电脑发出的红外信号来分离背景像素，并用任意的背景图来替代。
- Windows 个人电脑和苹果的面部识别技术结合了红外信号和摄像头信号，用来替代密码或指纹解锁。

6.2.2 视觉信号

在大多数情况下，计算机视觉（CV）算法倾向于寻找一个或多个简单的视觉特征。以下是两个常见的案例。

- 深度：一般来说，对深度进行感知是十分有价值的，因为它可以用来区分前景和背景的像素。虽然单纯听起来可能没那么有趣，但它其实挺有意思的。深度感知带来了更多新的体验方式，比如实时的背景消除（应用于会议软件和 Echo Look 摄像头中）和脸部识别。
- 光和热：一些光传感器极其简单，比如 NES ZApper 激光枪内的传感器。近年来，红外技术被应用于深度感知、生物特征识别、骨骼检测、运动捕捉甚至医疗保健。

- 颜色和形状：在数字化的语境下，设备为了检测颜色和形状，需要识别像素区域内的特定 RGB 数值或对比度的范围。
- 注视检测：如果视觉传感器放置于非常近距离的位置，您也许能够弄清用户正在看什么。因为人的眼球运动是快速且不稳定的，所以用注视的方式来直接控制输入是很困难的。但注视可以为其他的输入方式（如手势）提供所需的上下文，使其更加高效。
- 面部检测：一旦一种设备可以识别轮廓或者形状，那么从逻辑上讲，研发人员可以进一步用来检测是否有人脸的出现。面部检测并不能获知人的身份信息，它只是通过像素的识别来分辨出可能的一张或者多张人脸。最出名的例子也许就是应用于 Snapchat 相机背后的技术了。
- 面部识别：面部识别，也意味着需要一个包含大量已知面部特征的数据库。当提供一个新的图像或视频，面部识别系统会解

被滥用的面部识别技术

面部识别是当今人们使用的最危险的技术之一，如今普遍运用于执法机关。（在 2020 年 1 月，《纽约时报》探索了面部识别系统在佛罗里达州的使用情况，并在这个过程中记录了许多常见的问题。[⑥]）使用面部识别技术来启动任何形式的执法程序，表明人们对这个明知有缺陷的系统抱以厚望。

电子自由基金会指出，面部识别系统认错黑人、妇女和年轻人的概率高于成年白人男性。[⑦]如果面部识别系统在执法数据库中识别错了一个黑人，那么种族主义和系统性歧视便会使这个无辜的人比白人男性面临更高的刑事调查或诉讼风险。与此同时，在美国，黑人被警察杀死的可能性是白人的三倍。[⑧] 在这些情况下，面部识别系统对黑人的错误识别可能会给他们带来致命的伤害。

---

⑥ 出自 Jennifer Valentino-DeVries 的文章“How the Police Use Facial Recognition, and Where It Falls Short，”New York Times，January 12，2020。

⑦ 出自 Brendan F. Klare et al. 的文章“Face Recognition Performance：Role of Demographic Information，”IEEE Transactions on Information Forensics and Security 7，no. 6 (2012)：1789–1801。

⑧ 出自“Mapping Police Violence，”MappingPoliceViolence.org，最近更新时间为 2020 年 6 月 30 日。

析面部的大小和布局特点，并将这些属性与已知的面部特征数据进行匹配。或者有另一种情况，苹果脸部识别认证方式（Face ID）会扫描解锁者的面部，并与手机主人的面部特点进行对比。（在后面的补充内容中，可以看到与面部识别相关的一些风险。）

6.2.3 人工智能的工作原理

给计算机视觉技术传输信息的传感器其实并不“知道”自己录制的内容是什么。对前面提到的大多数视觉特性进行解读是十分重要的：需要通过机器学习的方式对人工智能进行训练，从而应用这些视觉特性。

比如，最基本的情况下，视觉传感器看不见“颜色”，他们看到的是“数字”，是研发团队教会了系统哪个 RGB 数值范围对应哪种特定的“颜色”。

2020 年年中，随着美国的政府军队、公民、移民之间矛盾的增加，引发了更多热议。2020 年 6 月 30 日，美国计算机协会的技术政策小组发表公开信，其中包括以下措辞强硬的声明：“USTPC 呼吁在所有已知或可预见的损害既定人权和法律权利的情况下，应该立即暂停从今往后私人和政府对 FR 技术的使用。”

任何对人脸识别技术的使用（军队、执法机关、政府或者商业用途）都应该让中立的三方机构和独立审查委员会进行彻底的审查。即便是面向消费者的脸部识别系统，也应该受到这种审查，因为误用的后果可能很严重。

说明 人眼所见的主观性

仔细思考，颜色对人类来说也不是绝对的。就客厅刷的油漆是蓝色的还是绿色的这个问题，我和我的丈夫争论过好几次，但它其实就是蓝色的。

随着 CV 技术需要识别的对象和模式越来越复杂，它通常需要应用机器学习的技术来“教”它运用一种算法来寻找这些模式。一般来说，需要以下信息。

- 一组训练数据，对于 CV 项目，这通常意味着需要一组图片或者视频，并包括对各个图片或视频的信息描述
- 一套机器学习的工具，可以获取这些训练数据，从中进行“学习”，并返回一个算法，用来接受新的输入，且报告哪些元数据最可能适用于该输入

例如，可以使用一组图片以及关于哪些图片包含热狗的数据，用这些信息来进行算法训练，使其可以回答人们对给定任何照片进行的提问“这是热狗吗？”（电视连续剧《硅谷》的粉丝们会认出这个场景。）

如果所有的照片都是在相同的背景、角度和光线条件下拍摄的，那事情可能会变得很简单。但真实世界中的多样性使其变得更加复杂。输入的信息越复杂，需要给算法准备更多的训练数据。计算机视觉的数据收集和训练过程可能需要数周、数月甚至数年。我们花了几年的时间来训练 Echo Look，才使其能够准确地辨别不同类型的人以及他们的背景。在某些情况下，您也有可能幸运地找到现成的解决方案，让自己能够赢在起跑线上。

6.2.4 从排斥到包容

在 2017 年 8 月 16 日，尼日利亚科学家及现任 Facebook 开发项目主管阿菲宝发表推文：“如果不知道科技多元化有多重要，对社会冲击有多大，就看看这个视频。”（图 6.4）

视频讲述一只黑皮肤的手放到皂液器下试图感应出泡泡。然而，机器却毫无反应。视频中的人没有放弃，而是紧接着将一张白纸放在手上并再一次进行尝试。泡沫马上出来了。可见，皂液器所使用的计算机视觉技术只能识别白色。

推文和皂液器反映的种族问题在网络上迅速成为热点并不是个例，这个计算机视觉系统带来的偏见。计算机视觉系统可能以多种方式被错误使用——有可能因为无法准确地进行识别而将某个群体拒之门外，也可能因为错误的识别或者歧视问题而对其他人造成伤害。

对于所有受机器学习驱动的人工智能项目，多样的团队构成以及对参与者进行测试，能够有效地避免无意识的排斥、偏见以及危害最终用户。即便采用了对外公开的数据集来缩短训练的时间，也需要考虑到这些数据背后可能会带来偏见的风险。仔细检查这些数据是在什么时间段，用什么方式进行收集与分类，以及所有同意提供数据的参与者的性质。

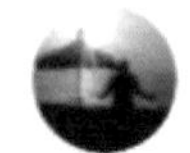

Chukwuemeka Afigbo

@nke_ise

如果不知道科技多元化有多重要，

对社会冲击有多大，就看看这个视频。

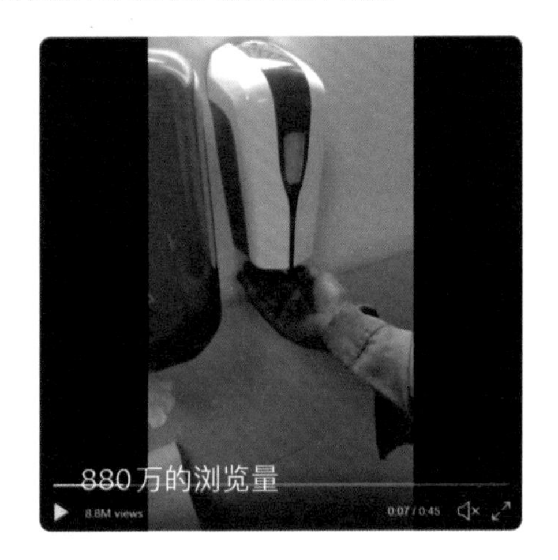

2017.8.16，下午 2:48，推特 Web 用户端

15.4 万转发　21.9 万点赞

图 6.4
一段走红网络的视频，如最早推文截图中描述的，他指出这款皂液器检测不到黑皮肤

6.3 触觉输入

在人类早期的时候，就已经有触觉界面了。人类最早的生火的时候，他们用双手来直接操作如打火石和引火物这些工具，以实现他们生火的意图。触觉输入指的是人们通过操作工具来表达他们的意图或观念。

6.3.1 获得控制

即便趋势发生变化，但物理工具仍然是我们最主流的数字通信形式，大多数您熟悉的有形接口外设都可以称为“触觉界面”。

- 无处不在的键盘、鼠标以及其他多数的定点设备。
- 像按钮、旋钮、转盘、踏板和开关这样的离散控制。
- 像操纵杆、节气门和控制器这样的复杂控制。

人类的意图虽然可能无穷尽，但我们的双手能力却是有限。为了解决这种不平衡的问题，便出现了专门的触觉控制器。大多数实体控制器都被定性为处理特定范围内的意图：

- 通过键盘上的符号来表达语言
- 用操纵杆和控制器来表达方向和行动
- 用鼠标用来选择视觉显示器上的像素
- 用按钮、开关和切换器用来进行二元选择
- 用旋钮和旋钮用来表示数值大小或者在一组固定的数值中进行选择

尽管现在已经可以使用触摸屏、语音或者键盘，但经过精心设计的实体控制器仍然具有一席之地。可以通过实体控制器直接触达一些常用的功能。如果精心设计，还能够通过肌肉记忆或者盲操的方式利用这些实体控制器进行操作。

对于一些更复杂的场景，比如虚拟现实会议系统，这些仅能控制特定功能的控制器无法带来真实的体验。但如果通过像传感器手套这样的触觉输入技术与触觉输出相搭配，可以使得用户在操作虚拟对象的时候获得更真实的实时反馈。

6.3.2 触摸的魔力

触摸屏是一种特殊的触觉输入形式。尽管我们利用触觉与触摸屏进行交互，但现今的触摸屏并不能带来与实体控制器一样的触觉输出反馈。

也不是所有的触摸屏都是一样的。目前，有两种技术在相互竞争，

尽管其中一种技术随着时间的推移正在逐渐消失。

- 电阻式触摸屏可以检测到来自于手指或者手写笔的物理压力。轻触可能无法被识别，这也是为什么老式的飞机座椅靠背的屏幕对人们来说是一场噩梦。
- 电容式触摸屏可以检测到手指点击屏幕的电信号，使得点击操作变得轻松。这种更加精密的触摸屏因为不依赖于力学感应，所以它可以支持轻触、多点触摸（同时用多个手指点击屏幕）以及手势输入（滑动等）。

相比之下，电阻式触摸屏更加便宜，但缺乏交互上的多样性，并且逐渐被大众所抛弃。具有讽刺意味的是，人们仍然会在汽车和飞机等高成本的场景下发现它们，因为在这些场景下，设备的更换周期往往较慢，并且对价格更加敏感。

深入了解

更多关于电容式触摸屏手势交互方式的介绍，请见本章接下来的小节“运动觉输入”。

6.3.3 选择正确的触觉模型

多年来，在不计其数的概念汽车和科幻电影中，人们都在畅想着去除一系列传统按键和仪表盘的“玻璃驾驶舱”，并倾向于简洁的、仅有触摸屏（或手势操作）的交互界面。 既然现在已经有了触摸屏，但为什么还要保留老式的物理控制方式呢？这是仪表盘设计和座舱设计领域中经典的争论问题。

肌肉记忆和触觉反馈对汽车的驾驶是十分重要的。在驾驶时，如果驾驶员的视线离开路面超过一秒就有可能会带来灾难性的后果。在美国，美国国家公路交通安全管理局（NHTSA）为汽车制造商制定的指导方针中，规定了驾驶员使用车内电子设备时注意力分散的最大程度：对于任何一次脱离路面的注视，时长都不能超过2秒钟。[9]

---

⑨ 访问日期为2013年4月26日，网址为www.federalregister.gov/documents/2013/04/26/2013-09883/visual-manual-nhtsa-driver-distraction-guidelines-for-in-vehicle-electronic-devices。

案例：美国海军驱逐舰约翰·S. 麦凯恩号

不幸的是，玻璃驾驶舱的这种设计趋势在 2017 年给美国海军带来了致命的打击。驱逐舰约翰·S. 麦凯恩号的特色是混合式舵控系统，它结合传统的触控方式以及一系列触摸屏面板，因而可以进行一些更加复杂且丰富的控制。

2017 年 8 月的一个早晨，机组人员发现他们失去了对船的控制，在试图抢救的过程中与附近一艘货船相撞。这场事故导致 10 人死亡，48 人受伤，此外还造成了两艘船共计上百万美元的损失。

NTSB（美国国家运输安全委员会）在 2019 年发布的最终报告[10]中指出："约翰·S. 麦凯恩号驱逐舰触摸屏舵控系统和油门控制系统的设计增大了其误操作的可能性，这是造成此次事故的根本原因。"

2020 年 3 月份的一篇论文中[11] 证实了 NTSB 报告中所提及的用户界面的

当人们在操作关键功能的时候，实体控制器可以使得视线不需要离开路面。触摸屏没有这种优势，因为它在操控的时候缺乏物理边缘或轮廓带来的触感。通常在实体控制器传递的触觉信号中，不只包含位置信息，有些情况下也包含状态信息。尽管如此，像特斯拉这类的汽车制造商仍然继续推动汽车往仅有触摸屏的"玻璃驾驶舱"方向发展。

深入了解

在下文的案例"美国海军驱逐舰'约翰·麦凯恩'号"中，提到更换为仪表盘后导致操作出错的悲惨案例。

⑩ 出自"Collision Between US Navy Destroyer John S McCain and Tanker Alnic MC Singapore Strait，5 Miles Northeast of Horsburgh Lighthouse August 21，2017，" NTSB Marine Accident Report，发表于 2019 年 6 月 19 日，NTSB/MAR-19/01 PB2019-100970。

⑪ 出自 Steven Mallam et al. 的文章"The Digitalization of Navigation: Examining the Accident and Aftermath of US Navy Destroyer John S. McCain，" The Royal Institution of Naval Architects Damaged Ship V，发表于 2020 年 3 月 11 日，英国伦敦。

问题，并提到了触觉反馈带来的问题："结论是油门系统控制权的转换没有必要设计得如此复杂，在触摸屏上操作的节流阀使舵手失去了触觉反馈，舵手更难识别螺旋桨是否同步，或节流阀是否不匹配…… NTSB 报告指出，该驱逐舰的舵手无意中将控制权从一个站转移到另一个站，导致船员以为失去了船的控制权。这一无意的转移误导了驱逐舰的舰桥团队，使得他们误以为是转向系统出了故障（尽管它是在正常工作）。"

这种触摸屏的控制方式导致了转移控制权的意外发生。尽管很难说一套物理的控制系统是否可以绝对避免这件惨剧的发生，但它提供的触觉反馈可以降低执行这些危险的操作时发生意外的概率。

在一些高负荷的环境下，通过触觉反馈提供额外指示信息是至关重要的。当通过触摸屏来替代更多的触控方式的时候，要仔细考虑用户所在的情境和认知负荷。某些情况下，设计决策是生命攸关的。

6.3.4 从排斥到包容

随着老龄化社会的到来，许多人不得不去适应生活中关节炎等疾病所带来的灵活性的下降。即便没有身体缺陷，但是对触觉交互界面的使用也可能会有问题 —— 例如，视力受限的人可能难以用触觉界面（如鼠标）进行视觉元素的选择。对于多种传统的触觉控制方式，行动不便的用户可能会被拒之门外。以下是一些不需要使用手和手臂的替代性输入方式：

- 呼吸气控制器通过一条导管传呼用户吸气或呼气信号，并对这种二进制信号的意图进行解读
- 舌控操纵杆和眼控鼠标输入可以在无需手动操作的情况下来进行方位的控制
- 语音输入可以用来替代实体的输入

寻找那些无法通过双手来使用产品的人，并让他们参与进来。为了避免将有行动障碍的人排斥在外，可以考虑在所设计的系统中增加语音的控制方式。如果可能，可以思考如何把设计的体验与非传统的触觉控制器结合在一起。Xbox 无障碍手柄（图 6.3）便是一个特别好的例子，这个实用的产品很好地体现了以上思考方式。

图 6.3
Xbox 无障碍手柄允许用户选择额外的周边设备来满足他们对特定输入方式的需要，比如 X、Y、开始按键以及定向垫

6.4 运动觉输入

运动觉输入使得用户可以将运动作为一种输入媒介来表达他们的期望。本质上，诸如手势这些运动觉输入方式给视觉、触觉或运动觉输入系统增加了时间上的维度。表 6.2 展示了当今不同类型运动觉输入模式的概况。

触摸屏的手势交互通常是离散型的，就像用手势来指挥别人一样。通过滑动手势来完成上一个 / 下一个的切换操作，这种在触摸屏上的简单交互方式是具有创新性的，它也可以让视觉界面上的信息更简化。但是，这类交互的精确度不够高。

相反，通过手写笔进行的输入操作是连续性的。人们仍然可以用它来指向某个对象，但是手写笔是用来将运动过程转化成某种含义。想一想一下写草书，它的关键并不是起点与终点，而是在这两个端点之间路线。触觉系统通常是关于离散型的输入方式，而运动觉系统则是关于一段时间输入的总和。

表 6.2 常见的运动觉交互形式

交互方式	示例	优势	劣势
触摸屏交互	现代的智能手机	直接对物体进行交互或识别	手势操作（如滑动，三指点击）通常是创新性的，并且需要通过教学才能掌握
手写笔交互	Wacom 数位板、Window 墨迹和苹果铅笔	输入的精确度高	需要额外的硬件设备
手势交互	通过谷歌智能家居中心（Google Home Hub）控制视频回放	对身体不会造成太大的伤害以及无需使用工具	精度有限，且有不同文化的差异性很大
骨骼手势交互	Xbox 的体感周边外设 Kinect	肢体上和情绪上的参与；有表现力的；沉浸式的	难以训练达到满足所有不同的身体类型的程度。需要较大的视野和开放空间。不是所有的人都可以进行这一类交互

说明 鼠标

鼠标是一种运动觉输入系统吗？只有一部分是。鼠标指针的移动是一种运动觉输入。然而，应用通常会忽略鼠标的移动，而把按钮的点击（一种触觉输入）作为首要的交互方式。

6.4.1 使用手势进行输入

手势交互显然是因人而异的，因此很难进行设计和校准。10 岁的小女孩和 30 岁的女士对“滑动”的理解可能会有很大的不同。

手势输入本质上是一种粗放化的输入方式；对手势本身进行描述是一件很困难的事。手势只有在特定的情境下的应用才能发挥出其优势：手臂的挥动可能意味着任何事情，但在菜单导航的情境中，这种挥动会变得更具象且具有意义。

大卫·罗斯之前是 IDEO 实验室的未来趋势学家，他描述了他们对手势交互的实验：“在进行一系列测试时，我们发现了手势也是线性的，就像在说一句话——名词接动词，主语加谓语。比如，表达‘打开音响’这个指令时，可以通过一只手表达名词，另一只手表达动词：用左手指向音响，然后举起右手来表示增加音量。”[12] IDEO 也观察到了不同年龄段之间手势交互的差异：对老年人来说，调节音量就是转动旋钮，但对年轻一代来说，音量调节更多表现为线性的手势操作。

和自然语言系统一样，手势交互系统的广泛应用之前也必须通过各种各样的信息输入进行训练，并且也可能会遇到与其他人工智能系统一样的主观偏见问题。

说明 请不要造成伤害

> 我因为肩膀疼痛停止了 Wii 网球游戏，而且《料理妈妈》这个游戏节奏又太快，所以我在 48 小时后把这个游戏也退了。即便系统可以解读任意的动作，但这并不意味着这些动作对人类来说都是舒适或安全的。

像 IDEO 和谷歌这样的公司识别了一些手势交互的条件，并定义了什么是成功的手势交互。表 6.3 和表 6.4 列举了手势交互最常提及的一些优势和劣势。

⑫ 访问日期为 2018 年 1 月 25 日，网址为 www.ideo.com/blog/why-gesture-is-the-next-big-thing-in-design。

表 6.3 手势交互的优势

优势	情境
效率	相比起语句表达、多层菜单的导航、走向设备进行操作等交互方式，手势交互会更高效
距离	如果用户离设备距离较远，手势交互使得他们无需再朝着房间另一头的设备大喊大叫
特定范围内的交互	手势在一些特定的交互场景下十分有用。比如：媒体播放控制；导航（捏合、缩放等）；操控（旋转、缩放、移动）
表现力	就像交响乐队的指挥家一样，可以通过手势的速度、方向和力度等元素来传达意图，除此之外还表达用来情绪和心情

表 6.4 手势交互的劣势

劣势	情境
身体疲劳	手势交互不适合长时间进行使用，尤其是需要全身肢体持续一分钟或甚至更长时间的参与的情况下。从设计师角度看起来很自然的东西，可能会给不同体型的人带来潜在的伤害，尤其是在反复使用的情况下
功能可见性	多数的手势交互功能都是不可见的，并且难以通过文字或者言语来表达。通常需要提供清晰的教程
准确度	疲劳、分心，甚至连普通的肢体动作都会带来很多的噪声，导致连已知的手势都无法被正确地解读
文化差异	例如，在美国，竖大拇指这个手势是被广泛认为是一种表示支持的积极信号，但在中东和非洲部分地区，同样这种手势会被解读为具有冒犯性

尽管手势交互仍是一个新兴的专业领域，但它在以下场景中体现出了独特的应用前景。

- 创意制作：创造新内容通常是一种高度输入密集型的行为，如果能够将手势交互作为一种新的工具加入，有可能会解锁新的机会。

- 娱乐：在传统控制方式的基础上，手势输入可以创造出更沉浸的、选择性更高的体验。
- 增强、虚拟和混合现实：AR，VR 和 MR 系统覆盖或替代了用户的感官，并通常可以让他们如同在物理世界里一样对虚拟的物体或视图进行操作。

6.4.2 从排斥到包容

对于这些视力受限的人来说，我们可以假设手势交互将成为他们表达大致意图的方式且无需进行物理操作。但在实践中发现，这些用户很难确保自己是正确站在摄像头或传感器正前方的。

此外，在用户群体中，可能有数百万计的人正面临着行动障碍的问题。从关节炎患者到四肢瘫痪的人，对于许多这类的人来讲，手势交互从来就不是一种理想的选择。要确保设计的手势交互系统有其他替代的输入方式作为备选，并且尤其要确保您所要求的手势不会给用户带来受伤的风险。

如果产品以手势交互为主，并且可能会被重度使用，那么可以考虑咨询物理治疗师、理疗师或遗传学家。在我进行手部治疗的几个疗程中，我无意中听到很多人描述损伤来自重复性的动作，比如重复在不同的窗口里进行复制和粘贴操作。在之后的几年里，手势交互也会面临同样的问题。

6.5 环境输入

环境输入可以让设备从人们身边的环境中推断出意图，而不需要他们在当下时刻有意识地进行操作。环境输入通常需要用户先通过传统的 UI 界面来表达他们将来的意图，使得时机成熟的时候可以进行反馈。表 6.5 描述了三种最常见的环境输入场景。

表 6.5 常见的环境输入场景

场景	描述
基于是否有生物存在	检测空间内是否有生物存在（通过 RFID、蓝牙以及门上的传感器等），以便根据这些信息采取相应的行动
基于环境上的变化	检测周围的环境的变化，并根据这些变化采取相应行动：比如智能恒温器和光传感器
基于生物特征识别	检测到人体机能的变化，并根据这些信息采取相应行动，这通常受活动或者阈值驱动（如心情和情绪的检测，健身和健康监测等）

6.5.1 从排斥到包容

站在身心障碍人士的角度上看，环境输入具有极强的包容性。家庭成员或者医护人员只需要对设备进行一次设置，便能够使得设备可以主动采取接下来几十次的行动。即便人们不需要这么正式的帮助，环境输入也可以帮助降低认知负荷，让人们能够专注于当前场景下重要的事情中。

生物特征识别的场景具有特别有意思的潜力，它可以来带来更符合人性化的体验。如果设备能够确切地检测到心情，那它是否可以进一步采取更符合当下的行动？它能否脱离对人的依赖并在需要的时候自主采取行动？

然而，就目前而言，环境输入系统仍然是较为奢侈且小众的（无论是智能家居还是健身追踪器）。在许多方面，这些体验的更广泛的应用场景（有些情况下是伦理问题）还没有得到充分的探索。将生物数据分享给第三方意味着什么？一定不要忘了对用户负责，并极其谨慎地对待环境输入的干预。

有必要提到一点，因为环境输入本质上是不可见的，所以它也存在被人们滥用的风险，尤其是出现权力不平等的情况下。在 2018 年，纽约时报记录了滥用家中智能家居的一些场景。[13] 作为一个设计团队，

[13] 访问日期为 2018 年 6 月 23 日，网址为 www.nytimes.com/2018/06/23/technology/smart-home-devices-domestic-abuse.html。

要考虑到如果人们在没有进行输入操作的情况下收到设备的输出信息，这种环境输入交互方式可能会带来什么意料之外的伤害。

6.6 落地实践，行动起来

实际上，您很难控制用户可以使用的输入技术。有时候可以通过指导产品团队根据可用的输入方式来选择不同的平台，但大多数时候的选择很有限。

但从另一方面看，在移动电话和笔记本电脑等主流系统上还有很大的创新空间。以下这些领域最适合大家进行探索和进一步创新。

- 嵌入式的语音识别给手机上的搜索操作带来了革命性的变化，但极少在电脑上使用。
- 电容式触摸屏是几乎所有主流个人设备的标配（除了苹果笔记本以外），但极少有人关注到，电容式触摸屏使用户与键盘的关系发生了变化。是什么使得人们将手抬离键盘？什么时候发生才是好的？
- 红外深度传感器与摄像机设备的组合使用打开了非接触式手势交互新世界的大门，但目前这类交互只是少数。比如，用户只需要对着谷歌的 Nest Hub Max 智能显示器举起手，便可以暂停该设备上视频的播放。

下一步，要了解当前所使用的平台可以支持的所有输入技术， 根据实际使用的情况来评估各种可能性。

- 平台中有哪些已有的，但当前产品仍未使用的输入技术？
- 在选择的平台上，这些输入方式的主流用法是怎样的？
- 这些仍未使用的输入技术可能帮助您解决什么类型的问题？
- 如果新增了一种交互技术，那么是否能够将那群被当前输入技术所拒之门外的人重新接纳进来？

输入技术是否会继续演进呢？这是绝对会的。随着时间的推移，技术的复杂性和适应环境变化的能力只会不断地提升。

人类是否能够通过直接的神经接口进行交互，而不需要额外进行解读呢？一切皆有可能。

无论如何，那些让人轻松融合多种交互模式的设计，它们具有深度且全面的考量，使用起来和人们日常的行为习惯没有分别。这种设计的需求肯定会一直增长。

人物访谈：赛义德·萨米尔·阿尔沙德

探讨多语言的语音交互

语言学家在设计对话体验和多模态体验中扮演着关键的角色。赛义德·萨米尔·阿尔沙德精力充沛，不仅在语言学方面，还包括在计算机工程、演讲和人类洞察方面都有相关的经验。几年前，我有幸邀请到萨米尔先生参加到我的即兴表演课中，现在我邀请他分享对超越语言指令和控制方式的语音界面的看法。

在设计综合了语音和视觉交互界面的体验时，有什么经常遇到的陷阱或者问题？

在这样的情况下，最常见的问题之一就是指示对象不明所带来的困惑。我说的这种情况是指语音提及了用户界面中的某个东西，而这东西可能还没出现或者放置在了难以被发现的位置，或甚至放错了位置。当语音界面说了类似于“请按下‘开始’按钮”的话，但由于延迟等问题导致开始按钮还没有在屏幕上出现，它会导致使用者产生一种挫败感，而且随着整个会话中持续存在的延迟问题，这种挫败感会越来越严重。人们往往在注意力被占据的情况下使用语音指令，因此他们可能会遗漏掉视觉反馈信息，如果当语音指令并没有告知视觉信息会出现的位置时，这类信息就可能被忽略。当您对视觉界面作出设计调整，而没有更新对应的语音界面时，便会在端到端的测试过程中的出现上述的遗漏问题。反之，比如改变了某个声音提示，但是没有调整对应的视觉界面设计，也会出现同样的问题。

另一个问题是，没有考虑到用户可能会通过多种方式表达某种东西。比如，例如，当语音界面期望听到单词“开始”时，而用户可能会说出单词“启动”。这样的同义词应该作为另一种能够被识别的替代词，否则的话用户可能会感到沮丧，并放弃继续交互。

人物访谈（续）

对于某个对象，可以通过多种方式进行口头描述，而点击或选择的方式可能只有一种。在多模态界面设计中，往往很少会梳理能够通过语音交互的全量替代指令，因为人们认为通过触摸屏或者可点击的设备上的视觉交互可以弥补失败的语音交互。这导致视觉交互设计水平往往还不错，而语音交互却是平淡无奇的。

您在语言学和多种语言方面有着丰富的背景，是否发现业内在面向全球市场的语音界面方面，还存在什么问题？

我发现大家一直认为只要人工智能得到足够的训练，也可以达到和人类一样处理语言的能力。我并不认同。语言是活的、不断成长与演进的，并会分裂成不同新的形式。当人们听到了到一个新的话术，并且话术里包含了一些他们没有听过的词语，那便会对这些新词进行一定程度上的猜测。这就是小孩学习语言的方法，并不需要去询问每一个词的意思。我们知道，一个典型的美国青少年掌握15000到20000个普通的英语单词。他们通过观察这些词的使用方式来掌握其含义，而不是重复15000次地向别人询问："这个词是什么意思？" 这种本能使得人类可以跟上不断演进出新的口语、词语和行话，而不需要精确地查询每一个词的含义。这在所有的语言中都会发生，而不仅仅是英语。如果没有人类将人工智能与每一个语言社区进行连结，并提供关于新单词形式的训练数据和本体论信息的话，人工智能自身是无法跟上语言进化的脚步的。

设计师在本土化这些体验的时候，需要注意些什么呢？

我发现的一个关于本土化和国际化的问题是，人们经常假设每种语言都有一种"标准"的版本。比如，当许多软件公司在计划他们产品的西班牙语或阿拉伯语版本时，我总会问他们"哪类西班牙语？哪类阿拉伯语？"而我看到对方的反应往往是困惑地愣住，眨了眨眼睛，并说道："什么？还有不止一种语言？"当我们遇到这类的问题时，需要先调研这类语言的方言体系，并辨认出有哪些语言群体的存在以及这个群体中会存在怎样的聚类。也许在这类群体中，并不存在一种所有人都能够达成共识的标准方言体系。

人物访谈（续）

一个国家的标准语言是政府决定使用的方言，这种决定很多情况下是武断的，也影响了官方媒体对这类方言的认同。从商业的角度看，企业需要考虑到选择了某类语言后，会导致多少人群被该产品拒之门外，造成这个问题的原因便是因为他们的方言没有被包括进来。

我观察到的另一个问题是，人们会将许多方言聚合成一大类，并随意地将它称作标准语言。这在美式英语中也有发生，我们看到了非裔美国人英语、墨西哥英语、美国南部英语以及其他不同地区和城市特有的方言都被贴上了“标准美式英语”的标签。只有将识别到的每一种语言群体的代表性数据都加入人工智能训练的数据集中，这种聚类方法才能奏效。这在一定程度上仍然会受到机器学习泛化的影响，导致人们使用特定方言与人工智能进行互动的结果表现糟糕。

有时候，语言元素即便跨越国界也是通用的；有时候，即便是在同一个国家内，语言元素可以分成多种不同的种类。我们不可以假设一个国家的所有人的都讲同一种语言中的同一种方言；我们也不能假设一个国家的所有人的都讲同一种语言。随着大众媒体的互联网化，我们看到了大量的人群围绕着特定的一些说话和书写方式呈现聚集的态势，这使得一些方言能够被遥远地区的人们理解和使用。例如，非裔美国人的英语在文化上正在被生活在美国以外的东亚和南亚人所接受。

语言是极其复杂且令人眼花缭乱的，当为多种不同的语言使用者进行设计时，需要做好适当的取舍。雇一名语言学家吧！他们确实能够带来帮助！

赛义德·萨米尔·阿尔沙德，计算机工程师、语言科学家和计算语言学家。他专注于自然语言处理、用户界面设计和文本、言语和视觉形态的国际化的问题。可以通过领英联系他：www.linkedin.com/in/sarshad/。

第 7 章

多模态的图谱

现在，您已经突破屏幕、鼠标和键盘这些传统的交互模式的限制，探索了所有可能的交互模式。但您需要以更宏观的视角才能够将这些东西汇聚起来。也许得通过像银河系这么广的视角？

在电影《星际迷航：下一代》中，进取号星舰的军官们利用高科技来进行宇宙间的导航，在编录的行星中进行扫描，进行短距离的以及跨太阳系的沟通，甚至是进行休闲娱乐活动。机组人员可以随时控制各种触控面板和物理阀门，也可以通过语音交互来提出任何问题。系统也可以通过口头的方式进行答复，但如果该答复并不适合以说话的方式，系统则可能会无缝地切换回屏幕（或甚至是全息甲板）上显示。如果机组人员要求系统报告飞船受损的情况，他们将听到一段来自系统的口头总结，同时看到一张受损的示意图。他们可以通过点击飞船的某一个部分来要求计算机封闭特定的区域，或者通过口头对话的方式让计算机采取行动。

说明 **我的星际舰队梦想**

是的，我和许多技术人员一样痴迷于《星际迷航》。多年以来，我一直沉浸在那个世界里，以即兴演员的身份角色扮演模仿原初系列《勇踏前人未至之境》[①]。对《星际迷航》的世界探索得越多，我就越钦佩它所体现的乐观、包容的未来主义。

进取号星舰的舰桥（图 7.1）便是当今设计师们经常提到的多模态界面的一个鲜明例子。进取号可以支持多种输入模态，比如屏幕、VR和语音。最引人注目的是，船员们可以毫不费力地切换与飞船上计算机的交互方式以及在接收到通知时，他们可以选择多种方式进行输入。

如今，诸如对话式用户界面和计算机视觉的下一代科技已经来临，而现在多模态体验直接面临的挑战便是视觉界面元素和语音界面元素之间的矛盾问题。不管大众对语音用户界面有多么热衷，但它也不一定在所有场合下都是最佳的交互方式。

早期的一些支持语音交互的界面，比如 Xbox 平台游戏机的体感设备 Kinect 采用的是“可见即可说”的模式。如图 7.2 描述的那样，用户可以通过说出界面中元素的名称来与之交互。相比之下，早期的

① 译注：1966 年，这个以太空题材的科幻聚集开播，塑造了一个充满希望的未来，激励了许多人，可惜当时只播出了三季。

车载系统将语音和触控交互作为执行同一任务的两种独立方式，交互信息既不同步，也无法流畅地切换。谢天谢地，这类体验正在逐渐消失，取而代之的是更加整合的多模态交互方式。

ViacomCBS © 公司的《星际迷航》和进取号星舰

图 7.1

《星际迷航》影视系列中进取号星舰的舰桥：《星际迷航：下一代》所展示的便是最终形态的多模态交互界面。指挥官可以通过他们周边的物理设备，以多种不同的方式与系统进行有效的互动

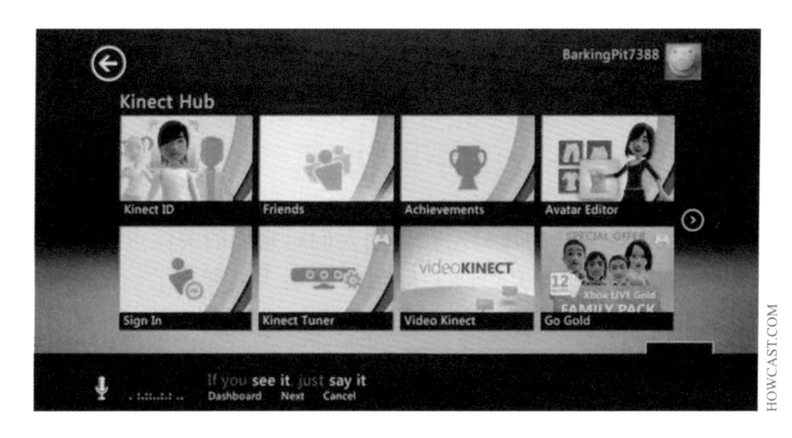

HOWCAST.COM

图 7.2

早期一些可通过语音交互的界面，比如 Xbox 平台游戏机的体感设备 Kinect 十分依赖对用户界面内元素直接进行语音控制

多年之后，亚马逊的语音桌面平板设备 Echo Show 的设计工作让我们步入了一个未知的领域。当我们尝试在第一个设备上将可交互的

视觉界面和自然语言对话紧密结合时，我们遇到了许多新的交互设计问题。我们可以采用和 Echo 一样的回复方式吗？展示多少信息是合适的？ Echo Show 和 Fire TV 在交互上的区别是什么？我们如何帮助用户在物理交互和语音交互之间进行切换？

随着 Echo Show 的产品设计工作逐步深入，我们发现，对于纯语音交互的设备，屏幕的引入远远不只是为了美观。这种屏幕和自然语言界面的组合方式展现出了一种新的交互模式。当查看天气预报时，如果能够在屏幕上高效地看到展示的信息，那么相比之下单纯用听的方式收听一整段信息就会变得很傻。一些请求指令，比如“查看股价”，可能都无法通过语音的方式进行回复。

我们需要对输入和输出模态的关系进行谨慎的决策，以便于更好地应对各种复杂的场景。这类的决策越来越多，并形成一定的规律，我的第一个多模态交互模型也随之孕育而生。在过去，我和这个行业多数人的想法一样，都是以设备为中心的，但如今我的多数的想法已经发生了变化。

需要建立这样的意识：在进行具体的交互设计工作之前，必须先选择支持它的多模态交互模型。

7.1 多模态体验的不同维度

对这些支持语音交互的体验，在早期人们对它们的关注点都侧重在语音交互的方面。在 2018 年的谷歌 I/O 大会上，展示了一张单轴的“多模态图谱”：对于语音交互的支持程度，从“仅有语音”到“不支持语音”（图 7.3）。

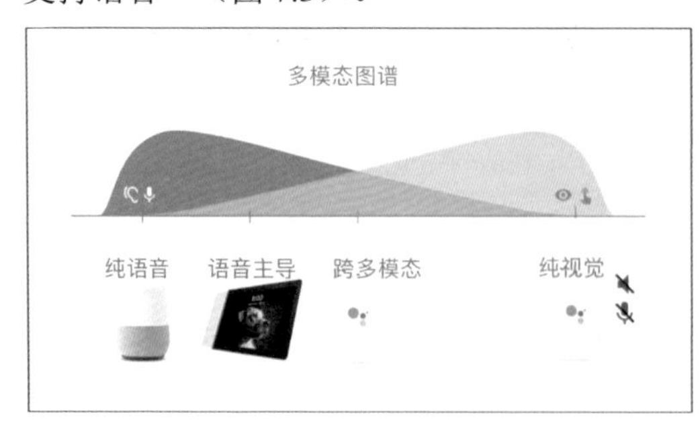

图 7.3
在 2018 年谷歌 I/O 大会的“谷歌助手的设计行动力：超越智能音响”中，描述了一张单轴的“多模态图谱”

不可否认，语音是大多数多模态交互中的关键元素，但仅仅支持语音功能并不能完全代表多模态交互。此外，对于“语音优先”和“屏幕优先”这两个概念，它们本质上仍是以设备为中心的。

为了能够创造出更加稳定的、经得起时间推敲的交互模型，我们需要回退一步考虑多模态系统给人们带来的影响。到目前为止，您已经探索了许多输入和输出模式，当中有两个方面对用户体验的影响最大：

- 距离：用户与交互设备之间一般的距离
- 信息密度：多数情况下向用户展示内容的信息量。这里的信息量包括了语音提示的长度和复杂度、各种的视觉信息（比如图片、文字）以及通过触觉反馈等渠道提供的所有信息

为了能够了解什么样的交互模型更适用于您的体验设计，首先要针对这些体验从两个关键的维度上思考以下这些问题：

- 用户和产品的距离关系是怎样的？（表 7.1）
- 在多数情况下，会将多少信息呈现给用户？（表 7.2）

表 7.1 用户和产品的距离关系是怎样的

距离	描述	示例
近距离	为了能够与输入传感器进行交互，设备必须在用户伸手可及甚至更近的距离	遥控器 智能手机 控制手柄
多种距离	设备同时支持近距离交互和远距离的交互（几米甚至更远的距离）	Echo Show Google Hub
远距离	在进行交互时，用户往往距离设备或界面 1~3 米或更远	亚马逊 Echo Xbox Kinect

正如我们在第6章中讨论的，您所假设的用户与交互设备之间的距离，在很大程度上取决于选择的输入传感器类型。需要注意的是，输入

传感器的位置是交互距离远近的决定性因素，并且传感器并不总是在主设备上，在具有麦克风功能的流媒体设备遥控器中便能够看到这一点。

表 7.2 在大多数交互情况下，会将多少信息呈现给用户

密度	描述	例子
低密度	提供的信息极度有限，通常需要结合外界的情境来传递其含义	Fitbit 跟踪器 恒温器
标准	提供给用户的信息足以让他们执行特定的任务，但几乎不会提供除此之外的其他信息	亚马逊 Echo 苹果 CarPlay 车载系统
高密度	系统提供了远超于完成任务最低要求的信息量	亚马逊 Fire TV Google Hub

高密度的信息一般是通过高分辨率的屏幕提供的。丰富的多模态输出通常包括持续性的语音和声音提示。低信息密度的交互通常包含非常有限的视觉信息：要么是一个小屏幕，要么是液晶数字仪表的读数，或者 LED 显示屏等类似的设备。图 7.4 和图 7.5 展示了信息密度图谱中的两种极端。

图 7.4
低信息密度：
Fitbit 腕带

图 7.5
高信息密度：亚马逊 Fire TV 上的奈飞播放平台

动态变化的设备

细心的读者可能已经注意到，即便是对单一设备而言，它在这两个维度上也不是固定不变的。一个人可能离他的亚马逊Echo设备很近，也可能很远。有些设备的使用会有很多的限制条件（用户不大可能在视线范围之外的地方使用流媒体视频设备）。但还有另一些情况，单一设备可能会支持上述两个维度上的多个“站点”，这取决于具体的用户的情境。

尽管这里的例子趋向于以设备为中心，但实际上您可以认为，具有响应式的设备严格地说是可以在非实体式体验以及锚定式体验之间进行切换的。一个设备可以支持多种交互类型。区别在于，响应式体验可以让用户看到当前可交互的方式。

7.2 绘制多模态的象限图

一旦我们回答了前面提到的两个问题，我们便可以逐渐在眼花缭乱的体验图谱中找到我们产品所处的位置。用户对这类体验的预期是什么以及这类体验在哪些方面存在不足？

如果我们将用户和产品的相对距离放置于 X 轴上，将信息密度放置于 Y 轴上，通过这种方法，可以将大多数的多模态场景牢牢地归入四个象限之一，如图 7.6 所示。请注意，四个象限并没有优先顺序：每个象限都有自己的优势和劣势。

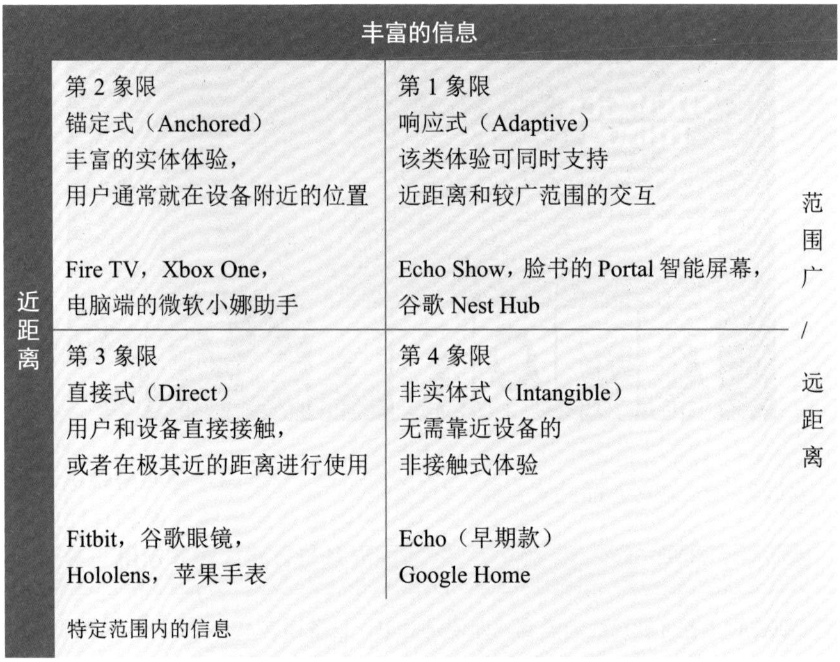

丰富的信息

近距离			范围广/远距离
	第 2 象限 锚定式（Anchored） 丰富的实体体验， 用户通常就在设备附近的位置 Fire TV，Xbox One， 电脑端的微软小娜助手	第 1 象限 响应式（Adaptive） 该类体验可同时支持 近距离和较广范围的交互 Echo Show，脸书的 Portal 智能屏幕， 谷歌 Nest Hub	
	第 3 象限 直接式（Direct） 用户和设备直接接触， 或者在极其近的距离进行使用 Fitbit，谷歌眼镜， Hololens，苹果手表	第 4 象限 非实体式（Intangible） 无需靠近设备的 非接触式体验 Echo（早期款） Google Home	

特定范围内的信息

图 7.6
多模态交互模型图谱

为了将这种多模态交互模型应用到设计中：

- 对于您设计的体验，回答以下两个之前详细介绍过的问题：
  - 用户和产品的位置关系是怎样的？
  - 在多数情况下，您会将多少信息呈现给用户？
- 根据这两个问题的回答，将您的体验放置于四个多模态交互象限的其中之一。

说明 **跨渠道的体验**

如果在您设计的体验中存在多个设备或应用程序，那么有可能在一个项目中同时涉及多个象限。

清楚自己正在哪个象限中进行设计，可以帮助理清需要和团队同步哪些假设、限制和机会，以助于得到更一致的决策。

7.3 响应式交互（第一象限）

输出丰富的信息，交互范围广

在“响应式交互”的象限中，您设计的体验可以同时支持近距离范围和远距离范围的交互。可以通过许多种不同的方式来利用这种潜能，如表 7.3 所示。

决定选择该象限类型的交互是需要经过深思熟虑的，它既需要有强大的硬件能力，也需要您乐意采用一种具有响应性的交互方法，使得用户可以在特定场景下灵活地进行信息输入。一旦用户选择了某种输入模态，这时候的设计将会和其他象限的设计有所类似——唯一的区别点是该象限提供的交互方式能够允许用户自主地选择。

说明 做出选择

如果决定仅支持非接触式的交互方式，那么是在“非实体式交互”象限中进行设计。如果决定仅支持较近距离的交互（比如点击），那么是在“锚定式交互”象限中进行设计。

表 7.3 响应方法的示例

方法	描述	说明
切换法	针对每一个场景，设计最符合其用户需求的输入方式	本身会存在可达性的问题。需要明确地区分是锚定式交互还是非实体式交互
扩增法	所有的任务均可以不通过触控完成。屏幕和实体输入的方式是种替代性和扩展性方案，可以适时选取	任何仅能通过非触控交互方式完成的任务，都有可能需要额外进行无障碍性评估工作
流动法	用户可以通过近距离或远距离的交互完成大多数甚至所有的任务。可以支持不同交互方式的切换，不仅仅是场景的层面上，还包括在任务的层面上	最高成本的方案。如果需要在场景中支持多种交互模态的切换，那么可能的操作方式将变得多种多样

说明 是否需要语音优先

推特上 #语音优先 的话题标签一直聚集着一群充满激情的语音设计师，他们渴望看到语音输入超越触控输入，并成为主流的交互模式。但是，除了语言之外还有其他很多种不同的输入模态，比如手势交互这种非接触式的技术。如果将响应式交互这个类别改名为“语音优先”，这会导致人们忽略了它未来的其他可能性。

7.4 锚定式交互（第二象限）

输出丰富的信息，近距离交互

锚定式体验包括丰富的实体体验，用户通常就在设备附近进行互动。

说明 屏幕主导的交互

我在亚马逊 Alexa 团队工作期间，最初用“屏幕主导”来指代锚定式象限的体验。然而，这是在 Echo Show 和 Fire TV 的背景下提出的，并没有考虑到这些特定屏幕之外的其他更广泛的场景。

“用户一定是在设备的附近”这一假设带来了许多交互的机会：

- 使用更小的且密集的书面文字
- 使用高分辨率的图片、视频和 UI 元素
- 可以利用实体输入设备，如触摸屏、键盘或遥控器
- 对于耗时的实体输入方式，可以将语音作为该任务的一种快捷操作方式

支持语音的锚定式交互通常带有近场麦克风，在这种情况下可以假设用户正在设备或屏幕的附近进行说话。所以，可以将语音作为视觉界面的一种快捷操作方式，比如 Xbox 中通过必应（Bing）进行语音搜索。

但是，这并不意味着所有的任务都需要支持语音交互。诸如前进和后退这种导航性质的任务就不太适合用语音进行操作，如果可以通过遥控器或者触控的方式进行操作，将会带来更好的体验。

虚拟现实头戴式设备是一类新兴的锚定式交互体验，比如 Oculus Quest。由于这些设备必须戴在用户的头上，所以您可以大胆地对设备与用户的距离作出假设，且输出的信息往往可以带来丰富的沉浸式体验。多数的头戴式设备可同时支持语音输入和基于特定形式控制器的触觉输入，在某些情况下，甚至还可以支持手势交互。

7.5 直接式交互（第三象限）

输出有限的信息，近距离交互

直接式体验通常采用的是小型的、外形自成一体的设备（比如 Fitbit 或者 Nest），或者是头戴式混合现实或增强现实显示器，如谷歌眼镜和微软 HoloLens。

这些设备的外形会带来技术上的局限性，常常会约束信息和相关语境的展示。这类设备在开箱过程中可能需要以某种形式进行教学。

对于越小的设备，它们在交互过程中受到的限制也越多。这类设备有些由于受到运算能力和联网方面的限制，只能支持基于语法的语音交互方式，另一些设备可能仅支持通过 1 至 2 个多功能按钮进行触控输入。

7.6 非实式交互（第四象限）

输出有限的信息，交互范围广

纯语音交互智能音箱的浪潮带动了无数多模态设备的兴起。这些设备已多次地向主流市场证明：语音交互可以在不借助屏幕辅助的条件下，凭借自身的优势发挥作用。

说明 **纯语音 vs 非接触式交互**

对于非实体式交互界面，尽管在当今市场上占据主导地位的仍然无处不在的语音智能音箱，但如果仅仅是将这个类别称为“纯语音”，那么可能会导致您忽略市场上其他的非接触式技术，比如手势和计算机视觉。

当今多数非实体式交互的体验均为纯语音交互体验，通过音频输出（通常是声标和语音播报）和音频输入（通常是语音）来操作所有的功能。这些设备不需要（有时也不支持）通过视觉或实体的交互方式来完成任何关键任务。请注意，这类体验可能会给有听觉障碍的用户带来使用上的困难。

对于一些设备，虽然它们很大程度上依赖这种非实体式的交互，但是它们通常还会提供替代性的视觉信息，比如局部的 LED 状态指示灯。承载非实体式交互的设备经常会有一些实体控件，用来进行音量调节和取消操作，因为在高音量的情况下较难通过语音的方式下达指令。

7.6 选择适合的交互模型

在产品研发的早期阶段，如果仍没有锁定使用某种输入或输出的硬件，那么，愉快地开始调研工作吧。对于用户期望使用的每个设备、应用或功能，都需要对其情境进行评估。

- 用户想要完成什么任务？
- 用户的双手处于什么状态？是被占用了还是空着的？
- 用户所处的环境是否有显著的噪声？
- 该交互是否可能围绕多个人展开？
- 这些任务是否敏感或涉及安全检查？

锚定式的交互体验是语音会经常性出错情况下的一种妥协性方案，

尤其是在嘈杂的大庭广众之下。此外，如果用户的语音请求会带来丰富的信息反馈（比如“播放电影”），就应该增强输出方式的丰富度，而不是取代原来的输出方式。

当用户正双手忙碌的情况下，响应式和非实体式的交互体验是最有用的。但就目前而言，在多人交谈的情况下，这种远场的自然语言交互体验的表现情况并不乐观。

在设计端到端的体验时，如果涉及多种不同类型的设备，您可能需要利用不同的设备来支持不同象限里的交互方式。根据对交互距离的假设，床头柜边的体验也许是是锚定式的（或甚至是直接式的）。但是，在厨房场景中的体验则需要有足有的适应性。还有另一类是浴室的场景，它应该是非实体式的体验，因为它与触控交互是完全不沾边的。

7.7 编排多模态的切换

您还需要在设计过程的早期阶段思考这个问题：既然多模态中提到了“多”，那么用户是如何在多种输入模态之间进行切换的？表 7.4 描述了三种常用的多模态编排方法。

表 7.4 多模态的编排方法

模式	描述	示例
并列式多模态	系统支持多种输入模态，但是一旦会话启动后，便不容易再进行模态间的切换	早期的汽车界面
顺序式多模态	用户可以根据任务的需要，在输入模式之间进行切换。在某些情况下，进行切换操作后，将会“锁定”特定子任务的模态	微软系统的小娜助手
同步式多模态	可以同时接受多种输入，并综合进行处理以确定用户的某个意图	指向地图上的某个点，并通过语音进行导航

一般来说，采用同步式多模态有助于用户通过间接引用的方式来进一步简化交互。我们在微软车载系统项目的“圣杯”设计中，描述了这么一个场景：用户可以触摸地图上的某个点，并通过间接引用的方式下达指令，比如“将它添加到我的行程中”或“帮我导航到这里”。

当下时代大多数多模态系统仅支持顺序式多模态，而且这种情况似乎不太可能产生颠覆性的改变。尽管它在某种程度上体现了人们没有采用看似最优的交互方案，但也不能说这一定就是一件坏事。

同步式多模态带来了额外的复杂度，导致在实施和测试时间上都需要花费巨大的成本。在许多情况下，连续式多模态就已经足够了。

说明 不要孤注一掷

同步式多模态可以与另外两种模式中的一种配合使用，并将这种额外带来的复杂度仅应用于能够从中受益的场景中。但是，如果您在交互模型中采用了这些扩展性的方案，很可能需要对用户进行一定的训练才能掌握。

所以，哪一种编排的方法更适合自己具体的场景呢？

- 如果任务大部分情况下都是短时的、单轮的交互，那么并列式多模态可能就足够了。
- 如果需要多轮交互，并通常需要花费大量的时间，那么可以考虑支持顺序式多模态。
- 当系统涉及丰富的视觉信息（如地图），或者当需要处理许多具体对象下的大量任务时，这种复杂的同步式多模态能够发挥其价值。

在进行多模态设计时，无论选择哪种编排方法，都会遇到一些超越了编排方法或交互模型解决范围的难题。第 8 章将要深入介绍相关的难题。

7.7.1 示例：顺序式多模态

当与一个顺序式多模态系统进行交互时，用户会根据他们的期望或要求在不同的输入模态间进行切换。

1. 语音开始一段交互："小娜，明早 8 点提醒我。"

2. 小娜助手回答道："好呀，想让我提醒您做什么呢？"接着设备打开麦克风。用户开始对麦克风说话。

3. 用户突然想要调整提醒的时间，或者语音识别到的时间是错误的。接着点击了屏幕上展示的数值以纠正提醒时间，如图 7.8 所示。

4. 但是，一旦切换至触摸交互，便不能继续原先的语音交互。麦克风图标已经置灰，而接下来必须要通过点击屏幕的方式来完成这个任务。

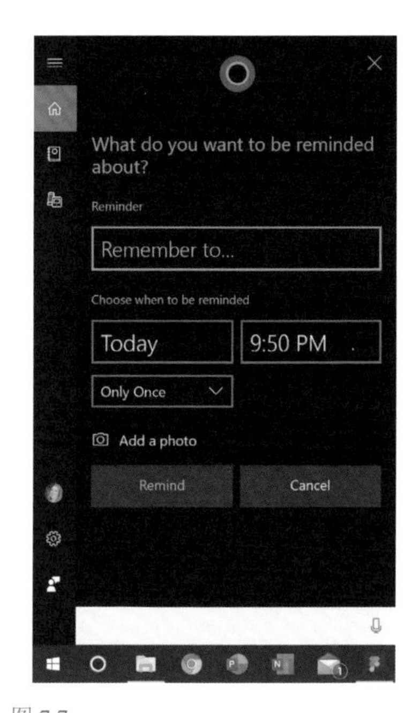

图 7.7
在电脑桌面上让小娜助手设定一个提醒事项后的展示结果

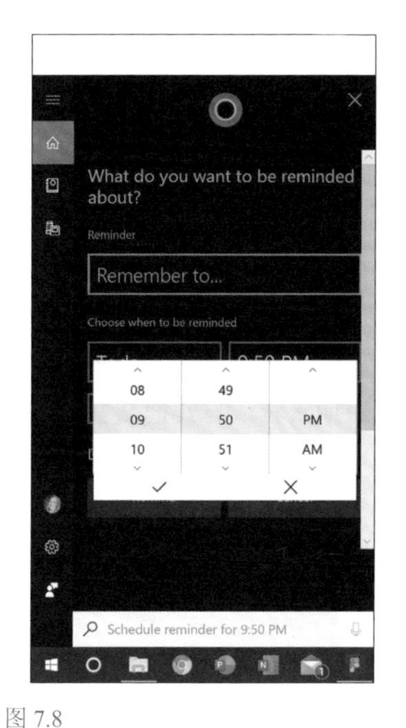

图 7.8
听到语音提示后，用户点击屏幕上的时间进行调整，此时界面切换至触控交互的状态

在这种情况下，语音助手小娜建立的假设是一旦人们点击了屏幕，那么可以判断他们和设备的距离十分近，可以继续进行点击交互。这就是顺序式多模态，人们可以在一个场景中切换不同的模态，但在这种情况下，并不是所有的切换都是可逆的。

7.8 落地实践，行动起来

前面提到的“圣杯”体验其实来自于《星际迷航：下一代》中的“进取”号星舰。语音交互可以支持多种不同的指令，也可以在任何时候都能轻松地切换至屏幕上并进行操作。多名对话者可以优雅且无缝地同步处理，并且不需要对着麦克风说话。飞船可以不间断地追踪所有人的状态，而通信设备也会对说话人员的身份进行验证。

在我们达到那个乌托邦式的未来之前，仍需要对当前技术的许多漏洞进行填补。如果认为用户需要一个跨越多个象限的系统，那就去做吧。对于语音界面来说，交互质量更为重要，它们是在情感层面上和人类进行互动，这是传统图形用户界面所没有的场景。

思考下面几个问题。

- 竞品关注的是哪一个象限？
- 您的产品或者场景是否涉及多个象限？
- 在各个象限中，你是否都有过相关设备的工作经验？
- 您设计的体验，是否能够在单一场景下在各个象限间切换？

从短期来看，与其把交互模式做得广（但漏洞百出），倒不如在一个象限里好好地打磨。随着行业发展势头的增强，我们终将一起更稳步地迈向多模态交互的未来。

人物访谈：凯西·彼尔

和凯西·彼尔一起走进“语音优先”的世界

凯西·彼尔是《语音用户界面设计》一书的作者，是一位资深的语音用户界面设计师，为我们带来了相当多的多模态体验设计。她也是为数不多的担任过总裁级别职位的设计师之一，所以她的见解充满了战略层面上智慧。我邀请凯西针对“多感官体验的演变”这一话题进行了探讨。

混合式体验呈现爆发性增长的态势，丰富的视觉交互和语音交互都是该类体验中的关键元素，这种体验是否改变了您的设计方法？

我认为是的。比如说，智能屏。这对我来说就是一种巨大的改变。因为这就是一种我们称之为语音主导的设备。它不是一个平板，也不是一部手机。对于手机，我有时候会输入，有时候点击，有时候说话。对于智能屏，主要的交互模式便是说话，但是它还有一个很关键的组成元素，那便是视觉辅助信息。举个例子，如果我说“看 YouTube 上可爱猫咪的视频”时，我明显的是想要在屏幕上看视频。屏幕的确是很重要的。

所以，这是一件会让我们绞尽脑汁的趣事。如何设计诸如智能屏这样的东西？我们认为最好的一种方式是 —— 如果要设计包含多类交互方式的界面，我们建议将纯语音的体验作为出发点。因为这通常是会让用户感到惊奇的，也是最有挑战性且最有约束性的。所以，我们会说：“听着，如果您先在纯语音交互的基础上面对这些挑战，那么就能够解决掉接下来会面临的大部分问题。”下一步，便可以移步至视觉设备上，并思考：“好了，接下来要用视觉来增强对话的哪个部分呢？”

我认为现有的一个问题是：这个世界上的视觉设计师比语音对话设计师多很多。如果您是一个视觉设计师，要做的事情是什么？视觉，对吧？这很重要。你需要这么对自己说：“好了，暂停一下，让我们从纯语音开始做。”

我喜欢作这么一个比喻：当我们在计划婚礼的时候 前往一个花店。女店员和我们坐在一起，问了我们一堆问题。这就是纯语音的部分。当她得到了一堆信息后，拿出一堆杂志，然后问我们，“那您看这个怎么样？那现在的这个呢？”

对我来说，这正是视觉信息最适合出现的时刻，这真的非常重要。但她并没有仅仅依赖于视觉上的呈现，而是在不同的情境下选择了不同的模式。

所以，使用语音主导的设备时，我们可能正处于手忙脚乱的状态；也可能离设备三尺之外。因为我在纯语音的世界里工作了很久，这让我不禁思考：那 TTS 呢？我们是否应该把正在朗读的文本内容在屏幕中展示出来呢？

专家访谈（续）

如今，我在家里已经使用了一段时间的智能屏，我对它也产生了一些看法。这相当于是家中多了一个屏幕。我有一个 11 岁的小孩。这对他来说是另一种注意力上的分散。所以当我们在吃晚饭时，有人会问类似这样的问题，“美索不达米亚位于哪个地方？”接着，智能屏开始播报，但同时也在屏幕上滚动地展示回答的内容。我孩子会从椅子上站起来，穿过我身边，走向屏幕并看着它。而我的状态就是：“不是吧！”。

我最大的一个担心就是，设计师们会变成这样：“呀！一个新的屏幕！我们让它变得好看点，让它在视觉上变得吸引人，让它 …… 当人们询问天气的时候，我们可以做一些好看的动效！”而我的回答是坚决反对，我们不需要管理多个屏幕。所以我想向大家强调，要明智地使用这些东西和这些屏幕。它们的确很好，但不要只是说：“我们有一个屏幕，所以必须要用上它。”大家好好想想吧。

凯西·彼尔是《语音用户界面设计》一书的作者，也是谷歌公司的语音对话设计师。她致力于设计和创造语音用户界面（VUI）近 20 年，一直积极地帮助大家最大限度地创造最佳的对话体验。此前，凯西是 Sensely 公司的用户体验 VP，该公司通过虚拟护士角色帮助人们保持健康。她的工作经历相当丰富，为美国 NASA 的直升机飞行员模拟器编程，以及在《时尚先生》杂志以专栏作家身份告诉读者第一次约会时应该怎么穿搭。

第 8 章

多模态的陷阱

当设计师开始处理全局性的多模态用户体验时，很容易进入具体交互的细节设计中。毕竟，在对话式设计或手势控制方面，还存在许多未发掘的领域。在经历仅有鼠标和键盘的这类主流设备的20年后，产品团队和设计师往往会对新的创新机会跃跃欲试。

然而，事情并不像他们看起来的那么简单。推动一项多模态交互的发展远不只是满足用户的感官需求这么简单。在开展“常规的”设计流程之前，必须先打好多模态体验的地基。考虑您想要打造的体验和实现这些体验所需的系统之间的关系，这件事是至关重要的。不幸的是，对许多团队来说，这种意识来得太晚，从而导致他们走错了方向。

但为什么会有这么多潜在的复杂性呢？这是因为您允许用户可以在设备或模态之间任意切换所提供的多种可能性所导致的。在这种情况下，用户在任何时候都可以开始或暂停一项任务，产品要做到能识别不同状态，并且共享不同状态间的交流内容。这类功能具有相当大的实施难度。

对于系统设计或服务设计经验较少的人来说，这些基础性的工作听起来是吓人的，并且可能是无穷无尽的。从哪里开始？表8.1描述了大多数多模态项目都会面临的一些关键挑战。这些挑战在产品设计的早期探索阶段很常见，可以极大地帮助设计获得成功。

表8.1 多模态用户界面面临的最大挑战

挑战	问题
同步性	多种输入和输出方式是否对用户当前的状态产生相同的理解？
语境	为了能让系统长期使用，它应该如何对用户的行为和设备状态进行建模？
可寻性	用户如何发现那些不可见的功能？
人体工程学	若长期使用您设计的交互方式，是否会造成用户身体上的伤害？
身份特征与隐私	设计的体验如何适用于多人使用的或共享的环境？

8.1 同步：状态是否互通

对于多模态用户体验，如果多种输入方式之间的步调不一致，那么多模态的潜能将受到极大的限制。在一个缺乏同步性的系统中，多种输入模态无法对用户的状态产生共同的理解。

汽车行业是一个很好的案例来帮助大家更好地理解这个问题。在 21 世纪初期的汽车影音系统中，开始将触控输入和语音输入两种方式相结合。

尽管这些早期的系统在当时是极具前景的，但是它们经常将语音输入和物理输入设计成两种互斥的方式。常见的一个做法是，当按下语音按钮后，会出现一个列表来展示可下达的语音指令，并遮盖其他可见的视觉交互功能，如图 8.1、图 8.2 和图 8.3 所示。尽管屏幕在交互过程中是用来做信息输出的，但是当语音系统激活时，屏幕中除了一个“退出”按钮外，您无法和其他任何东西进行交互。最终这导致了一些车机系统在进行语音交互时，屏幕使用非常有限，尤其是要明确交互对象的时候。

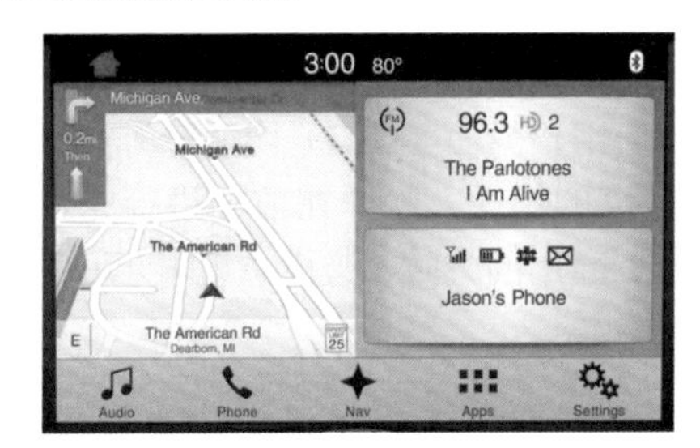

图 8.1
福特 SYNC® 3[①] 语音未激活时的主界面

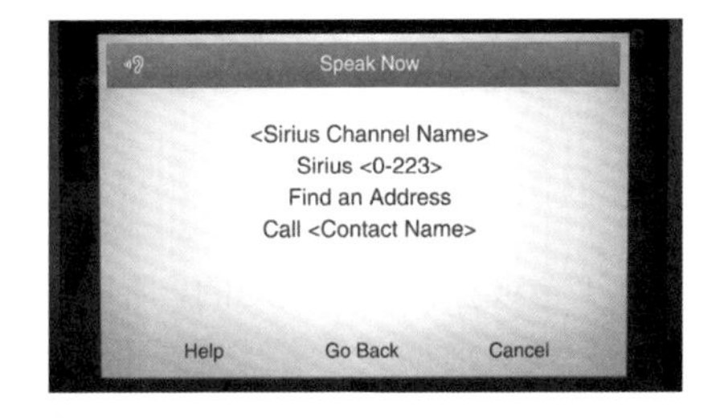

图 8.2
在福特 SYNC® 3 中，一旦语音激活后，主屏幕消失，取而代之的是语音识别界面。图 8.1 的所有状态都会丢失或被遮挡

① 网址为 https://owner.ford.com/ support/how-tos/sync/sync-3/voice-controls/sync-3-voice-commands.html。

图 8.3

福特 SYNC® 3 联系人分类界面。这类体验很大程度上依赖于触控交互，所以图 8.2 中的语音交互与触控交互互不兼容，导致体验的不协调

为什么车载系统需要花费如此长的时间才能达到流畅的多模态状态？复杂性来自不同模态背后的交流方式。模态之间的转换需要所有的输入和输出系统（语音和触控等）对于用户的状态具有相同的理解。但许多旧系统只将用户的状态保存在当前使用的模态中。将该状态与驱动该状态的交互方式进行解耦是一项复杂的工作。

这并不是车载娱乐系统独有的问题。许多产品团队由小团队组成的，他们在各自独立的部门里进行工作。如果在项目中将语音用户界面（VUI）团队和图形用户界面（GUI）团队分开，都有可能导致用户状态演变成两种分离的模式，除非在前期进行充分的准备工作，共同定义一种统一的、通用的方式，跨模态地展示和共享用户的状态。

最终设计的系统需要使得用户可以流畅地在不同输入模态和设备之间进行来回切换，而不需要担心丢失语境信息和手头上的任务。为了达成这个目标，需要和开发的同事建立紧密的合作关系以及提前了解到什么类型的用户状态是与跨模态输入相关的。

8.1.1 做好平台规划准备

信息的同步通常是由平台或操作系统驱动的，所以最关键的一步是，让设计人员能够参与到项目前期关于业务需求和平台定义的讨论中。在项目后期通过逆向工程的方式来解决这种信息不同步的问题是十分高成本的，但如果能在最开始就以“正确的方式”来做事情，则几乎不需要额外的成本。

但为了能够在这些前期的讨论做出有价值的贡献，需要提前做好准备。理想情况下，可以在参与这些需求讨论之前进行用户研究或竞品分析，以便找到可以用来定义平台用户体验的关键元素。可以问自己下面这些问题：

- 可能的用户场景或用户意图是什么？
- 人们有多大可能会在不同的输入方式间进行切换？
- 用户在什么时候可能会切换不同输入方式？
- 如果需要将这些场景交给其他人进行处理，需要提供哪些信息？

本地状态与全局状态的比较

“用户的状态信息储存于本地”这句话是什么意思？

想象一下，用户正通过电脑桌面的浏览器访问一个常规的网站。如果使用嵌入在 HTML 中的 Javascript 脚本语言来跟踪用户的状态，这意味着状态可能存储在用户的网页浏览器中，而不是云端。

那该如何让另一个设备上的语音助手获得本地的用户状态呢？

- 如果在旧系统上进行开发，您和开发团队必须要能获取储存在本地的信息，使其可以跨设备使用。
- 如果正在开发一个新系统，那么在早期系统架构讨论中就需要有相关的讨论，以确保在做出有关云存储或网络通信的决策时，考虑到用户对跨设备状态的需求。

不管怎样，这些对话都是棘手的。对于跨设备的持久性状态，很难评估它的金钱价值，而且任何持久的数据都有可能带来潜在的安全风险。您需要了解用户的期望，并列举出满足用户期望的过程中需要跨设备共享的参数，并集合成一张清晰的清单，这样是比较好的实践方式。

当您在思考要如何成功地进行信息转移的时候，可以将这个问题当作是人与助手之间的信息传递，这也许可以带来帮助。如果将用户的任务从一个助手手中转交至另一个助手，那么在他们的对话中会涉及哪些信息的沟通？

掌握了这种洞察力，您就可以倡导一种可以集中地展示关键信息的系统设计，而不是去跟踪当前的模态（例如使用的自然语言理解引擎）。

8.2 语境：刚刚发生了什么

您已经了解了同步性需要考虑的挑战。当用户在场景中切换设备和模态时，这些设备和模态必须对用户正在做的事情建立共同的认知。

但是，了解用户在不同交互条件下的语境也同样重要。这里的“语境”指的是需要持续一段时间跟踪的交互特征，为了能够在后续的交互中作出更明智的回应。在设计的早期阶段，如果忽略了“语境”这个系统设计的需求，则也有可能带来很高的风险和后期修复错误的成本。

8.2.1 我刚才说了什么

在对话时，并不是每一句话都会带来新的语境。在社交礼仪的层面上，我们认为对方会专注于对话，并记住对话中重要的内容，这也会影响接下来几轮的对话。

第一代智能音响采用了这个概念，但应用场景极其有限。例如：

> 用户：“音响，奥兰多的天气怎样？”
>
> 设备：“奥兰多，佛罗里达州，当前温度 53 华氏度（11.5 摄氏度），天气晴。”
>
> 用户：“纽约呢？”
>
> 设备：“纽约市，当前温度 32 华氏度（0 摄氏度），有雪。”

用户的第二句话（“纽约呢”）并没有表述出一个具体的意图，它只包含了意图中“城市”这个词槽里的一个新参数（纽约）。但系统仍可以继续进行对话，因为它“记得”对话的语境是关于美国城市的天气。

上述对话方式的实现并不意味着对话语境的问题已经得到了解决。大多数系统只能存储这些语境信息几秒钟或者几分钟。并且通常只存储一类语境信息。人类的对话可能是更细致入微的，比如，在一个对话中贯穿了两三种语境信息。

丰富的语境理解是很有意思却复杂的问题。应该存储什么信息？存储多久？应该在多轮对话中都保留这些语境信息吗？您该如何获得更大范围的语境信息，比如“我上周问的餐厅电话号码是多少？”

8.2.2 情境感知

如果想要打造更加丰富的、高质量的互动体验，对话的上下文并不是唯一的方式。您支持的输入和输出模态越多，系统生态中的设备越多，就越有机会通过细致入微的方式在合适的时间与地点做合适的事情。

例如，常常会提到的“播放”这类指令。这对于语音交互来说极具有挑战性，因为当人们要求播放某个名称的内容时，往往不会提及和它相关的媒介或者设备的信息。“播放加勒比海盗”指的是播放电影、游戏还是原声带？

其中一个解决方式是，在进行体验设计时能够考虑到设备的固有能力。用户想要通过纯语音交互的设备来播放电影，这件事情合理吗？所以应该避免让智能音箱将语音指令解读为“播放电影”（除非智能音箱与另一个视频设备结合使用）。表 8.2 详细介绍了一些在体验中可能会涉及的情境感知的要素。

表 8.2 语境常见的维度

情境	示例
设备的能力	视频、声音、游戏、触摸、语音等
用户的位置	离用户最近的设备、所处位置的时间等
用户的心情	情绪监测及语速等
时间	参照用户的习惯
设备的位置	卧室、公共场合、私密场合等
对话的上下文	前一个意图、前三个意图、用户特征等
交互的上下文	最近一次输入方式、可使用的输出方式、用户的习惯
用户的数据	偏好、习惯、日历、联系人等

不要把这个列表当成一个检查表单（会导致功能蔓延）。相反，要仔细审视：

- 哪个维度带来的影响最大？
- 相比之下，该维度的成本与可行性如何？
- 如果对该维度的信息进行追踪，会从道德上和法律上产生哪些影响？

- 对该维度的信息进行追踪和推理之前，是否获得用户明确的同意？

语境的获取有可能是十分复杂且高成本的，但如果运用得当，它将能够快速指引您打造出“魔法般”的体验。与同步性一样，在产品规划的早期开始关注体验的语境也很重要。

8.3 可寻性：人们将如何学习

传统的台式机界面一直以来都肆意地在表格与页面上以低成本的方式添加微文案和教程。可寻性（即新手可以快速寻找到一项新功能的能力）是无数个“设计与产品”智力对抗赛背后的推动力。

说明 **微文案**

> 微文案指的是通常位于图形界面内的一行词语或句子，是为了在没有额外说明材料的情况下，为当下的情境提供辅助信息。[2]

由于声音界面甚至手势界面的市场份额越来越大，可寻性也成为一个越来越大的难题。不能再假设人们可以“看到”新的功能。甚至不能假设用户能够了解整个体验的过程。语音和手势界面一直以来都饱受着可寻性问题的困扰。

如果设计的体验中没有书面文字或某些图标样式（例如智能音箱、许多的虚拟现实的体验、手势交互界面），那么您甚至都没有机会通过微文案或教学提示的方式来提供帮助。虽然一直以来，说明书都是一种可选的解决方案，但是随着越来越多的产品开始不包含说明书，这迫使用户需要通过产品的测评、吐槽和竞品等渠道来获取关于产品的信息。

8.3.1 多种指引方式

与解决多数问题一样，解决多模态系统可寻性问题的第一步是——做调研。您需要确定什么信息是最重要的，并且在所设计的体验中

② 译注：相关主题可参阅《触动人心的设计：文字的艺术》。

通过某些方式将这些信息传递给用户。可以自己决定获取这些知识的方式，无论是通过民族志研究、对现有体验的可用性研究，还是竞品调研的方式。

一旦获知用户缺失的是什么信息后，您如果无法通过书面文字将这个信息传递给用户，那么需要寻找其他的方式。 表 8.3 提供了多种可供选择的方法，当试图引起人们对某一功能的注意力，或者对该功能进行解释的时候，可以考虑这些方法。

表 8.3 通过文字以外的方式提升可寻性

方式	定义	可能的使用方式
暗示	提及某个概念或者功能，但不进行解释	展示可以用来激活其他的功能的特定词语；用动效或声音提醒的方式邀请人们进行交互
教学	通过主动、清晰的指导或教程来展示如何使用某个功能。但这种解释方式会牺牲用户的时间。在无法通过书面文字的方式进行展示的情况下，通常会以语音交互的方式出现	在刚开始使用一个系统或者功能的时候，也就是所谓的“开箱体验” 在长时间没有操作的时候提供帮助 询问是否需要解释某个功能
示范	用户通过观察别人的使用方式来学习某项功能。这种方式最适用于公开场合的体验	百货商场里的产品演示台；在广告中示范一般的使用方法；以直播、视频或者博客的方式来模拟理想中的场景
重塑	将用户现有的行为引导至另一新的交互模态	当用户刚完成一项任务时，建议另一种完成任务的方法
对话	建模并响应用户经常提出的问题，例如“我能为您做些什么？”	缩小用户的疑问范围，准确地为用户提供所需的帮助
插播	在其他交互方式附近，或者等交互结束后，插播某项功能的“广告”	当用户初始目标完成后，便向其介绍这些新功能

无论选择哪一种方式（很有可能需要用到这里的多种方式），都需要考虑以下这些指导原则，因为它们是好的体验的关键。

- 永远不要阻碍用户达成他们的目标。如果试图曝光一项新功能，最好是等到用户当前的任务结束之后再进行。等待一项任务完成意味着您可以了解到用户是否对前一项任务满意，这对自己来说也是一种额外的收获。

- 寻找适合的互动时刻。不管是飘忽不定的眼神、类似于“我好无聊”的陈述、一句提问或是一段静默的时间，这都可能是用户主动或被动给出的信号，让您了解到在这个时间点适合让用户探索其他的交互方式。当用户处于一种乐于接受的心态时，学习新东西是最有效的。

- 根据用户的语境选择相应的互动方式。如果系统教给用户一个他

案例：Alexa 的插入语

我在 Alexa 平台工作的过程中，挣扎于 Echo 这类纯语音体验带来的可寻性问题。Echo Show 是 Alexa 生态系统的后起之秀，它通过图像化界面的书面文字来帮助使用者发现新的功能，如图 8.4 所示。

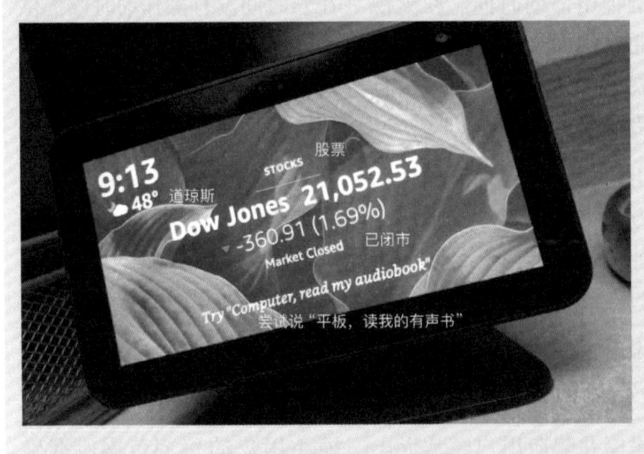

图 8.4 亚马逊的 Echo Show 利用了一些视觉上可见的功能元素，将一些可能还未被发现的功能展示给用户

并非所有的智能音箱都像 Echo Show 那样（有屏幕），这些音箱无法通过图形化的界面来呈现信息。尽管 Alexa 在手机上有相应的应用程序，但它并不能与智能音箱的状态完全实时同步。追溯 2015 年，在设计 Alexa 通知功能的时候，我和我的同事提出了一种插入语系统。

们已经发现的功能，这就会让系统在用户的心中显得粗心或者无知。如果用户对产品的观念因此发生了变化，则会对相互之间的关系产生持久的影响。在遵守道德规范的前提下，您可以记录下用户首次对某个功能的使用，并只对未使用过的功能进行教学。

- 静默的时间并不属于您，请尊重用户的私人空间。给用户介绍过多的信息可能会导致他们不知所措，造成心理疲劳，甚至可能放弃对产品的体验。

- 不要只关注单一的渠道。不要忘了，人们的学习方式可能会有很多种，多模态系统的使用环境也是多种多样的，并且许多系统的使用者可能不止一个人。如果仅关注开箱体验的设计，那么下一个使用者该如何学习和使用系统呢？

具体来说，我们可以将某些交互标记为“可使用插入语的”。在这些交互中，用户的意图简明扼要，不需要频繁地进行追问。我们认为，当用户成功地完成某个任务的时候，此时他们也许不会介意设备向他们建议另一个功能。这种建议信息不会像消息通知那样具有侵犯性，因为设备已经在和用户进行对话了。

在 2019 年，Alexa 开始推出这项功能。多数情况下，如果想要给用户推送一个新通知的时候，Alexa 会在用户达成目的后开始进行插播，建议用户进一步的操作。但也有可能是另一种插入语 —— 建议用户获取额外的信息，例如：

> 用户：“电脑，明天的天气怎样？”
>
> Alexa：“周五预计是晴天，最高温度 22 摄氏度，最低温度 11 摄氏度。您是否想听这一周的天气情况？”

这个功能并不完美 —— 很难知道这种方式什么时候是受欢迎，什么时候是扰人的，并且我在写这本书时，产品团队还没能将插入语的时间变得足够的短。但这是一个令人兴奋的新工具，它可以拓宽互动，超越单一的沟通模式，我迫不及待地想看看未来的设计师如何进一步调整这种模式。

说明 **更加融合**

与其单独考虑每一种提升可寻性的方式，倒不如考虑建立一个全局的视角来提升可寻性，将用户、语境和产品使用时间都纳入考虑。体验的体量越大，就越需要为用户可能会面对的可寻性问题制定一个全面的计划。

8.4 人体工程学：是否会对人造成伤害

几十年来，通常只有汽车工程师和在少数极端的计算机使用场景下才会考虑人体工程学。例如，电脑动画师在工作中会高强度地使用鼠标，又如保时捷 911 的技师需要快速地对车辆进行调整。

任何手势或物理界面都有可能给身体带来真正的、持续性的伤害。作为一个用户体验设计师，我亲身经历过因为对人体工程学条件妥协而导致受到工伤的这种风险。随着多模态时代的来临，我们应该更加重视对人体工程学的考量。

但是，可用性测试参与者可能从来不会抱怨不同模态的人体工程学问题，因为多数的可用性测试是限定时长的。这些测试并没有充分地对极端的或完整的使用条件进行探索。您得承认这是一个盲区，并追问更深入的问题：

- 有哪些可能的极端使用情况？
- 用户是否可以完全控制不同输入模式之间的切换？
- 我们如何通过测试来探索长时间使用所带来的影响？
- 可能给人们身体带来最严重的影响是什么？

要特别关注这两类常见的人体工程学风险：重复使用和输入方式转换造成的影响。

8.4.1 重复使用

看似无害的动作（如点击、拖拽或者在键盘和鼠标之间切换），如果长时间重复操作，就有可能给人体带来巨大的伤害。这些问题在语音界面（用户努力地通过慢速且大声的方式说话）和手势界面（可能会用到不常用的肌肉）中会更加显著。

对于视频游戏和虚拟现实等沉浸式体验的设计者来说，“重复使用”是一个特别需要关注的点。这些系统中的肢体运动或重复动作很有可能将用户身体推向极限。

对于正在打造的任何体验，都应该思考以下问题。

- 这些体验是否需要经常重复各种手势或者动作？
- 是否考虑过这种重复操作带来的肌肉劳损？
- 用户所处的环境会对这个行为产生什么影响？
- 用户对暂停、休息和各种操作有怎样的控制权？
- 该如何降低给用户带来伤害的风险？

即便设计的任务过程中不涉及传统的肢体运动，可能也要考虑物理世界中声音的表现形式。长时间或重复性进行语音询问可能给用户带来潜在的风险，不过一般来说，这类交互的风险比基于运动的输入方式要低。

8.4.2 输入模态之间的切换

对于传统的体验设计师，输入模态之间的“鸿沟”给他们的工作带来了极大的风险。

物理输入的每种切换方式都有可能带来潜在的肢体伤害，无论是键盘和鼠标这类触控输入之间的切换，或者触摸屏和红外传感器这类触控与手势界面之间的切换。

只要要求用户进行物理运动之间的转换（无论是打字和鼠标控制之间、打字与触控之间、触控与手势之间，或者打字和手势之间），都明显需要肌肉的参与。将右手转移到鼠标上的过程包括转动、移动的动作甚至会延展到手腕、前臂和手臂的伸展（图 8.5）。“扭转”这种方式极有可能会给身体造成伤害。再加上反复使用，就有可能造成重大的伤害。

图 8.5
每次要求用户在键盘和鼠标输入之间进行切换时，用户都会身体力行地旋转和移动他们的手。长期重复这样的动作，会对身体造成极大的伤害

说明 **小动，巨痛**

我的肌腱炎是由两个简单的重复性动作造成的：鼠标移动（手臂伸展）和键盘与鼠标之间的切换。我的情况并不是个例。我有一个手部治疗师，他的办公室里经常挤满有类似重复性压力损伤的人。他们中的许多人指出，需要反复在不同应用程序中进行复制和粘贴操作（这个任务同时需要用到鼠标和键盘）是造成损伤的其中一个因素。

8.4.3 符合人体工程学的考虑

永远记住，用户是有关节、骨骼和肌肉的人。他们有固有的极限，而这些极限可能会因个人和环境因素而每天、每小时甚至每分钟发生变化。应对这种风险的常见方法如下。

- 允许用户在他们期望的输入模态之间自由地切换。在疲劳的时候，可以通过语音来辅助触觉和运动的输入方式，反之亦然。

- 尽量减少输入设备之间的非自愿切换。大多数软件开发应用程序特别强调键盘快捷键，主要是因为大多数编程工作都是由键盘主导的。因此，如果想要从整体上减少肢体的压力，您需要对所有与键盘相关的交互进行优化。

8.5 身份特征与隐私，现在究竟是谁在用

智能手机在带来变革的同时，也导致许多设计师没有下太多功夫考虑身份特征多样性方面的问题。在台式机时代，常见的场景是一家人共用一台机器。无论指的是应用层面，还是操作系统层面的身份特征，软件都必须适应不同人群的需求、技能水平和偏好。

相比之下，智能手机是一种高度个人化的设备。除了一些儿童友好的沙盒模式外，大多数手机都被设计成个人设备。如果有人找您借用手机 5 分钟，您会有什么反应？现今很少有人会立即将手机来给他人使用。

人类和手机正发展成一种相互依赖的关系（我不是在落井下石，我也和大家一样，对手机的依赖不见得比你们少）。但与此同时，智能音箱和物联网正在重新定义人和设备的关系。

是否研究过用户会在哪些环境中体验您的设计？是否了解用户和设备的关系以及设备与整个家庭环境或办公环境之间的关系？如果没有对使用语境进行足够的探索，则很有可能会忽视系统中用户身份特征的复杂性。

表 8.4 列出了一些多模态体验中用户的身份特征和隐私方面经常需要考虑的问题，这些问题不仅适用于智能音箱和智能显示屏，也适用于笔记本电脑、台式机、流媒体设备和其他物联网设备。

用户的身份特征和隐私会因为环境的不同而产生细微的变化。这种情况因人而异，但有这么几个常见的场景：家庭使用场景、办公室使用场景和公共空间。

表 8.4 多模态体验中通常要考虑的身份特征问题

考虑点	详情
多种偏好	人们可能会有以下几种不同的配置偏好： ◎ 流媒体的默认播放模式 ◎ 个人模式 ◎ 系统音量或视觉主题
不同的品味	人们对电影、音乐和书籍等消费类媒体的品味可能呈现出两极分化的趋势，如果“污染”了人们的播放列表或收藏夹可能会引起麻烦
信息安全	大屏幕和语音用户界面固然不如电脑或手机屏幕那样具有隐私性。必须关注这类信息以及它们的展示方式
干扰和并发性	在公共的空间使用手势和语音这类的“自然的”用户界面时，系统很难获得一个“不受干扰”的信号，因为传感器可能会检测到许多人
物理变量	对于任何视觉或物理输入，可能需要频繁地重新调整或重新校准这些传感器和相关偏好，以适应不同的身高和体型
年龄限制	在一个有未成年儿童的空间里，如果自然用户界面不需要进行常规认证，则可能带来很大的风险

8.5.1 家庭使用场景

许多智能音箱、智能屏和流媒体设备都栖身于熙来攘往的家中，这里可能居住着多个人，也可能会邀请外人来家里聚会。

- 群体：在群体聚集的场合下如何使用您设计的体验？需要知道房间里的人每个身份特征吗？
- 个性化：不同的人与该体验进行互动时是否会有不同的期待？
- 适应性：当有一群人进行体验时，体验的方式是会发生变化还是仍以“一对一”的方式与每个人轮流互动？
- 隐私：设计的体验会不会在无意中对个人信息或行为信息过度分享而使某些人觉得尴尬？

8.5.2 办公应用场景

办公室主要采用设备和员工 1∶1 的配对形式，很可能是基于隐私和身份特征的考虑。

- 工作场所：是在会议室还是公共空间中使用？（也有可能是私人办公室，但这种情况比较少见。）
- 企业硬件：用户在使用什么外接设备？这些设备是公用的，还是分配给个人使用的？是近距离使用，还是远距离使用？
- 隐私：您所期待的互动是否可能会让用户感到尴尬，也许是因为失败的体验，或者是输入方式本身带来的？

让人尴尬到无地自容

也许您不是一个害羞的人，或者身边的同事非常容易相处，所以“尴尬的体验”这件事对您而言有些抽象。下面这个例子展示了公众场合下互动时可能出现的问题。

当我还在车载小娜助手项目工作的时候（现在这个项目已经结束了），互联汽车项目组的一群同事正讨论小娜助手在微软手机操作系统（Windows Phone）的通信录功能中相关的能力。那时，我们使用的都是微软手机操作系统，并且惊叹于小娜助手在设备上的使用体验。

为了保护隐私，以下人物采用的是化名。

> 谢丽尔：在访问通信录的时候，我可以通过昵称或者间接指代的方式让小娜搜索联系人。这个功能对我很有帮助。
>
> 克米特：是吗？我从来没有试过。
>
> 罗尔夫：是的，我来展示一下！（拿起手机）小娜，打电话给老婆。
>
> 微软小娜：好的！哪一个老婆？
>
> 大家笑喷了，差点儿无法继续这次会议，罗尔夫的脸瞬间变得通红。对于最初的产品团队来说，他们可能根本没有想过这个问题！“老婆”只是一个给联系人设定的昵称，也许他在通信录中给老婆重复设定了多个名片（比如几个号码分开储存），而小娜只是毫无恶意地想进一步澄清而已。但对一屋子的人来说，空气中却闪过一个问题……“小娜快告诉大家，他到底有几个老婆？”

语言是有其意义的，体验不是在与世隔绝的环境下产生的。考虑一下设计的界面在群体场景下可能会给人带来怎样的错误印象。

8.5.3 公共空间

为公共空间设计多模态体验是十分困难的，甚至连迪斯尼和环球影视城这样的主题公园巨头，也很难在其可控的环境中进行规模化的经营。无论体验中需要以何种方式记录或采集数据，请务必向专家咨询，了解一下这种行为在道德和法律上的影响。

- 用户是否允许：用户是否明确同意使用传感器来处理他们的交互过程？如何才能退出与系统的交互？
- 用户是否意识到：人们是否知道他们什么时候正在被记录，什么时候记录结束，摄像头的位置在哪里？如果将数据存储起来，那么用户如何知悉检索或删除数据的方式？

8.6 落地实践，行动起来

当开始进行一项新的多模态体验的产品设计流程的时候，首先从以下 5 类挑战的角度来做评估。那一类与你的产品最相关？在产品研发的前期，应该从哪里加大投入？

1. 同步

- 在平台和系统设计过程中关注用户的需求。
- 对于经常发生的活动，需要在后台系统中对用户状态的关键信息建立一种共享的描述，并且所有输入模态都能够获得这些信息。

2. 语境

- 需要持续获取哪些对用户的洞察才能作出更好的假设和默认的决策？
- 正在使用的平台或工具已经跟踪了哪些语境信息？
- 如何在不违背道德伦理的情况下进行数据跟踪和建模以及如何规范化使用洞察的透明性？

3. 可寻性

- 用户如何发现这些不可见的功能，尤其是手势或语音这种非视觉化的输入？
- 是否需要在合适的时间制定一些功能教学，让用户有规划的学习整体功能？

4. 人体工程学

- 人类的身体是有极限的：重复使用产品会对身体造成什么影响？
- 如何在充分利用主动的转换的同时减少被动的转换？

5. 身份特征和隐私

- 在什么情况下会有多名用户同时进行体验？
- 当用户与系统进行互动时，是否有其他人围观？
- 系统是否会造成尴尬的情况，并对用户的隐私造成威胁？
- 如果正在使用基于传感器的输入模式，需要经过用户的同意（这点要格外注意），并且透明公开地说明正在收集什么数据以及如何关闭它。

第 9 章

迷失在切换中

多模态系统真正不变的就是变化。如果认为用户在交互过程中会一直处于同一个语境下，那么在设计时只需要考虑用户界面给用户状态带来的变化就足够了。如果不想变化怎么办？很简单，就不要创造出会引发类似改变的预设用途。

多模态系统的核心是灵活性。如果无法在输入和输出模态之间进行切换，那么多模态系统在交互过程中所提供的只不过是单一的选择罢了，它的本质仅是多种相互独立的单模态交互。

实际上，多模态设计远远不只是关注用户的状态这么简单。在一个独立的状态或者单一时刻下，人们互动的能力是受限的，并且可以通过非常传统的方式对其进行设计。多模态设计最大的风险和挑战在于状态的切换。在高阶的体验中，人们能够以多种方式进行模态的切换：

- 改变输入或输出的模态
- 在单一的、端到端的任务过程中进行设备的切换
- 多个用户共同使用一个设备

在设计一个真正的多模态系统过程中，需要对不同时刻之间的状态进行观察。让我们唤醒童年的记忆，回想一下传统的连线益智游戏。这些点是构成图片的基础，人们可以通过探索点与点之间关系来获得对整张图片的感知。

9.1 切换模态

有些设计师将不同模态之间的切换比做是“交互的鸿沟”。当用户从一种输入或输出模态切换为另一种模态时，他们有可能会在这个过程中丢失语境、浪费了时间，甚至带来安全隐患。表 9.1 详细介绍了几种可能威胁到用户体验整体性的“鸿沟”。

表 9.1 常见的多模态“鸿沟”

鸿沟的类型	描述
输入模态的切换	在一项活动中，用户在两个或以上的输入模态间进行切换
输出模态的切换	在一项活动中，系统改变了与用户的沟通方式
输入 / 输出模态不匹配	当用户通过一种输入模态发出请求后，系统通过与输入模态不匹配的输出模态进行回应

9.1.1 输入模态的切换以及流畅的多模态体验

人们如今有机会在不同输入模态之间流畅地进行切换，这种可能性与日俱增。

在一些情况下，这种切换是“主动”的：用户切换至他们倾向的交互模式，因为他们认为这种新的交互模式更容易使用，或更适合使用。

在另一些情况下，这种切换是“被动”的：如果当前的输入模态无法满足用户对系统的操作，那么用户必须切换至其他的输入模态，才能继续进行他们的活动。

不管是主动式还是被动式的输入切换，都有必要引起设计师的重视，它们都是成功完成端到端场景的关键。表 9.2 列举了从过去到现在消费者体验中几类模态切换的例子。

表 9.2 输入模态切换的例子

原先的输入模态	新的输入模态	系统	示例
语音	触控	微软小娜（电脑端）	用户通过语音设定会议，但系统识别错了时间。用户放弃继续通过语音进行交流，而是通过鼠标和键盘进行调整
手势	触控	谷歌智能家居控制中心	用户在摄像头前通过手势暂停视频播放，接着选择通过触控的方式滑动屏幕，并回退到漏看的内容
触控	语音	亚马逊 Fire TV	用户通过遥控器浏览专题电影，但是没有找到想看的内容。接着，他选择通过语音的方式打开另一个视频应用
触控	手势	iOS	用户正使用触控的方式进行交互，但突然决定切换应用程序，所以使用系统手势进行切换
手势	语音	Xbox Kinect	用户正使用双手与游戏进行互动，但必须说“Xbox，打开它”才能获得通知中的内容

9.1.2 主动式切换

观察用户与系统正在进行的交互并思考下面几个问题。

- 用户在一开始通常会使用什么输入模态？
- 如果向用户展示所有可选的输入模态，他们更倾向于选择哪个？
- 用户是否会在半途中自然地进行模态间的切换？
- 在交互过程中，是否某些时刻的切换操作是相同的？

主动式输入模态切换的模式既是对用户进行教学的机会（试图让切换的能力更容易被发现），也是设计的机会（确保在切换的过程中以及切换后不会产生不必要的阻力）。

9.1.3 被动式切换

当系统迫使用户进行模态间的切换时，本质上体现的是无视用户对输入模态的潜在偏好。要格外小心地处理这种时刻。

- 用户是否清楚下一步要做什么？
- 如果用户无法切换至另一模态，会发生什么？比如，影视系统迫使您要从语音控制切换成遥控器控制，但遥控器并不在附近。
- 这种强制性的切换会将哪些用户拒之门外？强制性的切换可能会成为包容性和无障碍工作的一个巨大的挑战。

9.1.4 输出模态的切换

在一些情况下，由于环境的原因，或是用户发出的请求本身的性质，系统必须在活动中切换其输出的模态。输入模态的切换可能发生在复杂的交互过程中，而输出模态间的“鸿沟”更可能在简单的交互结束后发生。在大多数情况下，用户不大可能会意料到输出模态发生了切换，作为一名设计师，您有责任将用户的注意力引导至新的输出模态上。表 9.3 列举了一些例子，描述交互过程中可能出现的输出模态切换。

在设计一个任务的输出模态切换时，要确保在当下提供某种指示，以便让用户知道可以在哪个位置获得另一种输出，通过这种方式可以弥补输出模态之间的“鸿沟”。

为了弥补输出模态之间的裂缝，最可靠的切换方式就是同时使用两种模态，而不是生硬地进行切换。Siri 可以这么回复：“关于这个问题，我找到了许多个可能的答案。请在手机列表中查看关键的搜索结果。”

也可以利用平台上已有的模式来引导注意力。我们在为亚马逊的Echo Look（它没有屏幕）设计拍照体验时便采用了这种方式。利用快门的声音来表示已经完成拍摄的动作，并通过消息通知的方式在适当的时候将用户的注意力引导到手机上。

在包含很多信息的输出中，如何引导用户的注意力是一种直接的挑战。除此之外，输入与输出模态的不匹配也可能带来更多的问题。

表 9.3 输出模态切换的例子

原先的输出模态	新的输出模态	系统	示例
声音	视觉	Siri（iOS）	用户通过非接触式的交互发起请求："嗨！Siri，下一部《星球大战》什么时候上映？"设备没有通过语音进行回复，而是以搜索结果列表的方式展示信息
声音	视觉	亚马逊的Echo Look	用户通过非接触式的交互发起请求："拍张照片。"在拍摄的过程中，系统会通过语音进行提示，但是照片只能在手机App中查看
视觉	声音	搜诺思家庭智能音响（Sonos）	用户在播放音频时调整它的扬声器组。这种变化会在相应扬声器的声音上体现出来

9.1.5 输入/输出模态不匹配

多模态设计师的一条重要的经验法则是"用同样的方式进行回应。"就比如完全通过口头的方式来回应手语是非常奇怪的，如果系统突然用某种非语音的方式来回复语音输入，那将会让人觉得有些出乎意料。

然而，在某些情况下，通过同样的方式作出回应是一件很难的事情。例如当进行语音搜索联系人的时候，经常会因为结果选项太过于相似，导致无法仅通过名称来有效地消解歧义。

用户："打电话给简·史密斯。"

系统："哪一个简·史密斯？我找到了两个匹配的结果。"

说明 "歧义消解"的定义

对于语音交互界面或者任何搜索界面，歧义消解本质上就是一种筛选的形式。用户通过次级信息或者指示信息来对相似结果进行区分。

当搜索结果缺乏声音上的独特性时，用户该如何指出他们想要的目标？其中一种方式是进行更精确的筛选（"波士顿的简·史密斯"），然而极少的系统可以进行这种更深背景层次的操作。不过至少可以通过视觉输出模态来展示部分关于简·史密斯的信息，以帮助用户进行歧义消解。

您也可能会遇到这种情况：由于搜索结果中的"特殊"信息太过于繁琐，导致系统无法通过"说"的方式进行传达，就如图 9.1 展示的那样。如果有可能会出现这种复杂的情况，那么您要允许用户进行模态的切换（或者，如果您能够提前预知到这类问题，那么可以主动地将用户引导至另一新的模态上），这是成功交互的前提条件。

这里的"鸿沟"指的是语音输入 / 输出和视觉输出之间的断层。当用户与设备进行对话时（尤其是智能音箱），设备并不一定在他们的视线范围内，那么用户该如何进行回复？即便设备在他们视线范围内，他们有多大的概率正在看着屏幕，他们会知道设备屏幕上出现一个列表吗？

作为设计师，必须考虑到这个问题，并找到方法将人们的注意力引导到显示歧义消解信息的屏幕上。

正常情况下，最好是通过相同的方式响应用户的请求，避免产生输入 / 输出不匹配的情况。在某些情况下，可以通过"额外"的输出模态对这项输入进行回复，但如果输入 / 输出方式严重不匹配的话，很可能会带来可寻性和包容性方面的问题。

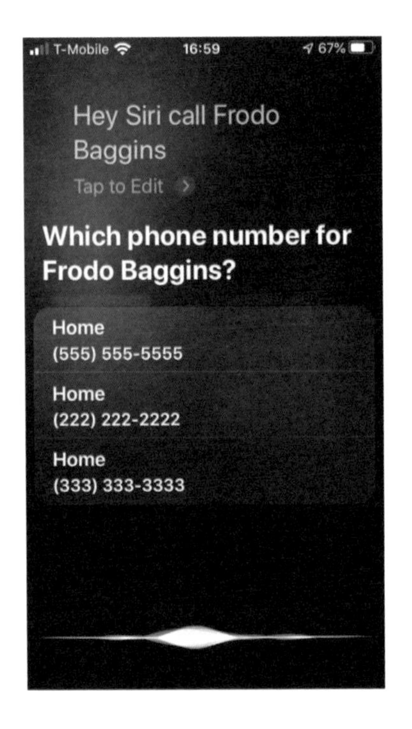

图 9.1
当 Siri（iOS 13.4.1）在语音查询的结果中发现多个具有相同标签的电话号码时，它会逐字地读出这些号码，目的是为了以相同的语音方式进行回应。但是，通过点击屏幕的方式进行选择会更高效

9.2 切换网络连接

连接性的缺失是体验过程中另一种形式的切换（通常是被动的）。对于早期的云端服务，当连接中断的时候会停止与用户的交互，这种方式在当时是合理的。毕竟，需要连接网络才可以访问到储存在云端的数据！

但是，用户对这种死板的网络工程的容忍度正在下降。随着数字化系统从一个可选项转变为达成目标的关键路径，人们再也无法接受一段时间的无网络服务状态，即便是因为切换网络连接而导致的服务降级。表 9.4 探索了 5 种最常见的网络问题，它们可能会给体验带来影响。

表 9.4 网络连接的问题

类型	描述	示例
用户主动断开	用户选择中断网络连接	在飞机上切换至飞行模式
断断续续或不稳定的连接信号	一段时间内，网络频繁地连上又掉线，或者连接信号的强度不稳定	在高速情况下（如汽车或者巴士）的网络连接 在农村或开发区的网络连接
连接缓慢	连接速度明显比期望中的或者所需要的慢很多	演唱会或自然灾难下，大量的人试图使用有限的网络资源
距离衰减	设备离服务器太远	当用户的智能手表或者健身设备离手机较远的距离时
连接故障	本应可用的网络连接因不明原因停止运行	电缆或电源故障（通常是用户无法控制的）

说明 掌机游戏

我在进行掌上游戏机相关工作的那段时间，我不得不让自己主动地看待这些连接性的问题。如果问我，我从任天堂设备的游戏开发中学到了什么？那就是当连接失败时，您也不能免除为用户提供良好体验的责任。在进行游戏认证之前，我们甚至不得不建造临时性的法拉第笼[①]来模拟这些条件！

在网络条件不好的情况下阻止用户开始交互有时是合理的，因为一旦用户开始交互后，若因网络条件的转变而导致他们无法继续访问，这将会更糟糕。所以，想好要怎么应对了吗？

如果系统监测到网络状态转变，并且判断可能会影响用户体验，那么要想办法让用户知道这件事。

① 译注：一个由金属或良导体形成的笼子，主要用于演示等电势、静电屏蔽和高压带电作业原理。作者在该处指的是搭建一个实验环境。

媒体中心存在的“鸿沟”

诸如微软的 Xbox、苹果电视或亚马逊 Fire TV 这类的媒体中心，都表现出了特别明显的输入 / 输出模态不匹配的问题。尽管许多的娱乐系统可以通过说出名字打开某个应用程序，但目前很少有系统能够支持完全基于语音的端到端交互。

需要浏览的内容并不适合通过语音的方式进行输出，所以多数系统需要找到一种方式将用户的注意力从语音交流切换至视觉上输出的结果。并不是所有的娱乐系统都能够很有效地进行这种切换。

此外，许多媒体系统由于担心较高的错误率，所以会避开通过语音进行购买或者租赁的任务。结果就是，用户被迫放弃继续使用语音进行交互，转而拿起遥控器来继续完成他们的任务。

如果不去考虑用户身处的环境，那么这些鸿沟看起来似乎是无害的。但为什么用户会选择用语音与系统进行交互？很有可能遥控器并不在可触达的范围内。在用户可能无法使用物理控制器的情况下仍迫使他们进行交互，这很可能会让他们感到挫败、放弃任务，甚至将某些用户永远地排斥在外。扪心自问，是什么原因导致您无法支持用户通过已选的输入模态进行端到端交互。您可能会面临以下的一个或多个问题：

- 平台方面是否有技术债②阻碍这种端到端的交互？
- 公司层面上是否担心增加这项功能会对销售产生负面的影响？
- 您面临的是否仅仅是缺乏资源这个问题？

当了解了这些障碍背后的驱动因素后，想办法将这些“鸿沟”和背后的驱动因素列入您的代办事项中，以便将来可以投入时间进行处理。

9.2.1 信息透明化

尽管网络问题很少是由于产品所导致的，并且用户使用的操作系统在某种程度上会警告他们这种连接上的问题，但这并不能代表您的产品可以不用做同样的事。如果产品本身不具有这种警示信息，那么可能会让一个缺乏全局视角的用户感到恐慌，他们会以为应用里的数据丢失了。

② 译注：技术债（technical debt）指的是开发人员为了加速软件开发，在应该采用最佳方案时进行了妥协，改用了短期内能加速软件开发的方案，从而在未来给自己带来的额外开发负担——维基百科。

常见的网络连接透明化模式如下所示。

- 有的应用会展示“未连接”或“无网络连接”的警告，这是最基本的一种方式（图 9.2）。
- Outlook 手机应用做得更进一步，呈现的信息不仅有连接状态，还有缺失的数据以及恢复连接之后的后续动作。如果产品不进行这种提示，用户可能会认为收件箱里无数据是因为没有收到新的邮件（图 9.3）。
- 在非接触式交互的世界里，当连接的问题出现时，并不是所有的用户都可以看到视觉上的提示。亚马逊 Echo 设备如果在一段时间内都无法连接上网络，会显示红色的指示灯。但如果用户在断网的时候仍试图进行交互，他们将听到一条类似于“我现在连不上网络，请稍后再试”的语音消息。

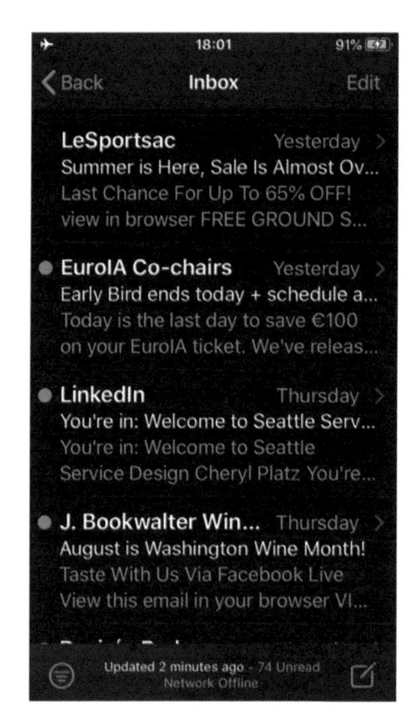

图 9.2

iOS（13.4.1）邮件 App 在网络连接失败的时候会有一个很小的信息指示。人们是否能够在第一眼就发现它？

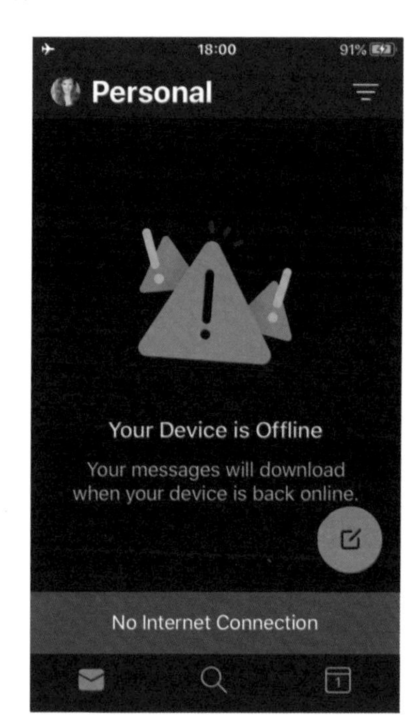

图 9.3

微软的 Outlook 手机应用（iOS）即使在网络连接较差的时候也能够提供丰富的信息，避免了人们在面对空荡荡的收件箱时感到恐慌理想情况下，要向用户传达“网络连接出了问题”这个实情，而不只是笼统地告诉他们“发生了某些问题”。如果不明确地进行说明，那么用户就无法知道该如何来研究这个问题，并判断他们是否能解决这个问题？虽然这里示例中的图片是视觉相关的，但请记住，这些视觉提示可能都不在用户的视线范围内。

说明 提前对“404 错误”进行规划

在规划“网络连接错误”相关的功能时，要记得，所有相关的数据和错误信息都必须本地化储存。Alexa 的所有“连接错误”信息都是以 MP3 的格式存储在本地，因为在这些情况下，文本转语音的服务无法使用。用户在断网期间可能需要的任何关键图标、图案、视频或文本都采用相同的逻辑。

9.2.2 多做一些考量

现代化设备很容易受到不稳定的联网模式的影响。在当今的环境下，您必须假设用户可能会很经常遇到断断续续的、不稳定的，或者是连接缓慢的网络状况（尤其对于多数的手机或穿戴设备）。

在多数情况下，最基本的考量其实就是某种形式的缓存数据。将所有的更改记录存储在本地，直到您确认这些更改已经成功地传输到云端服务器上。

避免依赖于规律性的通信模式。建立可以在不稳定情况下，仍可以合理运转的系统。

说明 新市场

如果一个产品能够解决连接不稳定性的问题，它有可能为自己开辟出全新的市场。许多为美国市场设计的产品在发展中国家和农村地区变得不适用。好好想一想如果产品能够容忍较差的网络连接，又会遇到哪些新用户和新市场？

9.2.3 准备一种离线模式

用户在许多条件下会选择断开他们的网络连接。当然，最常见的就是在飞机上使用的“飞行模式”这一经典场景。除此之外，还可以考虑其他的情况：

- 用户身处国外，只能通过时有时无的 Wi-Fi 连接上网
- 用户受到大范围网络中断的影响
- 由于产品服务端的某个问题，导致用户无法连接
- 用户担心网络连接的安全性和隐私问题
- 用户当前使用的是计量连接，必须限制用量

一旦发现网络连接的状态是如此的不可控，才会恍然大悟：离线模式并不是一种“可有可无”的功能。在低带宽网速情况下，离线模式是处理弹性需求的一种关键手段，同时也能够在通信完全中断的情况下对用户进行支持。

9.3 切换设备

回想一下第 2 章中提到的 CROW 中的“R”（关系）。用户可能与他们生活中的许多设备都存在关系。虽然用户与一个特定的多模态设备之间可能存在丰富的交互方式，但在一段完整的体验中，用户和设备的关系并不是 1:1 的。该如何扩展或放大用户体验，使其能够适应与用户日常处理的其他设备之间的关系呢？

9.3.1 单一环境下的多个设备

在亚马逊 Echo 刚刚发布的时候，由于只是在测试版本阶段，所以您可以认为每个家庭中只有一个 Echo 设备。但是，在产品发布的第一年里，越来越多的家庭会购入多个 Echo 设备。像 Echo Dot 这样更实惠的设备的出现进一步加速了这一趋势。

但是，作为设计师，如果在设计时缺乏远见，这种远场麦克风和多设备结合的设计方式将可能带来许多问题。如果用户有多个 Alexa 设备，这些设备的监听范围又相互重合，那么它们都会对指令进行回答，除非用户给每一个设备设置独有的唤醒词。图 9.4 的平面图中呈现了家中有多个 Alexa 时可能的场景。

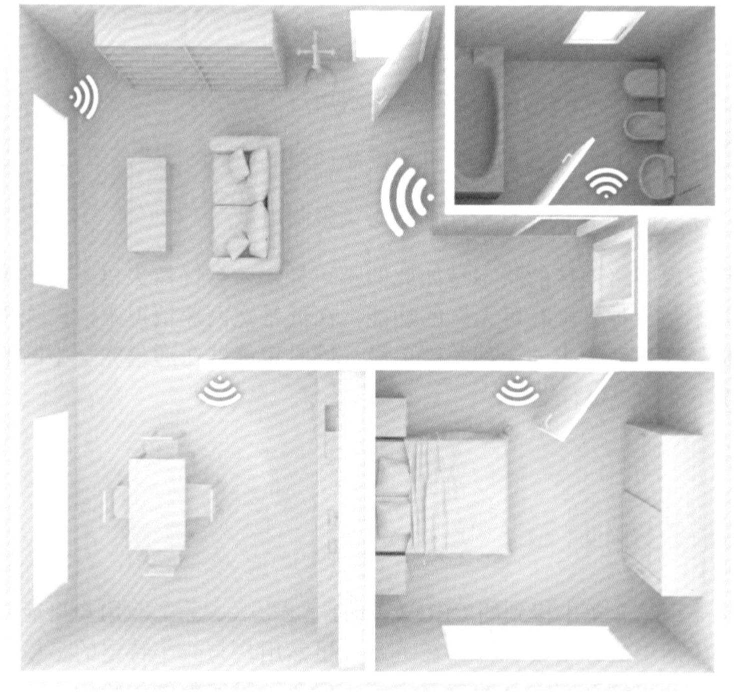

图片：© MA3D.IT—STOCK.ADOBE.COM

图 9.4
当具有相似能力的设备（比如 Alexa 设备）存在于同一个小空间内，下达一个指令后可能会有多个设备进行回复

尽管唤醒词设置目前看来是一种合理的应对策略，但这并不是一种优雅的解决方案。它把所有的重任都交给了用户，让他们自己来识别问题、学习可使用的解决办法以及对配置进行调整。

还有一种仍未被深入探索的、解决单一环境下多设备问题的方法，就是设备仲裁。如果所有能够听到用户指令的设备可以进行简短的协商，并选择最佳的代表来主导互动，那会怎么样？可以通过以下几个指标来选择进行仲裁的设备。

- 最近一次使用：最近一次进行交互的设备是哪一个？
- 多模态：哪一个设备最近收到了非语音的输入方式（如触控）？
- 距离：哪一个设备离用户最近？
- 合适性：哪一个设备最适合回复这个请求？

设备仲裁要求所有的设备都可以获知彼此的状态，并且实时地进行交流。许多网络可以通过一些技术手段来处理这种交互。随着人们的设备普遍可以支持多种模态，并且具有交叉兼容性（意味着更多的设备具有相同的特性集），设备仲裁将变得更加重要。

9.3.2 单一场景下的多个设备

一种新兴的最佳实践是，允许用户暂停在某一设备上进行的交互，并转移至另一设备上继续进行。当体验超越单一设备的限制时，需要让这些设备具有相同的语言，才能打造出最佳的体验。设备之间需要共享什么信息？这些信息存储在哪里以及会存储多久？

9.3.3 跨设备提醒

长期以来，微软的 Outlook 产品一直致力于打造日历通知这项功能。用户可能会把笔记本电脑留在办公桌上，拿着手机参加会议，当他们回到电脑的时候，发现堆积如山的未处理会议提醒堆满了数字工作站。

尽管冗余的跨设备提醒功能背后的意图是好的（希望能够确保用户不会遗漏任何信息），但它也会带来一些负面效果。大量堆积的未处理会议提醒具有很高的信噪比，使得用户开始忽略所有的提醒，或忽略那些信息过于嘈杂的渠道。

如果用户对与多个设备进行交互，当您向他们推送消息或者内容的时候，需要考虑一下通过什么信号来确定哪个设备最适合传递该信息：

- 您知道用户上一次交互时身处的位置吗？
- 内容的类型是否会限制可能相关的设备？
- 当用户在一台设备上关掉了消息通知后，是否应该关闭所有平台上的消息通知。

9.3.4 指向性切换

有时，用户可能有意想要从一个设备切换至另一个，即指向性切换。表 9.5 描述了三种最常见的类型。

表 9.5　指向性切换的常见类型

切换类型	动机	场景	预设用途
环境相关的	用户在物理场所之间进行移动，或者为了适应不断变化的条件	离开车后，将车内收听的播客在家里继续播放	搭载了谷歌助手的设备之间可进行状态共享，所以可在任何设备上继续收听播客
设备偏好	用户可以通过多种方式来完成一项任务，并且在做不同的任务时，有不同偏好的设备	用户选择通过手机进行控制，而不是去拿遥控器，因为手机是触手可及的设备	天龙 HEOS 视频音频接收机（Denon HEOS AV Receiver）除了可以在遥控器和接收机物理按键上进行设置外，还可以让用户在手机 App 上更改设置
设备的适用性	用户的目标发生变化，并且他们已经达到设备功能的使用极限	用户通过手机查看一个表格，接着切换到电脑上对表格的一些公式进行调整	微软 Office 产品记录了云端文件的“上一次位置”。在一个新的设备上重新打开时，用户看到的是“欢迎回来！这是您上次离开的地方。”

比唤醒词更复杂

对于拥有多个 Alexa 设备的家中，并不适合适用固定的唤醒词。在为数不多的唤醒词中，“Computer（电脑）”和“Amazon（亚马逊）”在日常用语中太常见了，并不是真正适用。我在家里被迫使用“Computer”作为唤醒词，为了避免楼下的设备（Alexa 和电脑）以及楼上的设备（Echo）同时进行回答。可是，当我们每次看《星际迷航》时，都会听到“Computer”这个词。

对当前来说，这是一个“好问题”。肯定的是，在家里存在如此多的设备，它推动着平台突破系统现有的规范。但是，随着越来越多的设备可以支持远场交互以及语音识别，如果没有经过深思熟虑的设计，消费者将很容易碰到这类问题。唤醒词并非总是足够用的。

人与人之间

当前行业仍然倾向于认为设备是个人拥有并使用的，这一假设基本上是根深蒂固了，不管是平板还是手机。但是，当今许多的设备是存在于共享的环境中的。

轮流使用

一家人一起使用台式机、笔记本电脑和智能音箱这些设备是十分常见的。但是当多个人共享单个设备的单个账户，那么常常会造成状态与语境的丢失。为了能够在这些共享的场景下带来一个更加无缝的个人体验，这些应用和设备应该支持创建多个身份或者账号。

- 用户如何知道现在哪一个账号处于激活状态？
- 他们该如何切换账号？
- 有什么设置或者状态是应该在多个账户间进行共享的？
- 需要建立不同类型的账号吗？（一种常见的分类方法是成人账号以及儿童或未成年人账号）

同时使用

虽然现在很多设备支持多账号登陆，但很少能够支持多个用户“平等”地使用一台设备。例如，Xbox 家族的设备可以支持多个账号同时登陆，但是这些账号中只有一个可以看到收藏的内容，而且这个主账号可以控制所有应用的登陆。如果阿雅订阅了 Hulu，但是乔治拥有“主要”的登陆账号，如果乔治没有切换账号，是无法打开 Hulu 的。

比唤醒词更复杂（续）

语音设备也在努力地解决多个用户同时进行使用的问题。人们经常会相互交谈，他们的声音很难进行区分。此外，很容易出现一个用户对另一个用户的账号下达指令的情况。

- 当用户和您设计的体验进行互动时，有多经常会有其他人在同一个房间？
- 这些用户试图要进行合作吗，或者只是下达各自的要求和指令？
- 所有的用户都拥有同等的访问权吗？如果没有，用户如何知道应该向谁要访问权限？

从 Chromecast 电视棒到任天堂 Switch，这类指向性切换的例子变得原来越常见。请留意用户需要在场景中进行设备切换的潜在情况。在许多情况下，为了支持这些场景，需要对关于用户状态的关键要素（需要在所有设备之间共享的）进行前期规划。

9.4 落地实践，行动起来

和以往的桌面端系统不同，多模态和跨设备的体验就像是跨越了时间和空间的漫长之旅。按照这些方法，对这些体验的设计就类似于《神秘博士》中的塔迪斯：“内在看起来比表面更大。”

考虑一下，当用户穿梭于以下场景时会怎样？

- 不同模态之间：在输入模态之间的切换对整体用户体验有不同程度的影响。
  - 尽可能减少非主动发生的切换。
  - 在任何可能的情况下支持主动的切换。
  - 确保“以相同的方式”回复用户的请求。
- 不同网络之间：网络连接状态在时间与空间层面并非是固定不动

的。主动地考虑网络的不稳定性、连接失败以及网络较差的情况，确保您不是在为虚构的用户情景进行设计。

- 不同设备之间：用户并不是与世隔绝的，他们周围有各种各样的设备包围着。
  - 作为设计师，您面向的设备是否与其他设备处在同一个环境下？如果是，该如何让设备或体验具有情境感知，从而带来更好的体验？
  - 用户是否会利用多个设备进行交互？如果是，如何避免发送消息至用户使用的所有设备上以至于过度打扰他们。
  - 什么时候应该支持用户有意地在设备间进行切换？
- 不同人之间：现在许多设备是以相同的方式进行共用。如果多个人共同使用同一个设备，往往会造成个人偏好和语境信息的丢失。
  - 是否可以支持不同类型的个人账号以使体验变得更加吸引人？
  - 用户何时、如何以及为什么需要切换账号？
  - 是否有多个用户同时使用一个设备的情况？如何帮助他们调用相关的资源和语境？

人物访谈：珍・科顿

切换的中间状态

珍・科顿是谷歌 Nest 的设计师，在亚马逊工作的时候期间，她的工作方向从响应式设计转变成多模态设计，并在亚马逊 Alexa 平台担任 Echo Show 和 Fire TV 等产品的首席用户体验设计师。我们聊的话题是为不同设备之间和不同输入模态之间的切换做设计。

问：**在设备和流畅的多模态之间进行移动时，切换环节是其中很重要的一个部分。在处理某些类型的切换时，有没有总结出什么最佳实践？**

我认为，人机交互开始变得非常复杂，并开始追求触控、鼠标或者基于五向键的输入。例如，通过语音进行搜索和浏览。通过语音进行搜索是很棒的，但它并不适合进行浏览操作。浏览最适合通过遥控设备进行，或者像通过手指滑动轮播页面的方式来查看电影列表。

同样，对于复杂的输入，比如试图在日历邀请里填写所有的空格，如果把它分解成更小的输入单元，那么人们可以使用语音进行输入。但是，当人们在日历中选择一个日期时，使用屏幕操作会更加简单，因为可能需要看到整周的情况才能判断应该要选择哪一个日期。当人们看到二月这个月份以及这个月的开始日期，才明白："哦，我是说 15 号周六"。人在脑海里并没法一直存在着日历的视觉图像。会有一些交互是需要视觉线索来帮助用户快速地完成任务。所以，在一些互动过程，当某些东西用看的方式更容易进行的时候，为什么我们还要刻意地使用语音呢？

问：**在智能音箱这类设备上，您能想到应用了多模态设计的最佳实践吗？在一些情景下，您是否会毅然决然地将人们引导至另一种不同的模态？**

我坚信是有一些清晰的最佳实践的，比如在日历中进行搜索 / 查看的例子，在这样的情况下，人们可以通过语音开始互动，但也可以通过屏幕来完成更加复杂的交互。我知道智能音箱并没有屏幕，但是手机是这类设备的一个核心组成部分。我十分质疑这个世界上是否存在真正的无界面设备，因为在这些所谓无界面的设备中，手机有很大程度上的参与。我的反应是"不，这些设备是有界面的！只是没有和设备固定在一起罢了！"

比较有意思的是，您需要真正地深入研究神经科学，了解用户实际想要如何与物体进行互动。苹果的 Siri 团队做了一个很有趣的调查研究，探讨人们自身喜欢闲聊的程度，与他们对语音助手聊天风格的偏好有怎样的映射关系。您也许能够支持用户先触发语音进行交互，接着通过触控继续操作，然而，有的用户甚至从一开始就不想用语音。

所以仍然需要允许他们可以不用语音进行操作，而是通过触摸，通过五向键（物理控制器）。不应该强迫人们一定要走某一条路，因为我们从苹果 Siri 团队研究中学到的是，“并不是所有人想要和设备进行语音对话。他们中有的内向，有的外向。”

因此，语音不能作为仅有的一种输入模态。通过语音，我们已经帮助到了许多有视力障碍的人，但如果我们过度依赖于音频渠道，那么有听力障碍的人怎么办呢？如何将他们继续保留在我们的讨论话题之内？

我认为，需要的不一定是流畅的模态，而是开放的模态。这不仅仅是关于起点和终点，或者在不同模态之间来回切换的问题。相反，任何模态都是一个切入点——任何东西都是开放且可用的。可以通过任何一种途径进入另一种模态。

问：**在设备和模态之间切换时，是否有哪些注意力引导的设计方式让您特别感兴趣的？**

通过语音将我们的注意力重新回到在音频轨道上，这一直是个很有意思的话题。通过声标或者静默等的方式吸引人们看向某个东西，这种非口头回应的方式是十分吸引注意的。人们回头看的样子就像是在说：“等等，那个东西听到我说的了吗？需要我做什么吗？”这种方式如果可以进行合理使用的用于非紧急类型的信息时，这将是我非常感兴趣的。这种方式将人们注意力转移到了屏幕上。

另外要考虑的是，如果用户这时候正在做某件事（他们正在另一个房间洗碗），并且他们想要发起一个日历邀请。应该允许设备在屏幕上留下那些通过语音还没能填写的空格。不要强迫人们：“必须填写完！因为您已经说了现在想做这件事，那么必须在当前就完成这个日历邀请。”把这件事先放下吧，他们会重新回到这件事上。如果他们忘记了，那么就提醒他们，但是不要强迫他们用语音进行操作。因为他们需要先把手擦干，走向设备，将所有内容填写完，再继续进行洗碗的任务，强迫他们这么做的话，太难了。

珍·科顿是谷歌 Nest 的设计师。更早以前，她是亚马逊的首席用户体验设计师，她设计了一套可以将 Alexa 扩展到更多设备的框架，并且共同建立了 Alexa 设计系统团队。她前后任职于推特、《纽约客》杂志和斯克利普斯网络公司。她拥有帕森斯艺术学院设计与技术硕士学位和国际关系与创意写作文学学士学位。她的推特和 Medium 账号是 @jencotton。

第 10 章

主动采取行动

人们往往意识不到自己的知识盲区。当人们参与在某项活动的过程中，周围的环境可能就会发生改变。当注意力成为稀缺的资源时，应该通过什么方式主动提供信息呢？在有线电话的那个年代，礼节的破坏者便是在晚餐时间打来的营销电话。个人或者家庭成员试图享受私人安宁时光，却被突如其来的刺耳的电话铃声破坏。座机接听到的许多电话都是不请自来的，但由于没办法屏蔽这些电话，所以这些骚扰信息总是会破坏人们当时的氛围。当这些骚扰导致人们在心率和情绪上产生起伏时，往往很难再完全恢复到放松或专注的状态。

在第 3 章和第 4 章中，介绍了如何协调当前的活动和发生的干预。系统经常需要把信息主动传递给用户，这种主动的交互和前面讨论的其他交互有所不同，因为主动发起方是系统，不是人。系统越复杂，越需要留意各种干预，以免信息过载、信息滥用以及给人们带来挫败感。

最早期的主动式交互一般是设备报错时的警告信息，如今用户可以跨平台地获知其他传感器或设备的最新动态。行业的发展进一步推动了这个进程：主动式交互逐渐成为一种推送机制，向人们推送某些功能或者是基于算法的洞察。由此产生的通知过载可能会影响到整个交互模式的实用性，因为它导致用户不得不面对大量的通知。

随着心智的成熟以及在成长过程中了解到的更多社会规范，您会知道什么类型的干预信息是受欢迎的，以及在什么时候进行干预比较合适。您需要将同样的模式应用到数字化体验的工作中。尽管在不同情况下，对“恰当性”的详细定义有所不同，但通常可以抽象出不受文化限制的基础干预模式。

也就是说，不是所有的主动式沟通肯定都会打扰用户。您会在这章节末尾和安娜•阿波维扬的采访中了解到，“提醒”是一种更微妙的、让用户注意到信息的方式，并且不会立即中断流程。

考虑周到的主动式沟通系统，可以在合适的时间提供合适的信息，并且不会影响用户的注意力和焦点。如果设计的系统不具有这种能力，就无法取得用户的信任。

10.1 干预的类型

如果需要通过信息对用户进行干预，那么在刚着手处理信息的时候，就必须对这些信息的一系列问题以及用户与信息的关系进行评估。通知消息远远不只是简单的一句话或一段话，它们可能是对信息、事件和行动进行干预的契机。

- 信息的时效性有多强？
- 用户是否可以对信息采取行动？这个行动是必须的，还是非必须的？
- 接受者是否主动要求信息的干预，比如闹钟提醒？
- 信息的接受者是否明确同意这类信息的干预？
- 用户是否明确表示不想受到干预？

您不大可能对单一的、孤立的信息提出以上问题。实际上，您可能正在处理大量的信息。随着对越多的情况进行评估，越有可能在这些主动出现的信息中识别出特定的模式。需要先整合可能向用户展示的信息，并评估将这些信息传递给用户时，它们有多大的相关性和有用性。您建立的“信息分类”可能有所不同，也许更加精简，或者以不同的方式进行分组，但表 10.1 展示的例子可以作为一个很好的起点。

表 10.1 新内容的分类模型

类别	描述	时效性？	干预否？
紧急型	如果用户忽略了这类信息，可能会带来生理上、金钱上或者情感上的危害	是	是
操作型	用户需要得到充分的信息才能够根据语境作出合理的决策或行动	经常	经常

（续表）

类别	描述	时效性？	干预否？
计划型	用户要求系统在特定时间点或特定事件发生时进行干预。	是	经常
咨询型	用户接收到和当前操作任务相关的情境化信息，但操作是非强制性的。	是	非必须的
资讯型	系统提供认为用户感兴趣的内容，但这些信息的呈现脱离了语境。	偶尔	否
推销型	系统在没有任何迹象表明用户对内容感兴趣的情况下进行干预	否	否

目前，最主流的向用户呈现事件信息的方式就是消息通知。对弹出的信息进行设计，可以用来干预并重新引导用户的注意力。但从注意力的角度而言，并非所有的主动式交互都会打扰用户，有的会在角落里等着被发现。

表 10.2 描述了主动式交互最常见的几种预设用途。有的系统可能只有以下分类，而有的系统则需要更细的颗粒度。但这是一个很好的起点。

这些模式是主动式交互工具箱中的工具。不幸的是，人们对这些说法并没有达成共识。

- 通知在 iOS 和安卓中用作父级分类。
- 警告只在 iOS 使用，安卓中称之为浮动通知。
- 指示器也可以称为徽标、应用图标等。
- 奇怪的是，提醒经常被排除在通知系统之外。

表 10.2 主动式交互的预设用途

方式	描述	打扰	文字描述	示例
警告	这类事件需要占用注意力，并指示特定类型的问题，且通常需要进一步进行操作	是	有时候	对话框
通知	通过短时出现的信息对用户进行干预。如果用户遗漏了该干预信息，它通常会在列表中等待用户稍后进行处理	是	是	横幅
提醒	通过 UI 状态的变化来呈现可操作或有用的信息，以便查看。	否	是	注释文本
指示器	UI 组件会根据简单的系统状态进行更改	否	否	徽标

为了加深理解，接下来要展示一些常见的体验以及可能会在体验中看到的干预信息。

10.2 案例：电话服务

想想有哪些支持拨打电话的应用程序和设备，从智能手机操作系统，到谷歌之音或 Skype 等基于 IP 的语音传输（voice-over-IP, VOIP）应用程序。图 10.1 展示了苹果 iOS 系统中，通过 GUI 进行主动式交互的例子。

- 来电：紧急型的内容，警告的形式
    - 错过接听电话可能会带来情绪上、经济上影响或者在极少数的情况下带来生理上的危害。一旦有电话拨入，人们需要立即采取行动，所以这类警告通常会占用整个手机屏幕的资源。
- 短信消息：操作型的内容，通知的形式
    - 短信消息通常展示发送者和内容这类语境信息，以便接收方可以判断是否需要进一步采取行动。

- 语音留言：操作型的内容，通知的形式
    - 语音留言消息有时伴随着“收听”的操作或者消息的内容。
- 未接来电：资讯型的内容，指示器的形式
    - 通过徽标让用户看到有多少未接来电，但需要进一步操作才能看到更多详情。
- 验证错误：建议型的内容，提醒的形式
    - 许多优秀的表单设计通过轻量级的方式将验证错误提示字段放在表单栏附近。如果用户在提交表单前没有注意到这个问题，那么通常会进一步通知。

图 10.1
苹果 iOS 系统中通知横幅的视觉样式

说明 **通知系统**

现在，大多数体验都将“通知”作为一个宽泛的术语。虽然在整个章节中“通知系统”都用来指代现在使用的系统类型，但主动式交互才是一个更加准确的通用术语。

10.3 主动式交互的表现形式

一旦确定更符合需求的预设用途，接下来需要根据平台的能力进行设计工作。

许多设计师正在设计手机或智能音箱中的应用程序。一般来说，操作系统平台会定义一种通用的体系，开发人员必须将自己的内容置入该体系中，以便用户在他们的几十个甚至上百个应用程序中感受到使用体验的一致性。

在一个操作系统或者平台下工作时，会失去对通知信息的诸多控制权。图 10.2 展示了 iOS 系统如何让用户来决定屏幕中通知横幅的展示位置。表 10.3 探讨了通常由操作系统来控制的一些元素。

图 10.2
苹果 iOS 系统通知栏展示位置的配置选项

表 10.3 常见的由操作系统控制的主动式预设用途

特征	描述
应用徽标	在应用图标上的视觉指示信息，表示该应用存在未读消息
横幅	在用户未打开应用的情况下，产生的通知会以遮罩的形式进行展示（图 10.3）
卡片	通过独立的容器来展示变化的信息（图 10.4）
锁屏内容	当设备锁屏的时候，可以使设备展示高优的信息
通知中心	通过一个“中央仓库”来储存跨多个应用程序的未读消息
内容注释	通常用于展示特定表单字段或控件的验证信息
通知权限	系统级的设置，用来关闭应用程序级别的消息通知
展示形式	支持的文字长度、是否支持图片、与通知相关的声音效果等

图片：亚马逊

图 10.3
并非所有主动式交互都是徽标或者横幅的形式。Echo Show 采用的是全屏轮播图的方式，每一个通知都可以通过多行文字甚至全屏图片的方式进行展示

图 10.4
谷歌 Nest Hub 通过传统的卡片形式来主动传递信息。在这里的例子中，Hub 正告知用户近期有一个约会安排

如果要在一个更大的操作系统下进行主动式交互设计，您需要与研发团队合作，了解应用程序在更大的生态系统中扮演的角色。

- 操作系统支持什么类型的通知以及它们如何匹配到您的设计模式？如果可以，尝试使用相同的术语。
- 如果想要征求用户的同意来发起互动，何时以及如何进行更恰当？
- 对于通知，有哪些可选的展示形式？谁拥有它们的控制权？
- 当用户对通知采取行动时，设备的交互是怎样的？是简单导航至应用程序内，还是可以在不打开应用程序的情况下进行操作？

10.3.1 从零开始打造主动式交互

如果有机会从零开始打造主动式交互，那么您和开发伙伴将有非常多的工作要做。尽早开始，并确保尽可能让更多的利益相关者参与进来，因为一旦开始实施，就很难再改方向。

第一步，识别主动式交互中所有可以利用的输出模态。

如果假设所有交互中都包含重要的信息，那么最好通过多种输出模式来进行信息的传达。针对选择的每一种模态，必须对各类常见的问题作出回答，如表 10.4 所探讨的那样。

表 10.4 可能存在的主动式输出模态设计问题

输出模态	描述
视觉	将会呈现多少信息？ 将会占用多少空间？ 这个预设功能会展示多长的时间？ 信息会以什么形式展示？文本？图片？颜色？
听觉	会使用什么类型的声音效果？微弱的还是强烈的？ 任何信息都会通过语音提示来进行传达吗？ 语音提示之后会紧随着要求用户采取行动吗？ 会通过什么类型的提问邀请用户进一步操作？是 / 否的问题？还是多项选择？
触觉	当接收到通知时，是否会使用振动的方式来提示？ 这个振动的强度如何？是否会有某种规律？ 是否会通过振动对遗漏的通知进行提醒？以什么间隔频率？
运动觉	是否会通过动效来表明收到了通知？ 这个动效有多明显呢？ 是否会通过动效对遗漏的通知进行提醒？

除了这些常规的问题外，在使用两种最常见的模态（视觉和声音通知）时，还可以参考下面这些常见的注意事项。

视觉预设用途的布局

虽然大多数通知都是在屏幕顶部以横幅的方式展示，但这并不总是最佳的方式。如果通知遮挡了重要的应用操作，用户可能误点了通知信息，或者相反，用户因为通知突然消失而点选了其他的操作。

在微软车载系统项目中，我们根据希望司机给予信息不同程度的关注，所以设计了几种在布局上有很大差异的通知类型。布局的影响因素包括通知是否关键（图 10.5）、是否需要进行操作（图 10.6 和图 10.7）或是不是资讯型的（图 10.8）。

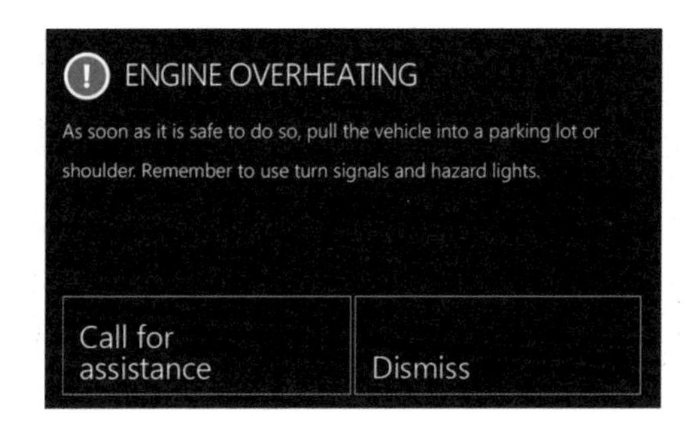

图 10.5
微软车载系统项目中，关键的通知会取代其他所有的车辆操作。并且我们在测试时发现，这可以促使驾驶员将车停靠在安全的地方

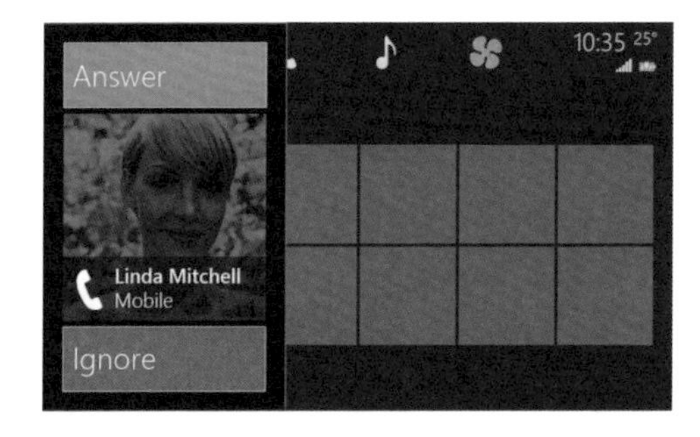

图 10.6
因为来电具有时效性，所以我通过文字、颜色以及摆放的位置将它与其他需要操作的通知区分开

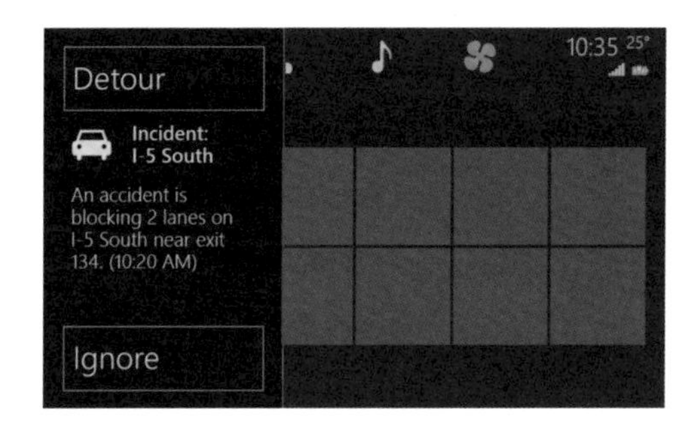

图 10.7
因为车辆可能在行驶中，所以我将两个操作按钮的位置分开，并且靠近驾驶员

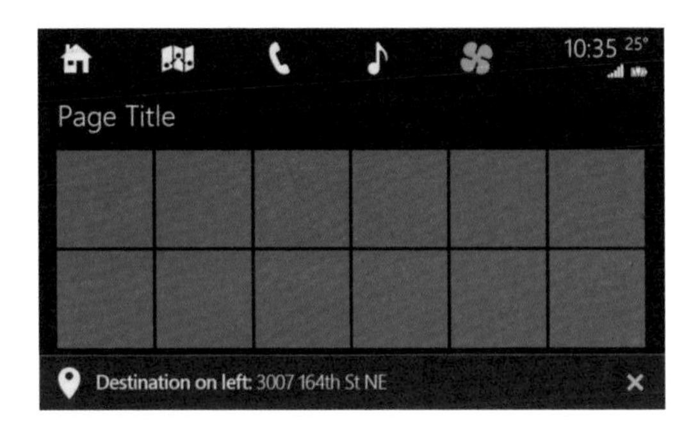

图 10.8
我们将信息型的通知放到屏幕上特定的位置，以免对当前任务的注意力造成影响。但是，我们最终将这些信息全部砍掉了

采用触摸屏展示通知时，需要特别留意操作信息的大小、位置和标签。我们有时候会被迫等待横幅消失，因为它挡住了我们正想要完成的任务，相信多数人都有过这样的体验。

- 如果某个预设用途阻碍了用户完成任务，用户应该如何关掉它？
- 操作选项是否有足够的信息，以便在通知消失之前采取行动？
- 控件是否距离太近，以至于增加了无意中出错的风险？

声音提示的隐私问题

视觉信息仅能在有限的范围内呈现，只有那些视线盯着屏幕或显示器的人，才能够接收到这些内容。虽然声音更能够引发关注，但隐私性却更低。处于设备声音传播范围内的任何人都可以获得这些语音通知的内容。

对于不需要立即进行采取行动的信息，可以限定声音通过某种声标的方式来传达。这需要一定的训练，因为用户需要学习对于这个音效应该采取什么行动。但是，如果能够保持应用的一致性，那么在一段时间内学到的这些内容，可以带到所有未来的主动式交互中。

在制作语音通知提示时，要注意，仅播报适合大众收听的信息。亚马逊 Echo 设备最初在推送快递通知的时候会包含产品的名称，但这会破坏掉节日的惊喜。现在，这个功能只播报一般的到货情况，必须进一步打开应用程序才能进一步获得语音通知的上下文，或者查看刚才提到的是哪一个快递。

循序渐进的声音通知

安妮・特丽斯曼的衰减理论[①]提到，人类的大脑不断在丢弃无关的声音信息。然而，人们培养起来的有意无意丢弃无关声音信息的习惯，也会削减或调整大脑对重要信息的判断。这整个决策过程是本能发生的，但需要花费一定的时间。这对语音的设计工作有两方面的影响。

- 如果设计的功能看起来与人们进行衰减的经验规则无关，人们将会完全忽视这些功能。低音量的声音或者一般性的提示容易存在这种风险。
- 如果这些外界的刺激出乎意料，且用户还没有做好接受的准备，他们很有可能会遗漏掉前一两秒的内容。

这种衰减理论解释了为什么在现实生活中，大多数人在告诉或询问别人一些事情之前，会本能地先说一些话来引起别人的注意。

声音设计师通常选择以下的其中一种方式应对这种挑战。

- 在推送通知之前，通过声标的方式先获得用户的注意，可以给用户一到两秒的时间进行调整，再传达通知信息。
- 通过介绍性文字作为语音通知的开头，或者将一些遗漏后不会产生较大影响的内容放在一开始。

说明　认知心理学的价值

认知心理学已经被列入一些大学的设计课程，衰减理论只是经验丰富的设计师从认知心理学中获得的众多洞见之一。如果您一直没有机会学习认知心理学，请考虑深入研究以提升个人技能。

---

① 访问日期为 2020 年 4 月 14 日，网址为 https://en.wikipedia.org/wiki/Attenuation_theory。

案例：微软车载系统

在微软车载系统项目期间，我主要负责设计通知系统。在对所有功能进行全面的走查后，我发现了四种潜在的模式，如表 10.5 所示。

表 10.5 针对微软车载系统提出的初版通知类型

类型	描述	示例
紧急型	通过各种模态来打断用户，需要进行确认才能够继续使用系统	引擎故障、龙卷风警报
操作型	驾驶员在操作车辆时可以对这些具有时效性的干预信息进行操作。	来电、绕路提醒
资讯型	重要的信息，但驾驶员无法在开车的同时处理这些信息	胎压、维保到期
确认型	任务完成后的反馈（尤其是语音任务）	电台切换

我们在驾驶模拟器中对每一种通知类型都进行了大量的测试。我们通过眼动仪来验证这些通知是否准确地传达了所需的信息，使得驾驶员做出了正确的或预期中的反应，并且没有造成分析。NHTSA 指南中对分心进行了定义，明确了驾驶员视线离开路面的扫视时长不能超过 2 秒，并且在一项任务中离开路面的总扫视时长不能超过 12 秒。

说明 仅展示部分示例

为了更简明地进行展示，我将第 4 章干预矩阵表格中的几列进行了隐藏。列举的行为类型也不是绝对，实际上，即便活动和通知类型是完全一样的，也可能需要对表格中的一些例子进行调整。

紧急型信息的测试结果完全达到了我们预期的效果：它们能够立即获得驾驶员的注意力，驾驶员成功且安全地应对了这种情况，被测者一般会在安全的情况下尽快靠边停车。

但经过测试后，我们对操作型通知的设计进行了修改。最早，有一些操作型通知可以支持三种甚至更多的操作：例如，拨入的电话最早允许用户进行接听、挂断，或者发送短信。但是这些操作型通知同时也支持通过语音界面进行传达与操作，如果想要提升交互的效率，这意味着在设计上要作出改变。最后取而代之的是，操作型的通知只支持一项正向的操作（接听电话、接受绕行建议）和一项反向的操作（挂断电话、忽略建议）。

然而，资讯型通知的测试结果最令人惊讶。在配合完成的可用性测试研究中（情侣或者朋友角色的配合），我们进一步了解到，当驾驶员被他们无法采取行动的信息打断时，他们的脑子里在想什么。

> 乘客：“亲爱的，它显示了胎压低。”
>
> 驾驶员：“它的意思是要让我做什么呢？它是想让我靠边停车吗？为什么它现在要说这个？”

我们很快确定，通过不需要驾驶员立即回应的信息来打扰他们是不合适的。最终，我们将这类资讯型的通知都砍掉了。取而代之的是，我们把这些信息都搬到了一份驾驶后的总结报告中，里面包括驾驶过程中积累的事件和新的资讯。

10.4 干预与行动

虽然主动型交互的展示形式十分重要，但这些事件的过程与结束后的行为更为复杂。警告和通知是具有干预性的，在您为活动建立的干预矩阵中，应该对这些干预行为进行明确的说明。表 10.6 的例子中展示了两种通知类型：计划型和紧急型。

表 10.6 结合了当前活动类型（纵向）和主动式交互（横向）的干预矩阵示例

当前 / 干预	离散型活动	音乐	计划型 / 通知	紧急型 / 警告
离散型活动	取消之前的响应	响应的声音盖过音乐	取消活动；传递声标或横幅	取消活动；传递声标、横幅和语音提醒
音乐	响应时降低音乐音量	切歌	继续播放音乐；传递声标或横幅	继续播放音乐；传递声标、横幅和语音提醒
来电	不降低通话音量的同时进行响应	通话过程中同步进行音乐播放	继续来电；仅传递横幅	继续来电。传递声音、横幅或来电等待界面
计划型 / 通知	传递声标和横幅，等到离散型活动结束后再进行提示	传递声标、横幅和语音提醒	等待前一个通知消失	取消之前的通知
紧急型 / 警告	取消通知，然后开始这项新的活动	继续进行通知，同步播放音乐	不取消之前的通知；仅传递声标	等到之前的通知消失了再进行新的通知

10.4.1 干预过后

听觉上的通知很容易被忽略，所以也应该让用户能够在不进行额外操作的情况下关闭视觉上的通知，不管是清除徽标还是滑走横幅。

关闭一个主动式的预设用途后，请确保系统还能够如期运行。

- 多数用户期望在接收到通知的同时继续播放音乐，或者在通知结束后能够立即继续播放音乐。
- 如果用户对某个通知或者警告采取行动，考虑一下它是否会替代之前的活动。用户是否会因为前一项活动被取消了而导致数据的丢失？是否能够重新恢复之前的活动？

如果允许对各类通知或者警告进行多种自定义的操作，这会导致操作效率的下降，并且增加人们或者系统出错的可能性。相反，一种常见的最佳实践是：仅定义一个可以在应用外进行的单一操作。在很多的操作系统中，通知消息不仅能够用来打开应用，还可以有某些自定义的操作：

- 通过单次点击打开应用程序至相应的页面
- 通过长按、双击或者滑动的方式，可以在不打开应用的情况下进行特定的操作
- 通过滑动或者点击关闭按钮来清除该通知

即便是在应用外的通知列表中进行操作，也不要忘了，用户仍然希望通过某种方式对特殊的或者有潜在危险的操作进行确认。由于这会使得事情变得更加复杂，因此通常会建议避免让用户通过通知消息进行危险性的操作。

10.5 跨设备综合考虑

主动式交互在跨设备的场景下极具挑战。每天的工作中，是否会使用微软 Outlook? 考虑以下场景。

- 离开办公室的时候只带手机，笔记本电脑留在办公桌上。
- 在每个会议开始前 15 分钟，都能够接收到会议提醒，通过它来提醒自己准时赶上每个会议。
- 会议结束后，终于回到自己的办公桌，在准备开始专心工作的时候，Outlook 开始跳，试图获取您的关注。
- 切换至 Outlook，却只看到历史会议提醒（图 10.9）。
- 清空整个列表，并没有注意到一个即将到来的会议也被一起删除了…… 然后三十分钟过后，您错过了那个会议，因为刚才已经清空了一大堆的通知。

6 Reminder(s) 6 个提醒事项
Lunch Show & Tell 茶话会
12:00 PM Monday, April 13, 2020 2020年4月13日，周一中午12:00
Human Centered Design (IT) / Random 以人为中心的设计（科技）/随意
知识管理 - 项目章程指导委员会审查
Knowledge Management - Project Charter SteerCo Review 6 minutes 6分钟
HCD Core Team Meeting HCD核心团队会议 54 minutes overdue 54分钟前
MS Teams Enablement: Daily Standup MS 团队:每日站会 1 hour overdue 1小时前
A Conversation with Mark and Carolyn 和马克、卡罗林的谈话 3 hours overdue 3小时前
Lunch Show & Tell 23 hours overdue 23小时前
Naomi - Cheryl 1:1 内奥米 - 谢丽尔 1:1 1 day overdue 1天前
线上加入 Join Online 消除 Dismiss
点击“稍后提醒”，将在以下时间后收到提醒：
Click Snooze to be reminded in:
5 minutes 5分钟 Snooze 稍后提醒
全部消除 Dismiss All

图 10.9
缺乏情境感知也意味着，当我们已经在其他地方看到了这些通知时，就会觉得它们是冗余的，比如这种常见的 Outlook 信息过载问题

当今许多应用程序仍然将每一个设备的通知列表区分开来处理。这很容易给用户带来疲劳感。用户不仅要查看所有的通知，还需要判断哪些是冗余的，哪些是有价值的。

如果正在为多设备的生态系统设计通知模式，请利用一些简单的框架来降低给用户带来疲劳的可能性。

10.5.1 从同一个通知池中进行提取

如果为不同的设备分别创建了通知中心，那么可能会导致您在错误的平台进行通知，或者需要让用户多次处理相同通知。

说明 **针对特定平台的通知**

如果某条通知只在特定的平台上成立或者可操作，就需要在元数据中对它进行标记，以便在无关的时候将它隐藏起来，而不至于对队列属性分别进行维护，或者在各个地方展示它。

10.5.2 一次操作，处处更新

要尊重用户的行为。如果在某个地方已经对通知进行了处理，那么理应将它视为已经处理的通知，除非有充足的信息表明内容并未传

达到位或者内容发生了改变。例如，在一个设备上消除掉 Alexa 的通知后，所有设备上的通知都将消除。

10.5.3 可预测的、透明化的通知

也许让 Outlook 在下一个会议前 15 分钟进行提醒是种拍脑袋的产品决策。但这些提醒信息出现后，可以帮助您从中推断出大量的信息，且根本不需要查看手机。

- 在会议进行中，手机在 15 分钟或 45 分钟左右发出嗡嗡的振动声，这是一种来自周围环境的时间信号，可以在不看手机的情况下判断当前的时间。
- 如果设备在 15 分钟或者 45 分钟时发出嗡嗡的振动声，一般可以在不看手机的情况下判断另一个会议即将开始。对我自己来说，如果在一刻钟或者整点的时候收到通知，我往往会紧接着去查看日程安排。

这种来自周围环境的信息可以帮助大家应对“嘈杂”的通知环境，而不需要盯着手机看。明智地选择通知的方式，并清楚地告知用户在什么情况下会收到通知。

10.5.4 使传达的内容与传达设备相匹配

即便同一种通知可能会在不同设备中出现。但并不意味着它们的表现形式一定要完全相同，也许您只在可对通知进行操作的平台上提供详细信息。不同的语境下呈现的信息可能有所不同。

至于我手机上的会议通知，如果它能够突出房间号，对我就很有帮助，因为我很有可能在前往会议室的途中查看。而在我的台式机上，会议的内容会更重要，因为我可能需要判断是否要暂停手头的工作去参会。

高级功能

如果设计的系统能够支持多种干预活动，那么现在在做的工作其实就是系统设计（system design）。您正在确定一组可能会对产品或体验各方面产生影响的标准事件。对于任何系统设计问题，设计师们必须和开发伙伴维持紧密的合作关系才能够成功。通知系统的设计也不例外。

如表 10.7 所示，探究了一些可能需要的功能，它们可以帮助您打造世界领先的体验。

表 10.7 通过这些功能来提升通知系统的稳健性

功能	描述
动态通知	它可以通过随着时间不断变化的单一通知来传递最新的信息，而不会在通知中心中充斥多种不同的事件提醒
更新上游	当用户对通知消息采取行动后，这个通知会从它出现过的其他设备上或体验过程中清除掉，或者标记为“已读”
具有延展性的通知	对于单一的通知，能够为不同的输出技术指定不同的展示内容。例如，通过智能音箱发出的是长提示音，而在带有屏幕的体验中，则使用短提示和卡片
通知管理	如果使用的是语音信箱这类的通知（也就是说，一个可以将信息储存数小时或数天的地方），就需要提供重播、标记、删除特定通知等精细的控制功能
安静时间 / 勿扰模式	用户可以设置特定周期的一段时间来静默所有的通知，也可以对当下时刻的通知进行开启或关闭的操作

10.6 落地实践，行动起来

面对复杂的主动式交互系统设计，是否感到自己力不从心？一步一步来。开始设计通知系统时，最好先做好调查。与所有可能想要在系统中传递通知的干系人会面，听取他们的意见。

重要的是，将这些初步的对话当作是一场针对“潜在通知”的讨论。设计师有责任通过他们更全面的视角来保证通知系统的有用性，而不是为了突出功能而展示无关的通知。

让每个干系人群体对以下这些问题进行定义。

1. 用户可能对什么信息感兴趣？

2. 这个信息的时效性有多强？

3. 用户在面对这些信息时可以采取什么行动？

4. 至少需要给用户提供多少信息才足够使其采取行动？

5. 如果在不恰当的时间推送通知，最坏情况下可能会造成哪些影响？

将各方提出的“潜在的通知”整理到一起后，就可以开始进行意义构建。

1. 对所有潜在的通知进行分类，根据具体情况来增加新的类别或者消除掉相同的类别。

2. 根据通知所需要的规模和复杂程度，和开发伙伴讨论是要采用通知中心还是动态通知等高级功能。

3. 与此同时，列举出所有潜在的通知并进行分类，进而制定设计和研究计划，对潜在的通知预设用途进行评估。

无论怎样，当您决定如何以及何时通过信息干预用户时，需要考虑用户的行为和心态，这是至关重要的。为了避免未来的每个客厅都成为一个活广告牌，对于那些想要将功能可见性置于人类体验之上的干系人，必须坚决予以反对。

人物访谈：安娜·阿波维扬

如何正确地“提醒”

安娜·阿波维扬（3M | M*Modal 用户体验部主管）致力于为医学文献领域混乱的跨设备多模态体验带来秩序。为了更好地从混乱中整理出头绪，安娜提出了一种分析方法。在看了她最近的演讲后，我很高兴能和安娜坐下来，听听她在极具挑战性的环境中，对主观能动性的看法。

问：**您在一次演讲中提到过，最好的通知方式是无形的通知。对于“通知仅在非常需要的时候才触发”的这个逻辑，您能举一个例子吗？**

我认为适当的通知时机是关键点。我在一次演讲中举了一个案例：在写一封电邮，您需要添加一个签名档。但是当刚刚写下“您好”的时候，就提示要进行签名，这是十分愚蠢的。

举一个我从事医学文献工作时的真实例子。医生通常会坐在那儿口述并打字，这就是多模态的体现。通过口述、打字、对表单进行操作的方式来构建一个完整的病人病例。我们很早就注意到，他们常用一些很简短的术语来描述一种疾病，比如会说病人是糖尿病患者，但并没有详尽描述任何并发症。对医学文献工作领域的人来说，我们都希望医生能详述每一件关于病人的事，比如，“这是 2 型糖尿病，这些是并发症，包括……”这其中有很多复杂的东西需要描述。当然，若基于我们的工作性质，会忍不住想说：“我要提醒医生说出更多关于糖尿病的信息，如果能越早发现医师遗漏了信息，那么一定要告知他们！我需要在必要的时候提醒他们，以免他们忘记。”

这宛如是种想要对着表单逐项检查的心态。设计者们往往会引述阿图·葛文德的《览表宣言》讲解到：“是这本书的作者告诉我们该这么做的。”对于此类话术，我们团队会告诉他们，这些信息很有用，所以经常会忍不住要提醒用户。但是否可以而不要过早用提示信息轰炸受众，等到非常确定这个信息被忽视后再提醒？这样可以减少通知提示对用户的打扰，这对所有人来说都是好事，这也将使系统不至于让人觉得是个通知软件。我们一开始就不喜欢通知这个词，我更愿意称之为“提醒”，甚至不必把它当作是需要特别处理的警告或通知。

我认为存在一种假设——通知必然是一种中断行为。这就是提醒和通知的本质区别所在。提醒的出发点是希望能帮助您完成正在做的任务。提醒不是重点，而任务才是重点。它们可以帮助并指导您更好地完成任务。它们的宗旨是不去打扰您。当人们准备好查看它们时，便发现它们已经在那里静候了。

问：**您是否尝试过将医生的注意力从一个地方转移到另一处？**

我们一开始以为我们在做的是一些吸引眼球的工作，会常说，“哇，我们真的需要人们看到这些提醒信息。我们正在开发这些昂贵的自然语言处理系统也需要被人们尽快看到。”因此，我们做了很多关于动画物体如何吸引注意力的研究，也许适时的动画效果可以起到作用。

当医生正试图将信息输入到这些电子健康记录系统时，如果我们的注意力只放在语音这个模态，那只会关注到医生正在说话这个行为。如果我们关注的是更长时间的交互，那么会发现他们是把病例当作一个完整的故事陈述。因此他们大部分时间都在想接下来的话，或是接下来的五句话以及如何表达，所以这里面存在大量思考工作。

我们进行了一系列的可用性研究，以此研究各种激进的动画，来判断什么才能真正吸引到他们的眼球。但结论是，什么都不会吸引到他们。实验中，我们在用户面前的屏幕上时不时地闪现一些令人生厌的颜色。但当他们直盯着屏幕的时候，并不会注意到这些色块，因为他们的大脑正运行于不同的思维空间中！

所以我认为我们在某种程度上放弃了我们需要吸引注意力的想法。改成了为用户提供价值，当他们在选择看这些提醒信息时，自己去发现了其中的价值。如果他们发觉有意义，后期自然会主动去寻找。

问：**您对提醒后的预期是什么？是否曾在不需要受众立即采取行动的情况下就进行提醒？**

我们最终研究出一种更微妙的方法来解决这个问题，并提出了一种启发法：不是每一个提醒都需要具备可操作性的。

有时，提供一些信息会更有帮助，也更能够被接受。抱着这样心态：“我知道在这个时候需要作出一些复杂的决定。我的工作是向你们提供信息，帮助做出决定。但我不知道最终你们会做出什么决定，因为有很多种可能性。”

我不是决策者。我是那种把您可能没有想到的附加信息告诉您的人。在这种情况下提出某些行动选项可能会起到引导作用，但这本身就是一个医疗保健领域的问题。

我们送医生去医学院是有原因的。这会给他们带来更敏锐的理解。而且我认为，“我们掌握了所有的信息”这种假设是有些狂妄的。首先，这永远也做不到，您无法在系统层面做到无所不知，无所不能。因此，我认为我们该做的，是交给专业的医生做出判断，这才是一条正确的道路。

人物访谈（续）

安娜·阿波维扬在 3M |M*Modal 工作，她的工作是为临床文档的繁杂世界中注入秩序和人性。她致力于研究多模态交互界面、人机交互以及人工智能的高效应用。安娜拥有俄罗斯-亚美尼亚国立大学的应用数学和信息学学位。

第 11 章

探索未知

传统的电脑端和手机应用的设计流程可以简单概括为线框图、迭代和开发。但是当今的多模态体验的独特之处在于它是没有具体边界的。用户的选择（不管是对语境、设备还是模态的选择） 都将带来多种不同可能的组合方式。

在少有人走的设计道路上进行探索时，想象力变得和直觉一样重要。小时候，我们玩各种游戏，并且在没有任何上下文的情况下创造出一个个假想的世界。 在某些情况下，这些游戏可以帮助我们探索自己想要成为什么样的人。现在是时候发挥想象力和创造力，帮助探索自己希望有什么样的体验了，也许更重要的是，帮助探索体验永远不会成为什么样子。

11.1 乐观的悲观主义者：探索极端

几十年来，设计师总是鼓励自己的产品团队合作伙伴接受“主路径”，即专注于适合 80% 用户的场景，而对剩下的 20% 用户投入相对较少的精力进行设计。

在产品还没有获得任何成就的情况下，这种“一刀切”的方式很有意义：如果拥有的资源只够专注于一两个场景，当然选择最常见的场景！

但是，时代已经发生了改变。主要问题已经彻底得到了解决，使其成为商品。以 WordPress 和 Medium（以及许多轻量级的系统）博客平台为例，它们不再需要花费宝贵的时间来解决一些普通的问题。虽然优秀的设计工具提升了人们打造数字影响力的能力，但潜在的风险也在与日俱增。

几十年前，大多数产品团队都认为，对用户来说最坏的事情就是受挫或者浪费了时间。但实际上，这些产品在一些“极端”的情况下可能会带来可怕的后果。当我们对微软 2012 版的系统中心管理器进行第一次可用性测试的过程中，有位用户回忆起之前的 2007 版产品。“如果在点击‘刷新’的时候不小心手滑，那么我就得重新准备简历了。”他可能因此而被解雇，因为这个一不小心的手滑可能会删除整个公司的网络管理设备。毕竟，“刷新”就在“删除”的旁边（图 11.1）。

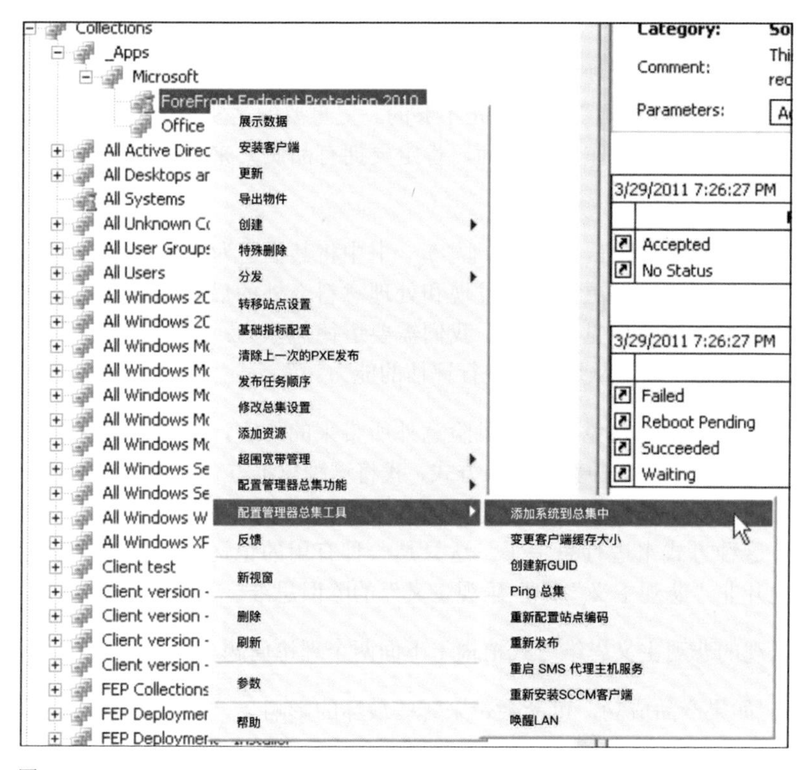

图 11.1

2007 版微软系统中心配置管理器管理着大量网络，但“删除”和“刷新”仅有像素之隔

如果产品的设计导致有人丢了工作，您会有怎样的感受？尽管本意是好的，但这个看似无害的产品却造成了持续性的伤害，您还能因此安心入眠吗？您是否会辩称：“虽然不幸，但真的只是个例而已。”

问题是，在这个世界上，其实并不存在一个孤立的“边缘情况”，因为这个世界上有数以百万计甚至数十亿计的人可能会使用您的产品，并且是他们不可或缺的部分。例如，我们可以假设有一种软件，它会让手机变成砖，导致手机永久性无法使用。但是，99.9% 的用户都从来不会遇到这种最坏的情况。

- 对于一个拥有 100 万用户的小应用程序来说，这个故障仍然会影响到 1 万人。

- 如果同样的故障可能影响到所有的 iPhone 手机呢？世界上有 9 亿部 iPhone 手机，所以有 900 万用户会受到这个有害漏洞的影响。

对于这种具有大规模影响力的潜在问题，仅心怀好意并满足于“快速行动，破除陈规”的心态是不够的。更重要的是要利用强大的推理能力和创造力（作为设计师，肯定要拥有品质）来试验并提前预见潜在的问题。

森尼德•鲍尔斯在《未来伦理学》一书中将其描述为“道德想象力”：“我们应该变得更擅长去发现和处理意料之外的后果和外部因素，从根本上消除偏见。为此，我们需要道德想象力：一种对未来场景进行设想，以及从道德上进行评估的能力。”

为了尽可能地避免这些高风险意外所带来的伤害，我建议您在项目一开始就采用这种新的思维方式，我将这种思维方式简单称之为“乐观的悲观主义”。这并不是什么高难度的事情，并且许多人已经通过这种方式来进行思考了。这只是一种有用的记忆法，可以帮助您抛开非“悲观主义”即”乐观主义”的陈旧思维。

乐观的悲观主义思维方式植根于下面两个理论问题。

- 如果产品成功，可能会带来哪些最坏的影响？
- 有什么好方法可以用来应对始料未及的重大问题？

乐观的悲观主义式思维可以提炼出四种主要的原则，并应用于任何的设计过程中。每一个原则都会结合一系列的新手提示（表 11.1）来帮助探究：您提出的解决方案可能会带来的最好情况与最差情况。

需要在各种场合开始锻炼乐观的悲观主义式思维的肌肉记忆，并在设计过程的早期发挥其作用。经验越充足，这些思维练习越可能在产品设计过程中发挥关键的作用。

科罗拉多大学博尔德分校互联网规则实验室主任凯西•菲斯勒博士在自己的工作中也给产品设计师提出了这样的建议：“像乐观主义者一样做创新，像悲观主义者一样做准备。”不要因为顾虑可能发生的坏事而感到太受约束。早期进行这种猜想是十分重要的。在技术设计中，应该尽早且经常性地深入思考道德伦理等。

深入了解

想进一步了解听菲斯勒博士关于道德伦理、思辨设计和数字化社区的观点，请看第 15 章中对她进行的访谈。

表 11.1 乐观的悲观主义的质疑性问题

原则	问题
考虑人类的语境	将在哪些最恶劣的条件下使用该产品？ 用户为什么会选择使用它？ 它将如何让世界变得更好？ 它可能会使世界变得更糟糕吗？ 如果用户没有这个产品，会怎样？
为最好的情况做设计	如果产品取得巨大的成功，用户可能还想要和哪些平台进行交互？ 如果用户非常喜欢这个产品，并长期使用，那么随着时间的推移，这种关系会发生怎样的变化？ 如果目标受众之外的用户想要使用您的产品怎么办？谁会被拒之门外？如何将他们也接纳进来？
为最坏的情况做打算	失败是什么模样，它会对用户造成怎样的影响？ 项目会对用户产生怎样的伤害？ 如果不得不停用产品，会对用户产生怎样的影响？ 用户可能会如何滥用产品？
时刻做好调整的准备	哪些信号可以表明产品没有按照预期进行工作？ 这个项目中哪些部分风险最大？ 您的意识存在哪些盲区？ 您是否设置了自动防故障装置，以便实时对产品性能进行调整？ 产品发布后，可以利用哪些资源来处理意外？

在探索乐观的悲观主义式思维时，可以通过一些设计辅助工具获得进一步的提示。我最喜欢的是 Artefact 公司的“技术塔罗牌”[①]（图 11.2）。这些卡片可以免费下载、打印和使用，它描绘了可能挑战产品边界的用户画像。在探索上述乐观的悲观主义问题时，这种工具可以帮助启动创造力。在产品的早期越富有创意，就越能防患于未然。

① 译注：与创作者进行对话，以此来激发人们对技术和产品的思考。

把乐观的悲观主义想像成薛定谔的玻璃杯：项目就如同那个玻璃杯，既可以是半空的，与此同时也可以是半满的。

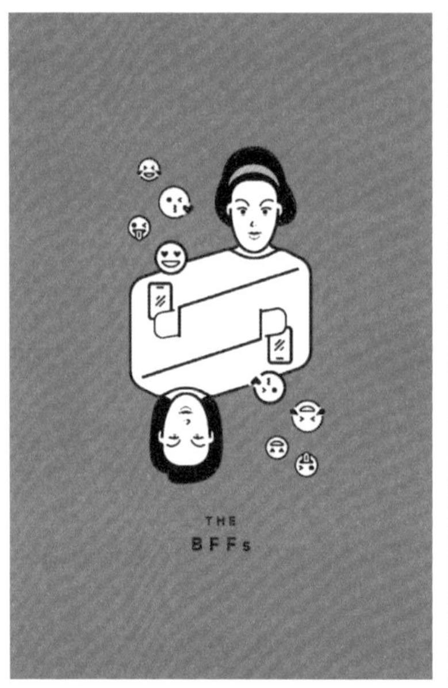

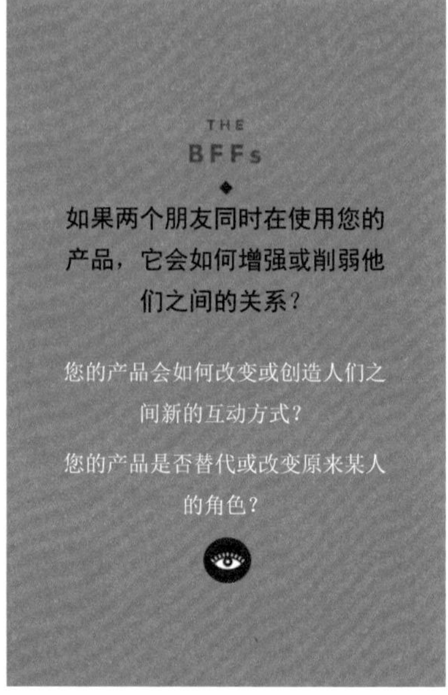

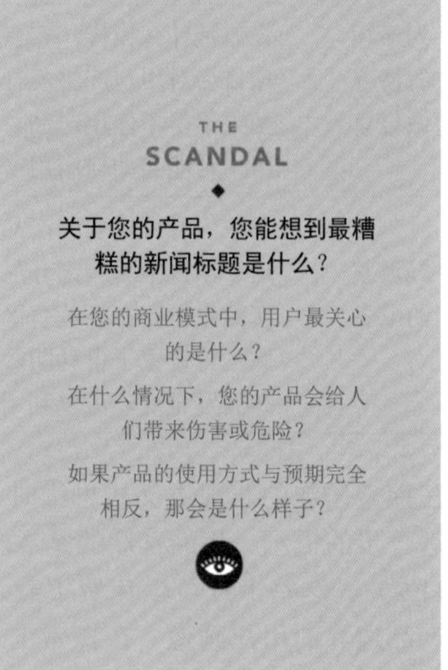

图 11.2
Artefact 公司的技术塔罗牌描绘了像“好朋友”这样的人物形象，两个朋友的关系因为应用程序的功能相互连接或断裂。可以在这里下载可打印的版本：http://tarotcardsoftech.artefactgroup.com/

11.2 故事板：生动展示用户的语境

如果没有故事板，观察到的用户的小细节就会只停留在个人的脑海里，无法将用户的需求生动传达到干系人的脑海中，比如下面这些细节：

- 用户的手机在另一个房间里或者包里
- 用户在锁门的时候双手经常都被占用
- 用户在灯灭的情况下找不到开关或者遥控器

这些细节看似微小却至关重要，因为它们对多模态产品额外的开销作出了解释。几十年来，现有的体验已经“足够好”了。多模态的加入，往往是为一些已经解决的问题提供其他的方法。如果不通过对于一个看似已被解决的问题，如果不通过故事版来提供额外的信息，往往很难证明需要继续投入资金来解决问题的合理性。

11.2.1 故事板的作用

故事板是具有一定顺序的视觉内容（通常是简要的），可以在产品设计过程中为整个团队发挥一定程度的作用。故事板有以下用途。

- 搭建舞台。让所有干系人达成共识，包括用户当前遇到的困难、产品的使用场景以及期望产品给用户生活带来的影响。
- 展开辩论。促成团队内对产品开展讨论，包括产品面临的最大风险、弱点和交互上的鸿沟。确保早期就投入解决这些最大的挑战。
- 获得支持。让干系人理解用户以及产品试图解决的问题，从而赢得他们的支持（或许可以帮助他们站在用户的角度进行思考）。让他们相信，您提议的产品可以满足真正的用户诉求和期望。
- 让整个项目团队保持一致的愿景。因为故事板本身具有叙事性和丰富的语境信息，所以一旦团队有新成员加入，或者每当团队需要重新达成共识，就可以直接查看故事板，无需进行正式的汇报。

在做 Echo Look 项目的时候，我为早期的产品宣讲和试验性生产创建了故事板，在第一代产品交付前，我们一直将它作为一个共同的产品愿景来进行维护。

11.2.2 如何制作一个出色的故事板

当您想象“出色的故事板”时，是否会立刻想到好莱坞电影般的插图呢？试着重构自己的思维：故事板设计的好坏并不在于视觉效果的精致程度。您选择在故事中包含哪些场景以及不包含哪些场景，这才是决定故事板成败的因素。考虑以下四个原则，以最大限度地提升故事板成功的机会。

1. 故事需要关注产品的一个或者多个用户，而不是关注产品本身。如果不知道用户是谁，说明创建故事板还为时过早。

2. 故事板至少要具备以下两个目标中的一个，最好都有。

    ◦ 描绘用户场景的具体语境

    ◦ 关注潜在的痛点和交互“鸿沟”（图 11.3）

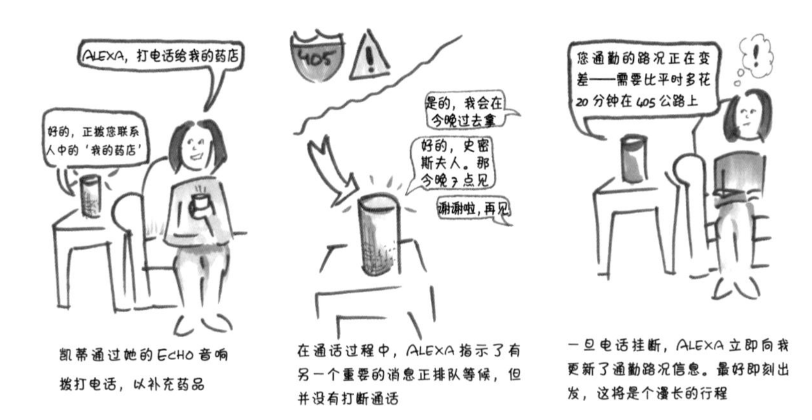

图 11.3
即便是极其粗糙的故事板也可以帮助您围绕潜在的问题进行设计探索，比如在这些画面中，探究了在通话过程中有重要信息传入的潜在体验问题

3. 故事板不应该陷入对解决方案特殊技术细节的描述。故事板作为一个大体方向的指导方针，如果接连展示三张屏幕界面，则可能意味着您过于关注解决方案，而不是用户本身。试着回退一步，用更抽象的图像或图示来表示其中的一些概念。

4. 用户的语境经常随着故事的进行而发生变化。还有谁进入了这个场景？地点是否发生了改变？如果用户一直都在一个地方，没有任何变化，那么最好通过单一场景下的草图进行描绘，而不是故事板。

11.2.3 手工制品，而不是艺术品：够用就好的故事板

艺术学位并不是产品故事板设计的必要条件。讲故事的技巧比艺术技巧更为重要，尤其是在产品的早期阶段。图 11.4 展示了我在微软车载系统上为一个跨设备场景草绘的一系列简单的故事板。

图 11.4
我以原始便签纸 + 记号笔的方式构建了一个故事板的框架，描述了微软车载系统在多种环境下进行设备互联的场景。足够快速地讲述故事即可

对于训练有素的艺术家，如果以过度精细的方式来创作故事版，实际上可能会起到适得其反的效果。我多次看到决策者对过度精细的（或过于乐观的）故事板产生抵触情绪，因为它给人的印象是，这个想法超出了他们能够给予意见输入或反馈的范围。

对于画故事板，最大的挑战是知道什么时候可以适可而止：在什么程度上，您能够有足够的细节来往下一步推进？我的故事板之所以成功，并不是因为它们十分完美，而是因为这些故事板具有非常实用的价值，并且它们通过高效且诚实的方式向我们讲述故事，并邀请我们进行讨论。

11.2.4 掌握技巧，有效建立产品故事板

试着遵循以下几个技巧，以便高效建立产品故事板。

- 保持抽象。不需要把人物画得过于逼真。保持抽象的程度可以使观众将自己带入故事当中。仅在故事需要的时候再带入性别、人体特征和情感等元素。这个原则也有例外，如果您想要讲述一个真实用户的非常具体的故事。

深入了解

几十年来，许多漫画家利用了心理学，通过简单化的效果图来加强参与感。如果想要进一步了解这种效应，可以阅读斯科特•麦克劳德的著作《理解漫画》。

- 计划好人物角色。提前设想好哪些人会出现在故事板中，并为每个人进行视觉上的角色设计。尽可能在故事中考虑到性别、种族和身心障碍的状况。提前规划好这些视觉语言，以免后期出现大量的返工。

- 拒绝完美主义。对于产品设计，不应该对自己的故事板产生眷念。故事板的“成功”往往意味着它能够带来大量的变动。限定在每一个画面设计中花费的时间，接纳一些较小的错误，除非这些错误会完全改变这个画面的含义。

说明 **采用永久性墨水笔不可擦记号笔**

如果用铅笔来画故事板，那么可能会为了画得不失毫厘而陷入不断修正的循环中。大多数情况下，我会直接通过记号笔来画故事板，迫使自己接纳一些小错误，而不至于浪费太多时间。

- 厚着脸皮找捷径。找到一种可以节省更多时间的方式，这样便可以专注于以正确的方式讲故事，而不是陷入单独的每一个画面中。花的时间越少，就越不可能会对最终产出的设计产生眷念。

- 利用照片来帮助描绘出环境的布局和构成。
- 对相同的构成部分进行复用，比如用户在沙发上使用手机。
- 将照片作为背景，但通过 Photoshop 滤镜对它们进行简化与抽象（图 11.5）。

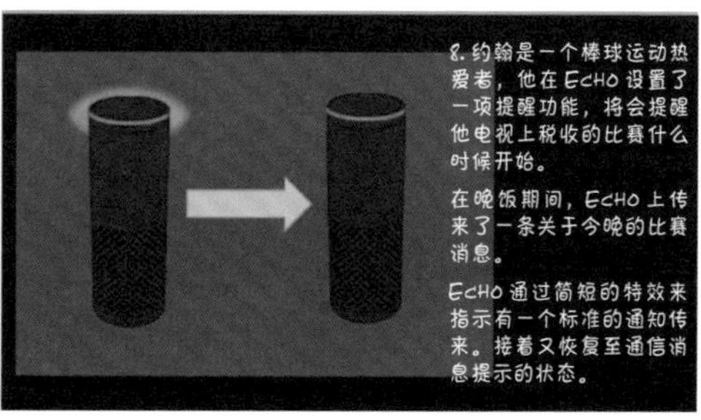

图 11.5
我在设计 Alexa 消息通知机制时，为其中的一个关节节点创建了这些故事板。我希望这些画板可以和设备形象的颗粒度保持一致，所以我选择了手绘图与照片混合的方式。手绘人物是因为图库里的人物照片无法保持多个画面的连贯性

并非天方夜谭

产品设计中的故事板呈现的并不是天方夜谭般的故事。它们反映的是人类的体验，包括好的体验和差的体验。如果您认为产品会有潜在风险、适应性差或者其他的问题，那么可以用故事板来叙述这些故事。

一个常识性的错误是，您认为干系人（尤其是高层领导）只想看到主路径和正面的信息。思考下这些干系人是如何升到当前职位的：熬过一段艰苦历程。他们的价值在于提出尖锐的问题，并将需要解决的重要问题与相关的资源连接起来。如果您不带头提出这些重要的问题，他们怎么能够帮助您整合资源呢？如果没有让他们看到真正的问题，他们怎么能信任您呢？

使用故事板作为正确讨论的出发点，并将难题都摆到跟前。在 Echo Look 项目上，我的第一个故事板针对的就是开箱体验问题，因为我们认为如果设备需要电源插头和图像校准，这可能会引起一些不小的问题（图 11.6）。我将这个难题画在纸上，让我们能够从中权衡不同的选择，并且主动降低一些问题潜在的危害。讽刺的是，这些试图推翻概念的尝试最终却为我们指明了一条前进的道路！

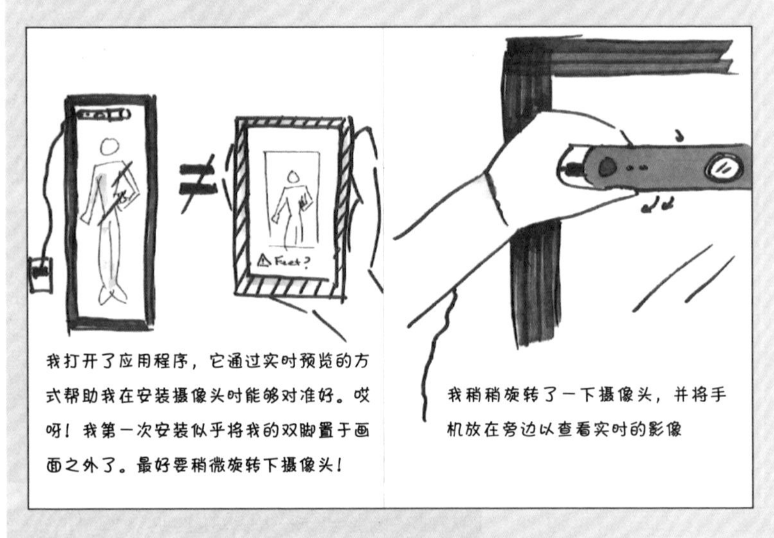

图 11.6

Echo Look 第 1 版故事板（节选），帮助我们解决了开箱体验中对物理规格的担忧

11.3 想象游戏：站在他们的角度思考

人类是触觉型和经验型的动物。有理论认为，不管我们是看别人完成任务或者自己亲自动手，镜像神经元都处于同等程度的激活状态。不管您是否同意这个理论，但不可否认的是经验式学习一直都是我们人类经验的基本组成部分。

随着体验变得更全面和让人有沉浸感，此时有必要跳出草图和特定规格的限制，评估体验可能造成的真实影响。有时候，设计师会犹豫是否要继续推进这些处于项目早期的低保真原型，因为他们会担心有人认为这些原型很愚蠢或者是浪费精力。但是，一旦开始探索一些前沿的多模态体验，认真进行游戏就是一件严肃的事情，是时候与我们内心的小孩建立联系了。

11.3.1 立体模型

当您用故事板确定了核心的用户场景后，接下来就需要通过更多的维度来帮助早期的探索工作，以下是一些常见的情况。

- 混合现实或虚拟现实：如果体验依赖于物理世界的某些方面，比如用户的身高、私人物品或周围的环境，您可以在实体空间中按一定比例搭建原型，可以帮助发现假设中的潜在风险。
- 多设备和物联网的场景：如果多个设备之间彼此距离较近或可能协同工作，那么可以通过立体模型来描述一些更复杂的空间关系。用户在哪里？可以触碰到多少设备？是否有些设备因为距离太近而造成相互干扰？
- 服务设计：在一个场景中，当用户的体验覆盖了多个触点时。搭建立体模型将成为设计过程中的关键一步。有哪些可以走的路径？有哪些瓶颈？指示是否清晰可见？还有哪些可见的功能？

立体模型的制作方法没有对错之分，可以使用任何便利的材料。表 11.2 提供了一些可以考虑使用的物料。

表 11.2 可以用于设计探索的立体模型物料

用于搭建	示例
墙面或平面	纸板 卡纸或牛皮纸文件夹 积木（乐高、美高等） 泡沫芯材
物体或者形状	造型粘土（塑型专用黏土、培乐多彩泥） 毛根条 手工纸 玩偶配件 3D 笔打印的物品
人	游戏迷您模型 棋牌游戏棋子 时尚玩偶或活动人偶

11.3.2 体力激荡

如果体验中涉及物理空间中的移动，那么在这种情况下，全身心探索这些物理空间的影响便是十分有价值且重要的环节。即便这个过程中的交互完全是想象出来的，您也有机会从中获得一些新的假设，并应对各种新的挑战。

哑剧

体力激荡与哑剧工作存在相似之处。目标是表演得像是在与您设计的体验进行肢体互动。MR 或 VR 设计师经常通过哑剧的方式来进行练习（参见见本章末尾对 MR 负责人克雷格・福克斯的采访）。和许多戏剧技巧一样，人们可以在没有经过专业训练的情况下进行哑剧表演，但表演质量必然会随着练习的增加而得以进一步的提升。

我将基础的哑剧表演作为即兴表演入门课程的教学内容。我在上课的时候，会让大家在一个空间中四处游走，并想象身后有一个无限空间。我会喊出特定的指令（一个非常有价值的物体、一个很重的物体、一个很粘的物体等）并让学生模拟从无限空间中拿出一个符合该描述的物体。我每次都会要求学生注意物体的下面几个特质。

- **重量**：在“体验”哑剧中的重量时，可以假装运用承受重量所需的肌肉，在一些情况下，可以对姿势做出改变。
- **尺寸**：一个物体的尺寸越大，当您需要与它共享同一个空间时，身体的其他部分就越需要进行补偿，以求达到平衡的状态。
- **抓握和纹理**：是否能够进行抓握？如果不能，您会习惯性地尝试从哪里拿起这个物体？物体的质地如何影响您握持它的意愿呢？
- **品质**：是易碎品吗？它是否珍贵？您对物体状态的态度和意识会影响与它的互动方式。

道具和舞台

在另一些情况下，可以进行一些额外的准备来模拟体验发生的环境，这可以带来更加成功的体力激荡。当通过这种方式来增加体力激荡的保真度时，发现最可能造成体验变化的环境要素，这是很关键的。表 11.3 提供了规划体力激荡会议的一些思路。

表 11.3 准备进行体力激荡的道具和舞台

类别	细节	示例
支持	用户可能会依赖哪些实体元件的支持？这也包括用户用来放置其个人物品的平面	椅子 墙 栏杆 桌子 助行器

（续表）

类别	细节	示例
约束	有哪些东西会阻碍用户？哪些东西会减缓他们的速度或者降低他们进行交互的能力？	安全带 管制措施 皮包和背包 头盔 握着的东西（手机等）
障碍	在体验的关键部分，哪些因素会影响用户自由活动的能力？空间中是否存在限制身体的瓶颈？	墙 门 窗户 关键的家具 栏杆 楼梯和坡道
预设用途	空间中有哪些物体能够提供关键的语境信息，从而可能对交互产生影响？	标志 屏幕 始终 笔和键盘

如果从零开始，将很难定义什么程度的保真度是合适的。可以通过情境化访谈以及早期的立体模型来您了解具体的可选方案。

说明 **从长远的视角考虑体力激荡**

创建一个用于体力激荡的装置时，往往需要花不少的时间和金钱，因此可以考虑搭建一个互动的“实验室”，它不仅可以用于体力激荡，还可以用于以后的可用性测试。在 Echo Look 项目期间，因为我们希望该设备能在柜子和全身镜的附近使用，所以我们购买了一套柜子，并把它安装在我们的实验室中。

11.4 制作原型：概念展示

原型制作在设计过程中所扮演的角色并没有发生变化，但由于体验变得更加复杂，所以原型也因此变得复杂。可悲的是，许多现成的原型设计工具就像 Adobe Flash 那样昙花一现（不好意思，这里讲了个老套的互联网幽默[②]）。在踏上这段旅程的时候，投入适当的精力，确保在进行任何无法撤销的产品决策前，恰好获得刚好够用的答案。

11.4.1 奥兹巫师原型

在奥兹巫师原型测试[③]中，用户与可以运行的“系统”进行互动，但这些功能其实完全是模拟出来的，就如同奥兹巫师一样，拉动控制杆，摆弄伎俩来模拟一个魔法小人。

目前，奥兹巫师原型测试在对话式设计中最为常见，旨在对昂贵的自然语言处理模型制作进行大量投入之前，对设计假设进行审视。

- 聊天机器人可以在聊天频道中进行模拟，“机器人”账户由真人扮演，通过从脚本里进行复制 / 粘贴的方式控制回复。
- 语音界面可以由人为的方式播放预先录制好的提示语，或者根据用户说的话，以手动方式按一定顺序触发。

说明 道德伦理实验

进行奥兹巫师原型测试的时候，如果您将交互系统的功能提前告诉用户，这可能会带来的正面或负面的后果。对于小规模的测试，比如衣柜的摄像头，按理说潜在的负面影响是很少的。但是当测试一些复杂或者高风险的场景，比如自动驾驶汽车，在测试前进行透露是可取的。测试前透露测试的高风险性，只会让您失去评估意想不到的场景的可能性，但不会影响接下来交互的质量。

② 译注：昙花一现原文为“A flash in the pan”，而“An Adobe Flash in the span”常被用作谐音梗，用来指代 Adobe Flash 软件刚推出不久后便停止更新了。

③ 译注：奥兹巫师作为一种静态原型测试方法，是指“巫师”（通常是原型的设计师或其他熟悉此设计师的人）远程控制用户的屏幕，来操作电脑，甚至还可以用一个“加载中”的页面来过渡，达到正在响应用户操作的效果。这种测试尤其适合早期测试基于 AI 开发的系统。

激发创造性的即兴表演

前面学习了即兴讲故事的一些技巧，但即兴与设计的关联并不局限于讲故事。无论选择自己进行即兴表演，还是与专业人士合作，它都可以提升团队的创造力。

专业的角色扮演

我们的即兴戏剧团“惊奇”制造会定期预约进行医疗角色扮演的场景以及医护人员来对演员进行培训。您也许对医疗诊断的最佳实践有一定的学术理解，但面对活生生的人时，情况又会发生改变。专业演员，尤其是即兴演员，可以根据需要，通过既好玩又专业的方式来帮助探索各种可能性。

自我驱动的扮演

您和团队具备的认知能力和工具，足以支持他们在想象的环境中探索用户的场景。

头脑风暴游戏

通过一个名为“创业点子分享”的循环游戏来培养探索疯狂想法的能力。人们围成圈，然后一直重复这个循环。

1. 第一个人指出一个问题，比如“这个冬天下太多雨了。”

2. 第二个人描述一个完全无关的概念，如“麦片”。

3. 第三个人描述一种方法，要通过第二个人的概念来解决第一个人的问题。

创业点子分享这个游戏营造了一个“安全的”环境，在这里没有人要求解决方案必须要有逻辑，这可能会引出一些有趣的俏皮话。但在某些情况下，这种完全随意的连接可能会带来创新的想法。

根据脚本进行扮演

首先，基于与真实用户的对话、访谈，建立一个启动脚本。等脚本准备好，让每个团队成员扮演常见的或者有争议的产品场景中的每个角色。在每个团队成员体验所有角色后，将大家聚在一起进行讨论。哪些是自然而然发生的？出现了哪些问题？哪些行为令人惊奇？

不过，不要因为这个比喻就觉得奥兹巫师原型测试的概念十分简单。奥兹测试并不总是只有一个人在幕后操作。实际上，系统越复杂，就越可能需要整个一村子的巫师在幕后进行工作。请看本章的案例研究部分，进一步探讨这种潜在的复杂性。

11.4.2 功能原型

最新一代设计工具可以毫不费力地支持点击式视觉原型设计。然而，这些原型大多数只能通过鼠标或者触摸屏进行操作。多模态原型设计仍然是一个需要进行定制化的工作。

讽刺的是，我们从某种程度上讲是退步的。已经停止更新的 Adobe Flash 虽然有时候用起来很笨拙，但它可以进行精确的计时、移动和多媒体控制。原型设计师现在正用脚本语言和一些自动化工具重新创造他们从 Flash 失去的功能。

11.4.3 支持语音扩展的原型

如果多模态体验工作只涉及有限的语音交互，比如多模态交互模型里直接式象限和锚定式象限中的交互（见第 7 章），您也许可以使用一些现有的视觉图形工具，且它们可以添加有限的语音功能作为交互模式的扩展。

如图 11.7 所示，Adobe XD 是第一款专门支持语音的主流视觉设计工具④，它将语音作为一种“触发”事件的额外输入方式（与点击和拖动一样）。它采用的并不是自然语言理解，更像是一种用来展示基本想法的基础语言。如果想要将语音作为现有交互方式的包容性替代方案时，这种类型的原型就是一个很好的起点。

④ 访问日期为 2018 年 10 月 15 日，网址为 https://theblog.adobe.com/introducing-voice-prototyping-in-adobe-xd/。

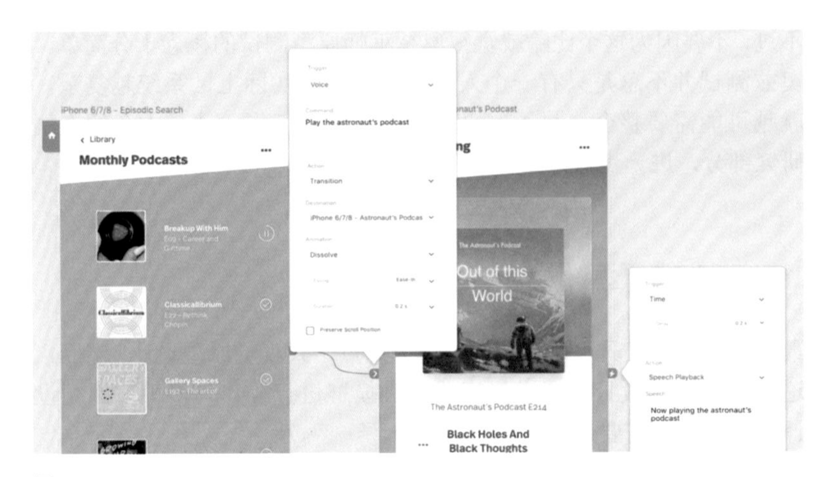

图 11.7
在 Adobe XD 的语音原型模式中，语音指令的实现方式

11.4.4 自然用户界面的原型

在第 7 章的多模态交互模型中，提到了响应式象限和非实体式象限，但在撰写本书的时候，大多数现有的图形化原型工具都无法提供足够的语音和或手势交互能力。为了能够通过原型真正地评估设计的有效性，可以考虑使用奥兹巫师原型技术，或者自己做一个可交互的原型，如表 11.4 所示。

说明 利用树莓派制作创意原型

可以考虑选择树莓派这种有趣的工具，用它可以完成一些看似神奇的事情。在微软车载系统项目中，我们的原型设计团队将模拟器上的方向盘用两条铝箔带包起来，连接到树莓派设备上，这样便可以精确测量驾驶员的手离开方向盘的时间长短。同一个信号也可以输入到一个用户界面原型中，用来显示需要双手握住方向盘的提示信息。

表 11.4　用来搭建语音交互界面的原型工具

工具类型	使用方式	难度
第三方设计工具（Botsociety 等）	多数三方工具可以帮助您以视觉流程的方式将想法呈现出来，然后在模拟的聊天或者语音应用原型中呈现这些视觉内容。由于这些工具多数都处于初期阶段，所以它们的可用性各不相同	各不相同
官方 SDK（Alexa Skill Kit 或 Google Actions）	可用于搭建基本的语音交互原型，且不需要发布到它们各自的市场上。也可以用来搭建以屏幕主导的交互原型。除了需要了解它们本身定义的语言模型外，一般还要求有编程和技术方面的专业能力	中等
HTML 和脚本编写	如果能通过基本的 HTML 来展示出体验中的视觉部分，那么也许可以使用 webhooks 将其连接至其他运行语音识别的服务（如 Luis.ai 和微软机器人服务）	高
Arduino 和树莓派	可以通过各种传感器和芯片给您带来相当丰富的控制方式，但需要进行编码，并且需要相当一段时间的学习	高

11.4.5 开发级别的原型

进行多个设备或者 AI 驱动的输入时（比如手势或者丰富的对话式 UI），现在市面上的原型工具通常不足以提供支持。有可能需要通过代码以及开发人员设备来进行原型的搭建，以评估体验的可取性、适用性和功能性。

从传感器和 SDK 的角度看，Kinect 曾经是自然用户界面原型设计的黄金标准，后来停产了。在撰写这本书的时候，微软提供了 Azure Kinect DK 开发人员工具包：一个复杂的硬件套件，包含摄像头、麦克风以及其他的传感器以及相应的支持软件。这个套件包括对身体追踪、语音和计算机视觉用例的原生支持。

进行某种形式的 3D 工作的时候（无论是 3D 界面或者是计算机视觉驱动的混合现实交互）有可能会用到 Unity。Unity 这款软件工具最初是一个视频游戏引擎，但它如今已经成了搭建稳健的交互世界的行业标准。由于娱乐游戏体验本身就是走在前沿的，所以有很多 Unity 插件专门用来处理新的交互模态，比如手势交互。

说明 **充分利用时间**

这些开发级别的工具学习门槛极高，即便学会了，也会由于变化迅速而不得不花相当大的精力来不断更新知识。如果不是训练有素的开发人员，那么明智的做法是根据工作中需要的特定插件和技术，来选择与相应的开发人员或原型师进行合作。

11.4.6 通过挑衅式原型来触发回应

不管选择以何种保真度来搭建原型，最“传统”的方式当然是对打算构建的东西进行原型设计。

但是，另一种在前沿公司使用的方法是挑衅式原型。它采用相同的技术进行实施，但目标却不同。挑衅式原型的目的并不是验证某一种特定的方式，而是开展一些有难度的对话：

- 证明高难度或高成本概念的可取性与可行性
- 模拟出不如人意的交互或者结果，以用来展示潜在的危害或问题

IDEO 前设计研究员奥韦塔 • 桑普森描述了之前工作中搭建某个挑衅式原型背后的原因：“我们为用户搭建了自动驾驶车辆的挑衅式原型，它在车上有着令人惊喜的表现。从工程角度来说，我们只做了个原型，但它的效果和真的一样。我们这么做是为了弄清楚这些人工智能的设计原则。我们希望通过实际行动来展示出设计原则，以便让工程师知道，不让人们在状态切换中感到困惑意味着什么。”

肯尼德 • 鲍尔斯清晰地定义了挑衅式原型背后的驱动力：“与普通原型设计最大的不同是，当我们制作挑衅型原型时，不仅要有解决问题的心态，还要有创造问题的心态。如果我们成功了，那么一个挑衅型

原型会比一个假设性的讨论获得更好的反响。”

“创造问题”听起来可能让人觉得不舒服，但在将数百万研发经费投入到一个部分成型的想法之前，最好是要先进行这些具有难度的讨论。搭建挑衅式原型需要有一定的勇气，但它可能会使项目发生变化。

11.4.7 结合语境进行原型设计

虽然人们通常把原型作为一个半成品 App 或者数字产品，但不要低估了为体验所处的环境而创建原型的重要性。在这本书的开头，您已经了解到了探索用户的语境有多么重要。这种语境信息在原型测试时同等重要。如果能够对最终的状况进行仿真，那么将会获得更准确的结果（而且可能可以避免日后因为错误而付出高昂的代价）。

11.4.8 基于地理位置的原型搭建

您是否可以在目标地理位置中布置原型？越早在实际条件下进行测试，越能够减少整个测试过程中的错误假设。当我们为匹兹堡儿童博物馆搭建展馆装置的时候，就将定制的硬件带到了博物馆进行测试，这样可以更方便地招募到这群有动手能力的孩子，并对他们进行测试。

11.4.9 搭建场景，要有较强的故事性

如果无法将用户界面带入真实的用户语境中，就应该尽可能深度重现用户的语境。进行服务设计或者增强现实的体验设计时，也许可以使用低保真模拟物对物理空间的元素进行创造，以重现体验最终发生的场景。也可以雇演员来扮演其他用户或者员工的角色。这些微不足道的努力可以带来长远的帮助。

11.4.10 模拟

对于复杂或者危险的体验，您也许需要尽可能详细地模拟最终的效果。这可以通过高保真原型技术（和动手实践）或者利用虚拟现实的沉浸感来实现。

在微软车载系统项目上，我的同事大卫•沃克（David Walker）运用木头和金属按比例搭建了福特探险家的仪表盘，他将一辆报废的探险家的电动座椅、真实的方向盘、游戏踏板和安装到平板中的娱乐系统结合在一起。方向盘和脚踏板可以对投影在三个环绕屏幕上的驾驶模拟软件进行控制。

说明 模拟器病

注意，模拟器病是一个真实存在的问题，因为大脑会对那些看起来几乎真实的物体产生眩晕感。基于模拟器的原型设计非常耗时，需要经过大量的调整和测试练习，才能开展有意义的研究工作。

11.5 落地实践，行动起来

如果是针对传统基于屏幕的设备进行设计工作，可能会对本章所描述的技术感到陌生。但是，多模态与多设备体验固有的复杂性要求我们付出额外的努力，以提出潜在的危险假设和风险。

案例

在第 10 章中，提到过 M*Modal 的用户体验经理安娜•阿波维扬。她的团队负责设计复杂的跨设备多模态体验，并且经常需要在实施前进行可行性测试。她在这里接着描述了他们典型的奥兹巫师原型测试环境。

> “您能够学到最多的是人类本身。我们发现，最好的方法就是开展这些奥兹巫师原型研究，或者直接观察人类在现实生活中的做法。我想说的是，角色扮演的练习和富有创意的奥兹测试可以为我们带来持续性的帮助。所以，我们建立了相应的研究，但不幸的是，它需要很多人来实施这项研究。我们最终发现：如果我们要同时测试四种模态，那么我们至少需要四个人来执行研究。
>
> 比如，我们正在对一个智能音箱进行测试，您可以和它说话，它也会以对话的方式回应，并且会有灯光和声音。同时在另一

- 通过乐观的悲观主义思维促使您发现体验中高风险的元素。体验的哪些部分可能会失败？哪些部分最难？
- 通过故事板呈现体验。您并不一定需要一个能呈现所有体验的故事板。实际上，您会发现最大的成功是通过故事板追求的以下多个目标。
  - 展示实际的用户价值
  - 展示出最大的风险点
  - 突破边界，对超出考虑范围之外的内容进行定义
- 想办法使体验活起来，使它变得有型。不管是物理原型或者对用户场景进行扮演，都应该通过纸面和故事板之外的方式使自己沉浸其中，这是一种对用户负责的方式。
- 在适当的时候，以合适的保真度进行原型的部署。在制作自然用户界面时，考虑在众多的决策进行锁定之前，雇开发人员 / 原型师来帮助自己进行可行性和可取性的评估。

个不同的设备会有图形化的用户界面，可以对提出的问题进行反馈或者回答。

我们需要做到下面几点：

- 一个人在合适的时间展示对应的设计图
- 一个人在操作终端窗口进行灯光和声音的操作
- 一个人操作 VUI，也就是说，说出适合的回应。这个人通常是有临床背景的人，比如医生或护士这样的。

所以，这确实十分复杂。不然您会发现，如果我们没有合理的人员安排，各种事情将无法同步进行，跟不上节奏。因此需要做出很多的解释，引导工作也会让您抓狂。”

人物访谈：克雷格・福克斯

能有克雷格・福克斯（微软云物联网首席设计总监）这样一位良师益友，我深感自豪。还在为克雷格的微软车机系统团队工作的时候，我初次了解了多模态体验。短短几年，克雷格和他的团队就一跃成为微软第一代 HoloLens 研发团队中不可或缺的中坚力量。我们也有机会抽空与克雷格聊一聊他是如何在未知领域不断前行的。

问：**在进行混合现实设计的时候，最大的难点是什么？？**

多维度的思考方式。我试着找到几种方法让设计师更好地解决这些难题。在混合现实中，可以尝试在以下几个维度进行思考和工作：

- 物理原型

  第一个要提醒的是，设计师不要妄想脱离硬纸板、毛根条等原型工具来进行思考。"所以，那个全息图有多大？有这么大吗？""不，实际上不止。它得有这么大。"

  您还会紧接着思考："好吧，如果它这么大，我要怎么将它拿起来？"如果大小如同一个大箱子，得用两只手把它拿起来。但如果很小，则更习惯于用一只手拿起它。

  我只是想以此来告诉大家为什么我们还会在汽车仪表盘的物理原型上安装安全带。因为如果不这么做，您可能就会见到乘客会在原型场景中进行他本来够不着的操作。

- 体力激荡

  我们在思考手势相关交互时的状态是："咦，我应该走近一些，还是距离远一些呢？"如果离得太远，那么我就很难用手够得着这束激光。我想要能够抓住它所以我需要离它足够近，才能够触及并且握住它。不过，我具体应该用怎样的方式来触及并握住它呢？这些早期的思考，对技术的选择和发展会产生巨大的影响。事实上，如果射光距离太近，它就会消失。那么，或许一臂之遥是最合适的距离？这无法仅通过我一个人的试验就能得到结论，毕竟我的手臂长度仅代表个人。我们还需要进行定量的完整实验来证实。

  在各种场合下，您需要尝试去搭建这些物理道具，将事情实物化，并通过在这些构建的场景中互动来得到答案。我认为，您还需要尝试在这些场景的互动中明确设计的真正价值。因为现实情况是，有时候我们搞这么一堆华而不实的新产品或技术出来后，但带来的价值却远远低于一部智能手机，对此，您会怎么想呢？

- 低保真故事板

    我们团队中的许多设计师会先拍一张客厅的照片，然后他们在照片中插入物体，并在里面移动物体。并自言自语道：“哦，我要把那个东西从后面拉到前面。”他们仅需要通过几页 PPT 便可以做出低保真的故事板。

问：**那应该如何搭建一个高保真的混合现实原型呢？**

我们一般不用现有的硬件。我们会在虚拟实现的环境中搭建混合现实或增强现实原型。所以，一般我们会利用虚拟现实和控制器结合的方式来制作一个 AR 样机。

让我很高兴的是，我会听到一群设计师在说，“那么，我是不是自己也可以做原型？”于是以他们开始着手尝试 Unity 原型工具，尽管他们得面对很高的技术准入门槛。

我们团队有一群可以称为“原型师”的同事。我认为最好的组合是当我们有一个优秀的概念交互设计师时，他可以用我所描述的方法画出我想要的东西。然后他们会与专业的原型师一起工作。原型师会说：“哦，我知道那个数据库。哦，那些部件我已经有了。哦，我知道如何提前规避你将要经历的所有麻烦，我可以只用一天时间就完成您需要一周才能完成的部分。”通过这种协同合作的方式，我们很快就得到了一个可以在头戴式设备中进行评估的概念原型。

问：**当您在头戴设备中体验原型时，有没有遇到一些让你觉得意想不到的事情？**

当然有。在搭建的房间里，所有的物体都会引发我的思考：“这个房间没有桌子，因此我不得不将设备悬浮在空中进行操作，这感觉很怪。或者应该把这个东西放在哪里？放桌子底下？那我是否应该设计一个功能来让我透视桌子底下的东西，还是和现实世界一样让物品藏在桌子底下？”原型的价值就在于可以带来这些思考。

克雷格·福克斯拥有设计经验和企业产品、应用和服务运输经验，是一个设计领袖。克雷格现在作为微软云物联网团队的首席设计总监，领导一个设计师和研究人员团队设计跨设备应用场景。他过去在微软做过各种项目，从服务器工具（如系统中心配置管理器）到多模式体验（如 Windows 自动化系统和第一代 Microsoft HoloLens）。

第 12 章

从想法到执行

比想法更重要的是执行。现阶段，您想象中的未来处处都是流畅的界面，用户在交互体验中有极大的灵活性，并且不会在使用的过程感到困惑。但是，如何将这宏伟的愿景完整传达给执行团队呢？

到目前为止，设计技能与对应的输出物都聚焦在人和电脑之间有限的、具有确定性的交流上。但是，设计师处理系统中每一个页面细节的日子早已成为过去。现在，这个行业即将迈入人机交互的新时代，规模化需要考虑的范围不断扩大。设计师越来越擅长选择系统中最有风险、最有趣的部分来进行定义。

往界面上每增加一种输入方式，都会显著地增加系统中潜在操作路径的数量。转向多模态的设计工作（就像您当下正在做的）将促使您变得更加专业化。我们应该更聪明地工作，而不是更努力地工作。

从产品中最重要的部分开始思考，比如下面几个例子：

- 综合考虑所有的模态，用户在这个场景中最常走的路径是哪条？
- 哪里最可能存在任务失败的风险？
- 可以通过多少种模态来完成这个用户场景？

作为多模态产品的负责人或设计师，您有责任为开发团队提供更多的语境信息。这不只是在单一模态上体现某个意图，而是将多种意图和输入模态作为系统中相互关联的部分来展现。

设计产出将从多个角度、多种形式来回答上述问题。在这一章中，要介绍处理多模态体验时要的一些特有的输出物：

- 带有时间维度的交互模型搭建方法
- 可以将语音设计与手势设计整合成输出物形式的方法
- 处理大规模多模态设计系统的思维方式

12.1 带有时间维度的交互设计

故事板和表单是设计师的常用工具，但它们都无法体现出系统随着时间推移在不同时间节点下的状态。如何弥补这个缺失呢？我发现传统的流程图最有效。

理想的情况是，创建流程已经是工作中的一部分。站点流程图和互联网一样历史悠久。像语音用户界面这种非实体式的体验甚至更依赖流程设计。在语音设计中，流程图是用户与系统进行端到端交互的唯一视觉表现形式。

多模态场景并不是什么老套的东西，当您试图同时梳理多种模态时，会立即发现这个过程充满挑战。明确地说，多模态设计挑战中最有趣的部分是各模态之间的互动：用户将会自发或非自发地切换模态。

说明　从旅程地图开始

大多数服务设计师都非常熟悉旅程地图（或体验地图）的概念，后者描述了在众多系统和交互触点下用户与系统的互动情况。多模态设计师也在有效运用旅程地图，但触点则是产品所支持的不同输入和输出模态。

12.1.1 对传统的流程图进行扩展

最适用于锚定式或直接式的体验

如果系统是物理主导的（主要指第 7 章多模态交互模型图谱里的锚定式或直接式象限中的体验），就可以对标准的应用程序流程进行扩展，来应对多种输入。

这通常对那些只支持少数多模态交互的系统最有效，比如基于语音搜索或手势控制的媒体播放应用。图 12.1 展示了一个媒体播放应用的简单流程，它支持使用手势或语音来切换到下一首。

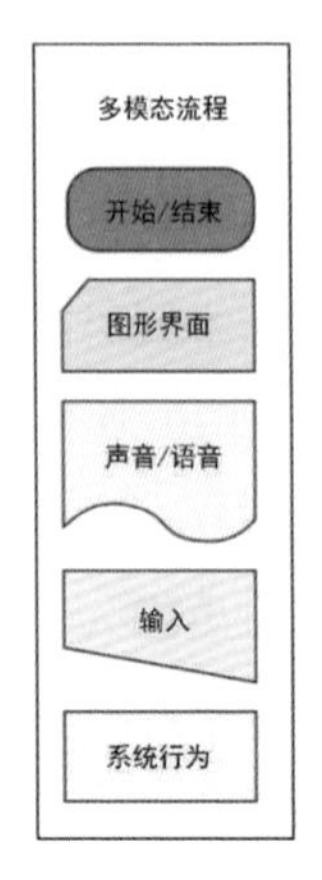

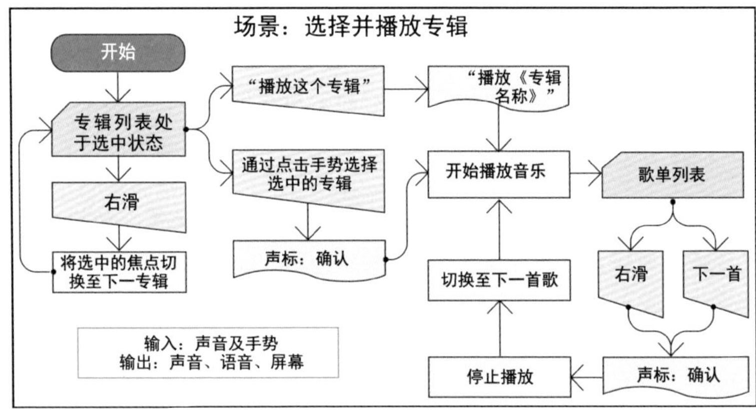

图 12.1
简单的多模态界面有时可用像这样的统一流程来建模，用不同的符号来区分输入和输出的类型

12.1.2 流程、形状和状态

为了有意义地将语音或其他的模态纳入物理或屏幕主导的流程中，需要将输入作为流程中的一种状态：

- 在流程图中，把输入作为一种状态，并用专门的形状表示它
- 如果某个步骤只限于特定类型的输入（如语音），请确保在有需要时，明确指出来
- 在流程图中也展示出这些状态：语音输出、音效和 GUI 变化

说明 将提示语展示在其他地方

您可能自然联想到在流程图中加上系统的语音提示语。但请听听我的建议：将提示语标注编号（ID），并将其引用到另一个单独的表格文档中。否则，如果提示语的文本内容发生变化，您将面临大量额外的修改工作。开发人员也倾向于从需要更多工作量的流程图开始着手，而不是从提示语的文本列表开始。

如果是用户体验流程图的新手，目前还没有建立一套描述状态的体系，则可以用图 12.2 展示的模式语言作为开始。我在微软车载系统项目上使用了这套体系，并且，在我任职亚马逊期间，帮助 Alexa VUI 团队对它进行了调整。体系本身并不存在一种“正确”的形式：我只是从 Visio、PowerPoint 和 OmniGraffle 的默认工具箱中选择了这些不同的形状。

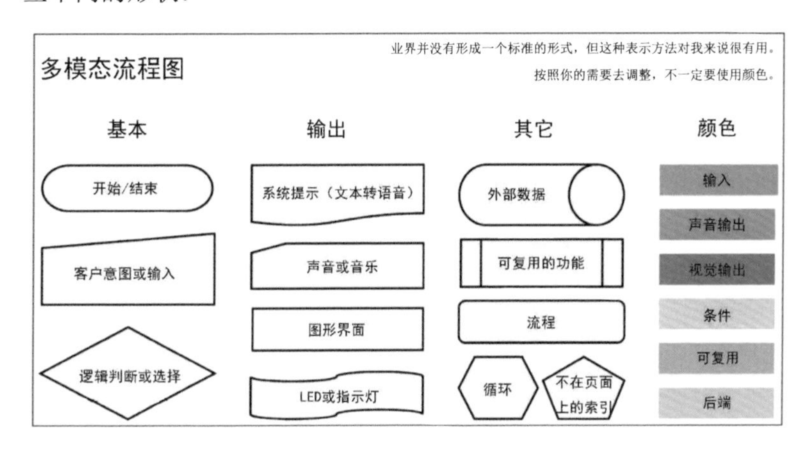

图 12.2
可用于多模态流程图的模式语言，改编于我在微软车载系统和 Alexa Voice UI 设计团队的工作

12.1.3 三重流程图

三重流程图是叠加在泳道上的流程图，最适用于响应式或非实体式的体验，它显示了人类交互的三种主要方式：视觉、听觉和触觉的交互。三重流程图是从用户的角度出发，而不是从系统的角度出发：

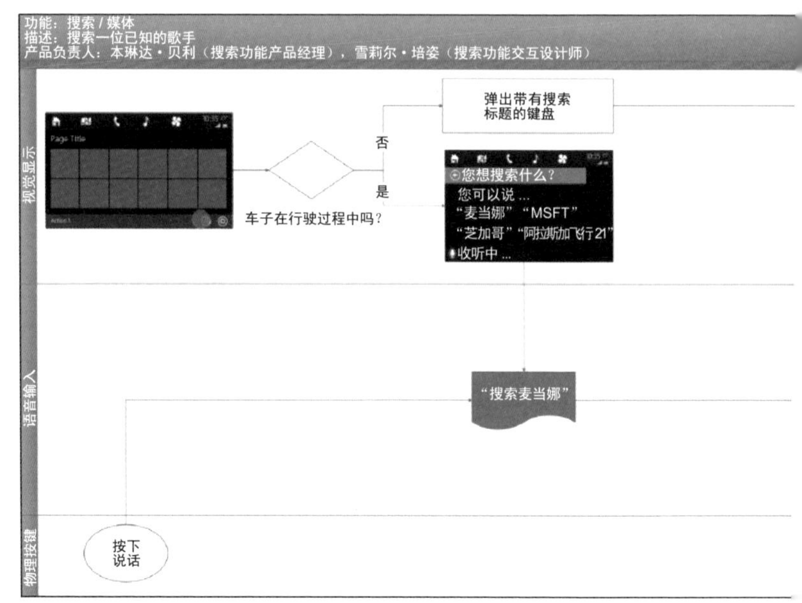

图 12.3
早期媒体搜索场景的多模态“三重流程图”简单示例。由于没有与搜索相对应的物理控制按键，唯一相关的物理按键是系统的语音按键，在图中标示为“不说话”

它展示了用户在每一步骤看到的、听到的和做的。输入和输出都会列在每个泳道之中。

尽管泳道图的布局使其较难融合三重模态的流程，但在关注跨模态的切换时，它特别有用处。

图 12.3 展示的是我们在微软车载系统工作中的三重流程图。我们的团队当时正在设计的内容包括触摸屏、语音识别系统和传统的物理驾驶控制器。

对许多的多模态系统来说，三重流程图能够展示恰到好处的细节。视觉和声音泳道通常很容易定义，但物理泳道可能因设备而异。安卓和 iPhone 8 的应用程序可以利用第三条物理泳道，代表用户与物理控制器进行交互，如音量、返回或电源按键。而 iPhone X 的应用程序可能将该通道用于系统手势，也可加上物理控制。

如果用户在一次交互中可能使用到多种模态，或者可以通过多种方式来完成一项任务时，便可以使用三重流程图来对场景进行说明。

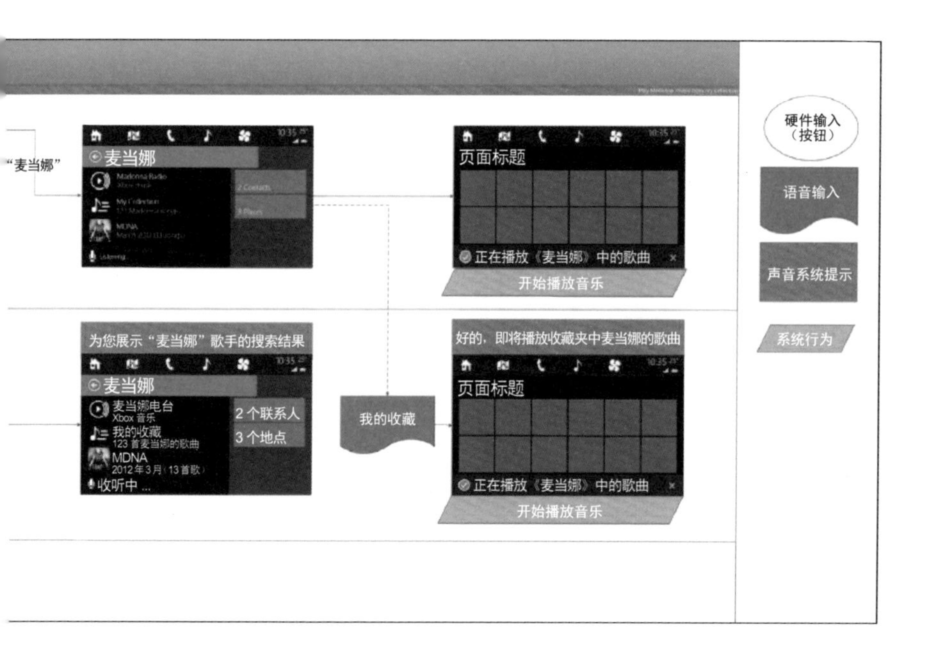

12.1.4 系统泳道图

最适用于具有高流动性的多模态系统或者逻辑复杂的系统。

在交互场景比较复杂的情况下（例如分支逻辑），则可能需要更严谨地进行处理。有一种方法是将系统状态作为中央泳道，把输出放在“中央线以上”，输入放在“中央线以下”。

这种形式非常适合展示跨多种输入和输出模态的分支逻辑，但很难展示单个的屏幕状态。它最适用于以视觉辅助的语音交互或以手势作为主要输入方式的响应式系统。

图 12.4 展示家用流媒体设备上（如亚马逊的 Fire TV 或 Roku）通过多模态进行电影搜索的场景：

- 中央泳道列出条件逻辑
- 有两个输入泳道：语音和远程控制
- 有两个输出泳道：音频和视觉
- 存在功能之前的过渡

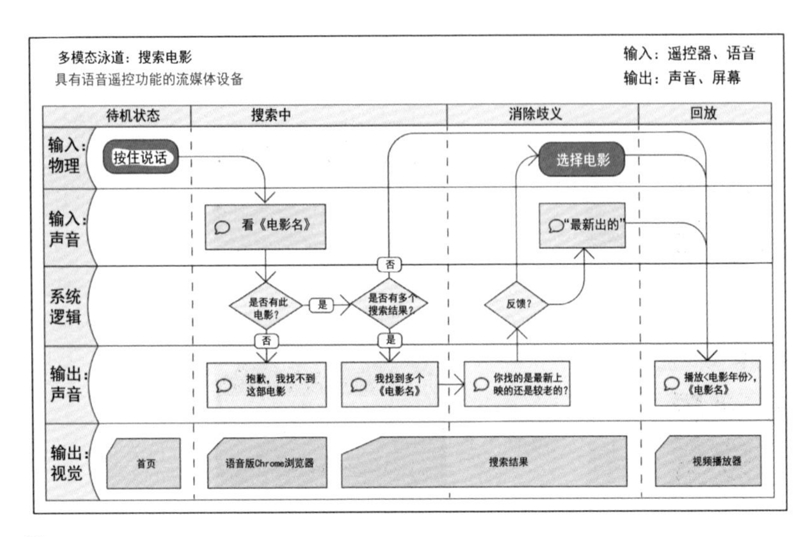

图 12.4
多模态电影搜索的系统泳道图

这种方法特别适合用来与开发团队沟通，因为它本质上就是从系统的角度出发。这是一种处理复杂逻辑以及模态同步性不一致问题的关键方法。这里展示的“搜索”步骤中，当用户查看搜索结果页的同时，还会伴随着多个语音提示，并且用户还有可能用遥控器与搜索结果进行交互。

应对复杂的问题

五条泳道间的复杂逻辑会带来视觉上的复杂性，并在到达一定程度后失去其作用。运用良好的判断力好好权衡一下吧！

- 将系统泳道图的关注范围聚焦到体验中风险最大或变量最多的部分。
- 使用相对简单的流程图和故事板来展示用户旅程中不太复杂的部分。
- 对于用什么方式以及何时表示过渡，要有创意。
- 对泳道进行重新排列，以使其更加精简。

12.2 语音设计：将非实体的东西形象化

为了保证语音设计工作的成功，设计师需要在这个过程中扮演编剧和作家的角色。虽然故事板和流程图仍是主要的输出物，但表 12.1 还列举了其他可能要产出的内容。

表 12.1 更多的语音设计输出物

输出物	说明
意图和示例语句	一系列系统能够实现的用户目标，并通过具有代表性的例子来展示您认为用户会如何表达这些意图
典型对话	系统中较常见交互的脚本以及值得注意的错误状况
词槽类型与实体	对话中所有的变量：例如，航空公司的应用程序中可能包括“航班号”和“出发日期”等实体
提示语列表	一套完整的文本字符串，可以转译成语音，并通过产品或应用程序播放给用户

在进行设计前，需要考虑会影响到产品成功的以下关键情境化因素。

1. 通过什么方式来实现用户意图，是固定式但能快速响应的特定命令语句，还是包容性更强但响应相对缓慢的自然语言系统？

2. 设备将采用近场麦克风还是远场麦克风进行监听？

3. 如何确保每个关键意图都可以通过具有声学独特性的话语来提高准确性？

4. 是否同时考虑到一语即达和多轮对话的沟通风格？

5. 用户是否会因为自身的口音、年龄和性别而感到挫败，或者导致失败？该如何帮助用户从这些错误中修正过来？

在上述所有的输出物中，典型对话是设计过程中迭代次数最多的，它相当于视觉主导的设计流程中的线框图。当进行典型对话的工作时，您会在过程中发现新的场景和意图，找到规律和能复用的部分并在过程中对选词的风格进行迭代。

12.2.1 处理典型对话

只有主路径的典型对话是不够的。在一切都按预期发生的理想情况下，语音设计是相当容易的。但是，语音设计工作的复杂性和挑战隐藏于它的灰色地带中，比如系统无法在用户第一次下达指令的时候完全听准清楚。

- 从每个意图的主要场景出发，编写用户和系统之间理想情况下的脚本。
- 为意图中词槽类型每种可能的组合方式编写额外的典型对话。
- 对于某个意图中的各种词槽类型：
  - 包含词槽被错误识别成“假阳性”结果的情况
  - 包含词槽值完全缺失的情况
  - 包含所有主要的错误案例或模态之间的切换
  - 包含已保存的值被删除或修改的情况

一旦觉得已经覆盖了足够多的内容，就该回到起点，开始寻找规律。在哪里可以重复使用提示语？哪里可以重复使用整个对话序列？一旦开始这样做，将开始生成一个完整的提示语列表。

说明 冰山一角

本章中对语音设计和手势设计的介绍，旨在帮助您初步了解多模态设计的输出物，而非完整地描述特定模态的设计过程。在继续前行的路上，还需要学习很多与这些技术相关的设计知识。

12.3 手势设计

手势作为一种交互媒介，它是由空间和时间综合决定的。因此，手势设计在本质上很难通过传统的静态输出物来表达。

手势设计是个广泛的领域，比语音设计还要新颖，因此有许多主题值得探讨。首先，您需要先知道如何开始着手手势设计，这很重要。随着产品需求的演进，接下来您可以进一步对高阶的手势设计技术进行研究。

首先需要熟悉平台所支持的核心手势。由于手势可能因人而异，所以在大多数系统中，新交互手势的植入实际上需要大量的机器学习工作。平台上已证明可行的构成要素可以作为出发点，以便得到较好的结果。

然后，一旦确定什么是可行且合理的，就可以着手建一个手势构成要素的最终清单。确定哪些手势正在使用，哪些手势直接代表某个意图，哪些手势是复杂手势的组成部分。为新的手势命名并记录下来，最好是用视频、动画或其他具有时间性的表达媒介。

- 手势模式库的示例

手势是一种具有高度相对性的输入媒介，需要根据用户的具体需求、身处的环境和可用的传感器来定义自己的手势库。以下两种手势类别的典型设计案例可以给大家带来一些启发：触摸手势和隔空手势。

- 触摸手势参考指引

克雷格·维拉莫尔、丹·威利斯和卢克·罗布洛夫斯基在2010年发布了《触摸屏手势参考指南》，对从事触摸屏交互工作的人来说，这是一本能够带来帮助的入门指南。[①] 书中讨论了12种基础触摸手势的表现形式和用法：轻拍、双击、拖动、轻弹、捏提、展开、按压、按压并点击、按压并拖动以及旋转。图12.5展示了这些手势交流的视觉表现。

---

① 访问日期为2010年8月20日，网址为https://lukew.com/touch。

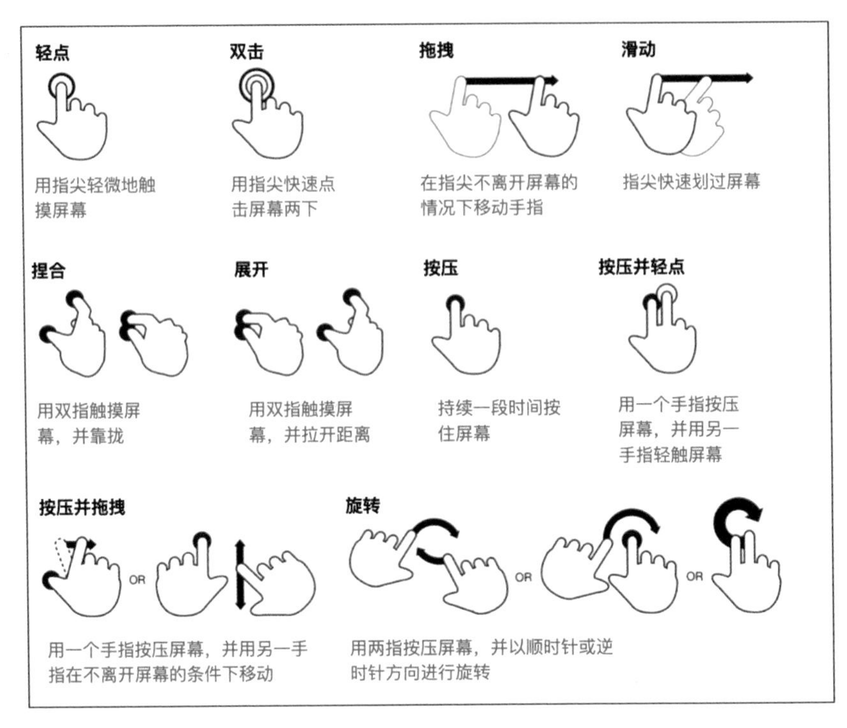

图 12.5
《触摸屏手势参考指南》节选，展示基本的触摸手势及其图标的表示方法

- 隔空手势（包括手部和骨骼的形态）

虽然 Xbox Kinect 没有作为消费类产品幸存下来，但在操作系统层面上所做的手势控制设计仍是重要且有用的，它既可作为定义手势的灵感来源，也可作为手部和骨骼手势的设计文档范例，如表 12.2 所示。

说明 近与远

在设计隔空手势系统时，只定义一套手势的参数可能还不够。正如《Kinect for Windows 人机界面指南》所述：“用户界面要能够适应用户和传感器之间的距离变化。”对于任何依赖精确手势（如手部姿势）的隔空手势界面，随着人们与传感器之间距离的增加，其识别精度可能会大大降低。

表 12.2 微软 XBOX KINECT 的手势命令示例[2]

手势	说明
放大和缩小	◎ 合起手来代表抓取和缩放 ◎ 将一只手往前伸出，并合上手掌来“抓”住屏幕 ◎ 将手向着屏幕的方向移动，代表将内容推开，以进行缩小操作 ◎ 将手向着远离屏幕的方向移动，朝向身体，以进行放大操作
按下并释放进行选择	◎ 将张开的手对着要选择的物件，接着向前按，直到光标完全填满白色 ◎ 将手稍微向后回收，即可释放物件并完成选择
抓住并移动	◎ 将一只手往前伸出，合上手掌“抓”住屏幕 ◎ 当 Kinect 光标从张开的手掌变成闭合的拳头时，可以水平地来回移动手，从而滚动主页面
返回主页	◎ 两只手对称地张开，会看到屏幕上出现提示 ◎ 当提示出现在屏幕上时，把手握紧，然后水平方向上将双手靠拢，屏幕上的窗口会缩小并返回主页

12.4 多模态设计系统

一旦理解用户的体验必然随着时间的推移而改变，那么就要着手设计具体的交互方式来支持这种改变。但是，向执行团队输出设计物之前，首先确保在不同的模态中使用相同的语言。如果缺乏跨模态的视野，就可能导致功能或模态互相分离，让人觉得体验缺乏相关性和一致性。

在一组复杂的设计中保持沟通的一致性，这种需求并不是多模态体验特有的。如果您以前做过设计系统，可能很熟悉“原子设计”这个概念。概念的提出者布拉德•弗罗斯特（Brad Frost）如此描述原子设计：“它作为一种心智模型，用来帮助我们把用户界面看作是一个连贯的整体，同时也是一些元素的集合。”表 12.3 总结并解释了原子设计模型中引入的核心概念。

② 访问日期为 2013 年 11 月 26 日，网址为 https://news.xbox.com/en-us/2013/11/26/xbox-one-kinect-gesture-and-voice-guide/。

表 12.3 原子设计的心智模型 *

层级	说明
原子	构成体验的最基本的单元。它们无法在不失去其功能性的情况下进一步拆解
分子	相对简单的 UI 元素作为一个单元一起工作
有机体	有机体是比较复杂的 UI 组件，由分子、原子组或其他有机体组合而成
模板	模板为较抽象的分子和有机体提供应用场景和框架。模板展示了不同组件如何在应用场景下共同运作，用来展示不同的部分如何整合成完整的功能体
页面	页面是模板在具体场景下应用的示例，它展示了具有真实代表性内容的用户界面是什么样子。页面对测试设计系统的有效性至关重要

* 由设计师和开发人员布拉德 • 弗罗斯特提供

这个模型最初是为帮助建立大型网站的设计系统而构思的。“原子”通常是单独的控件，如按钮或输入框（图 12.6）。在数字设计系统中，原子设计是可以用来确保沟通一致性的好方法。

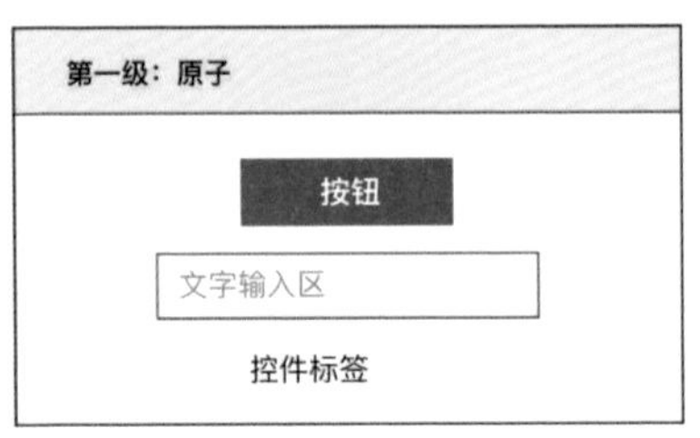

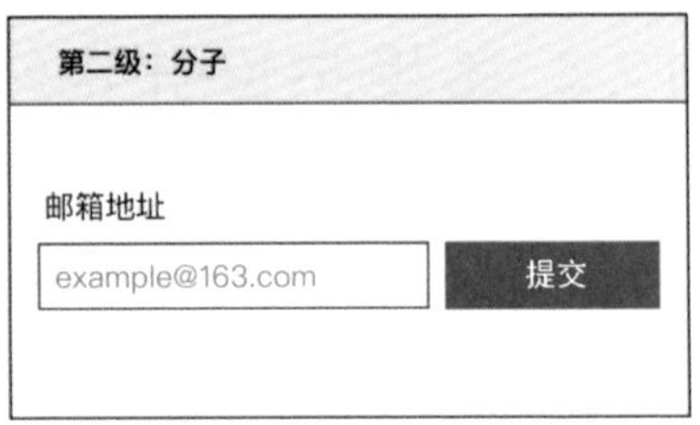

图 12.6
原子设计是由功能单元组合而成的设计系统，提供了组织的层级

多模态系统呢？不能用控件来定义用户意图，因为大多数多模态体验是不可见的。可以按需对心智模型进行调整和扩展。如果“原子”指的不只是控件，而是所有支持的输入模态的最小有用交互单位，那会如何？

如果您详细了解原子设计的层级结构，可能已经注意到有几个术语是视觉界面中特有的，例如页面和模板。

好消息是，我和布拉德都有把握，觉得这个模型可以应用于多模态界面。布拉德在访谈中解释说（见本章末尾），原子设计框架的复杂度之所以要做到模板和页面的层级，主要是为了方便与干系人进行沟通。

总之，如果要在多模态系统中运用原子设计（表 12.4），只需要在心智模型上做一些转变。

1. 多模态设计中的原子，相当于系统在每种输入模态下所能提供的最小而有意义的交互预设用途，而非通过物理预设用途来定义原子元素。

2. 对“页面”的概念进行延伸，以包括通过模板或交互有机体的所有特定用户路径。

如果不习惯使用“模板”和“页面”这种网站设计的词汇，可选择表 12.4 列出的术语。这些术语大部分在多模态设计规范中使用，可以帮助您把以前听到的内容与这个原子模型关联起来。

说明 **缩放模板和区域**

自然用户界面（指非实体的用户界面）虽然强大，但通常也是相对的。当一个模板（或区域）在单一模态下的交互变得十分复杂时，错误率就会升高。随着系统规模的扩大，将不可避免地需要对某些任务或聚焦点进行拆分，转而“发布”一些交互功能，从而在不同的环境中复用。

表 12.4 适用于多模态设计系统的原子设计

层级	说明	示例
原子	构成体验的最基本单元。根据定义，每个原子都来自于单一的模态	按钮 手部姿势 单词与句子 短暂的动作
分子	将一组原子（或者有先后顺序的原子，用于带有时间维度的输入）结合起来，作为一个单元	伸出手掌（姿势），向前移动（动作）来进行“推动”
有机体（意图）	原子和有机体能够覆盖单一的用户目标或需求下的所有输入模态	静音、扫描电台等
模板（区域）	将多个有机体组合成一个产品的功能区。多种模板可以共存。做性能评估时，应该将多个相关的模板组合起来进行评估	电台播放控制器
页面（实例）	用户与模板中的有机体进行交互的具体表现形式	用户在客厅通过手势浏览电台，然后用语音方式使系统静音

12.4.1 示例：一个简单的多模态电台

我们来看看这个案例：假设我们有一个多模态的卫星电台系统。这套系统提供 50 个卫星电台给用户选择。该系统包括一组实体控制器以及远场语音识别。

我们可以从梳理用户的意图开始，这些意图将成为原子设计系统中的模板。在这个例子中，产品团队定义了三个简单的关键意图 / 模板：

1. 音乐静音

2. 音量控制

3. 浏览电台

12.4.2 识别常见的行为模式

可以将已知的人类行为和人机交互模式作为出发点，而不是自己忙着列举系统的每一种交互方式。用户一般希望进行哪些交互？这些交互在产品支持的模态下是如何体现的？

这些行为模式不一定与特定的模态相关联。相反，这些交互可以是在多种语境下通过任何模态发生。您对这些行为模式的处理方式也造就了产品独特的体验。

梳理适用于各种模态的常见行为模式（而非只关注单一的一种模态），这可以使您更接近最终态，即用户在场景下能拥有多种选择来流畅地完成常见的交互。

有一个好消息，您不用从零开始进行梳理。表 12.5 是我在所有模态的界面设计工作中收集到的最常见的、具有代表性的交互模式列表（但肯定不是最详尽的）。您的产品系统需要的内容可能比这里列出的更多，但肯定需要用到其中的几种交互模式。这个列表的内容可以成为一个很好的出发点。

对于每一种交互行为模式，其展示形式都会因为不同的输入模式而有所不同。

- 这里列出的每一种行为模式，在单一模态下的展示形式就是一个原子。
- 在需要多个原子来表现一种模式的情况下（比如某个产品的登录功能），可以将一连串的交互行为组成一个分子。

说明 入乡随俗

如果是基于一个现有的平台进行工作，那么部分的交互可能已经被定义。与其重头来过，不如找出当前可以利用的模式，以便将设计资源集中用于新的场景。

表 12.5 多种模态下的常见交互模式

交互模式	说明	示例
直接	在预设用途与作用效果之间存在 1 对 1 关系的交互行为	大部分的按钮（例如发送、取消）
开关	在两个预先定义的状态之间切换	灯的开关；声控开关
离散变量的选择	在一组有限数量的目标或状态中选择其中一个	汽车的音频输入（FM、AM、蓝牙等）
连续变量的调节	在一组连续的数值中进行精确的调节	音量调节；恒温器
表达	用户在一段时间内的交互行为，这段完整的交互行为代表了用户想要表达的意图	手写笔输入；对话
浏览 / 审查	仔细阅读多个选项以及各选项中感兴趣的细节，有可能是出于娱乐的目的，或者是为了帮助选择	流媒体应用；相册
认证	用户进行身份验证，以执行有安全要求的操作	声纹认证；指纹认证；字串密码或 PIN 密码
数据输入	用户详细列出一个或多个数值，以便后续重用	输入姓名、地址或电话号码
推断	对用户期望或需求进行推断，并触发交互，而非用户在当下采取的具体操作	感应器；智能温控器
取消 / 停止	用户希望系统立即停止或放弃当前的活动	“电脑，停止操作”取消按钮

12.4.3 定义原子

想象一下，产品团队已经完成用户访谈，并确定用户对在客厅轻松调频寻找电台的场景表现出兴趣。用户对语音控制非常期待，但在音量忽大忽小的情况下，语音控制无法总是正常工作。

产品团队决定规划一个带有多个视觉界面控件的电话界面，附加手势控制、远场语音和音频输入。表12.6展示的是某次设计冲刺的产出，团队在这个过程中将应用场景做成故事板，并依据每种输入模态将交互拆解成原子。

表 12.6 一个带有手势、远场语音和视觉界面的系统，可能包含的原子列表

模态	可达性	原子名称
手势	手掌平伸的姿势	手势 / 手部 / 手掌
手势	手向着设备的方向前推	手势 / 前推
手势	两只手从右到左移动	手势 / 滑动 / 向左
手势	两只手从左到右移动	手势 / 滑动 / 向右
手势	将手抬起	手势 / 手臂 / 向上
手势	将手放下	手势 / 手臂 / 向下
语音	“开”“打开”	语音 / 更改状态 / 开启
语音	“关”“关掉”等	语音 / 更改状态 / 关闭
语音	“音量调高”“增加音量”	语音 / 指令 / 音量调高
语音	“音量调低”“降低音量”	语音 / 指令 / 音量调低
语音	“浏览”“搜索”“搜索电台”	语音 / 指令 / 搜索
语音	“下一个”“下一首”“切换下一首”	语音 / 指令 / 下一个
语音	“停”“停止”“够了”	语音 / 指令 / 停止
语音	“静音”	语音 / 指令 / 静音
声音	拍手	声音 / 拍手
触觉	屏幕中带有两种状态的按钮	视觉界面 / 按钮 / 开关
触觉	带有图标的滑块	视觉界面 / 滑块 / 图标
触觉	操作按钮	视觉界面 / 按钮 / 操作

没错，这个列表还可以更长。如果您不在前期定义这个基础的原子列表，而是等到开发阶段才进行，这可能会导致在不同功能中，“原子”

被重复地进行定义。集中利用一段时间对原子进行定义，可以与开发团队合作，以便更快落地，并使其更容易在同一个地方进行修改。

说明 充满无限可能性的方案

电台控制的交互似乎是一个成熟的设计，但即使是在这个例子中，也存在许多变数，例如语音控制音量。您想要支持什么类型的交互？音量是一个连续性变量，所以可以用简单的“音量增大”和“音量减小”来操作。但是否也有必要支持用户指定一个数值，如“音量调至 50%?”

在原子的阶段，即使没有具体的用户应用场景，也可能有重要的问题需要解决。例如，手臂上下移动的交互手势具有相对性，会根据用户的体型而有所不同。如果一个人的身高低于平均值怎么办？如果身型受限的他们想继续交互，会怎么做？

在对原子进行定义后，可能会发现其中一些原子颗粒度太细，以至于难以应用，这对手势输入这种具有相对性的输入方式来说更容易发生。在这种情况下，要定义分子，将原子组合成更有用的功能单元。表 12.7 列出了用来浏览电台的一组分子。

表 12.7 通过语音、手势和触觉输入模态进行电台浏览的分子

模态	分子	原子
手势	手势 / 开关	手势 / 手部 / 手掌 + 手势 / 前推
语音	语音 / 开关 / 开	语音 / 名词 /? + 语音 / 开关 / 开
语音	语音 / 开关 / 关	语音 / 名词 /? + 语音 / 开关 / 关
声音	声音 / 开关	声音 / 拍手 + 声音 / 拍手
触觉	视觉界面 / 电台搜索	视觉界面 / 按钮 / 开关（向后搜索）+ 视觉界面 / 按钮 / 开关（向前搜索）+ 视觉界面 / 按钮 / 操作（停止）

您可能已经注意到，表 12.6 和表 12.7 中的内容非常笼统，但其实是有意之为。这些原子和分子中的大多数可以应用于多种领域或功能，比如流媒体播放或智能家居控制。我们的目标是定义一套具有普及性的、集中式定义的交互方式，可以在整个产品中一致地应用及调整。

说明 **语音界面和原子设计**

想让语音界面符合原子设计的方法是比较难的。原子可以对应到自然语言模型中的意图，或者可以选择以更细的颗粒度来定义原子，比如名词和动词。参考不同团队是如何在其设计中体现语音交互的，这是一件很有趣的事。在上述示例中，有“指令”，也有可以叠加在指令上的“修饰词”。但这不一定是最佳的实践方式，而且并不是所有的对话式界面都如此偏向指令和控制的场景。

一旦搭建好一套具有代表性的原子和分子，接下来就该为用户的每个具体目标或意图创建有机体了，如表 12.8 所示。

表 12.8 用语音、手势和触觉输入进行电台浏览的多模态有机体

有机体	话语或声音	视觉界面（触觉）	手势
将音乐静音	语音 / 开关 / 开 声音 / 开关	按钮 / 开关	手势 / 开关
调整音量	语音 / 指令 / 调高音量 语音 / 指令 / 调低音量	滑块 / 图标	手势 / 手臂 / 向上 手势 / 手臂 / 向下
搜索电台	语音 / 指令 / 浏览	按钮 / 操作 （1）向后搜索 （2）向前搜索	手势 / 滑动 / 向左 手势 / 滑动 / 向右
停止搜索	语音 / 指令 / 停止 * 只在电台搜索时	按钮 / 操作	无

一旦开始定义多模态有机体，会发现一些开放式的问题，它们会在交互不一致或信息不充分的时候产生，比如在我们刚才描述的示例中，就有下面这些问题。

- 只有一个代表“静音”的手势，而没有取消静音的手势。但语音模态则支持静音与取消静音，这是否会引起用户的困惑？

- 如果音量的滑块标注了刻度，例如 0 到 11。用户也可能通过说出“音量调到 7”来控制音量。

- 在上述示例中，通过触控和语音方式来浏览电台的工作方式不一样。语音意图只能按一个方向进行搜索，而物理控制则涉及向前搜索和向后搜索两个不同的按钮。用户对这种差异会有什么反应？

说明 规模化的原子设计

对于较大型的系统来说，在单个表单中定义所有的交互动作是不符合常理的。甚至可能需要设计一个可以在不同模板之间切换语境的系统，尤其是在使用手势这样的粗颗粒度输入方式时。如果应用得当，多模态系统可以在适当的时候支持不同模态之间的流畅转换。但前提是每种模态中的交互都建立在同一个系统中，并允许用户在用语音原子或手势分子时，都能随时“取消”某个任务。

12.5 落地实践，行动起来

多模态设计是一个浩大的工程，但它与设计师以及产品团队工作实践的基本原理是相通的。多模态设计需要在更多维度上进行定义和描述，才能够很好地融合不同的交互功能，以满足共同的愿景。

1. 对语境进行探索和定义。一开始就要对用户的语境建立足够的理解，以便通过故事板将预期的体验变为现实。故事板可以提供关键的语境信息，这不仅仅是给干系人看，还是给每一天需要做执行决定的所有团队成员看的。

2. 探索带有时间维度的交互设计。深度关注用户的交互方式和状态随着时间发生的变化。使用详细程度不同的流程图，可视化用户在系统各个模态触点上的交互。

3. 识别交互模式。从故事板中提炼出所需的特定交互模式。用户是通过切换开关还是直接选择的方式来改变系统的状态？他们是否需要验证自己的身份？他们是否因为还不知道自己想要什么而选择在一组对象中浏览？

4. 建立多模态设计系统。将每一种交互模式对应到输入模态中，以此来创建原子。产品体验将以这些原子作为出发点。在单个场景下，将这些不同模态下的“原子”整合起来，以创建具有功能性的“有机体”和“模板”，并在产品中进行重用。

5. 为特定的场景进行设计的打造与输出。一旦梳理出每种模态可能的交互模式，便可以开始针对特定的场景进行设计探索和设计输出。记得考虑在设计过程早期阶段识别出不同模式的切换，尤其是用户能够在场景中切换模态时。

人物访谈：布拉德・弗罗斯特

讨论多模态场景下的原子

布拉德・弗罗斯特是一位网页设计师，他因为《原子设计》一书而闻名。在他的著作中，塑造了一个和设计系统相关的特殊心智模型，从方法论上设法将设计师与开发人员联合起来，着眼于功能性、可扩展性和模块化系统。我和布拉德聊得很愉快，我们针对我提出的“将心智模型应用于多模态系统”的建议进行了讨论。

问：**我有一个推论，我们可以将分子和有机体的概念应用到多模态设计中，但对于分子和有机体之间的模态如何体现，我感到很纠结。您认为它们有何不同以及应该如何应用它们？**

分子和有机体的区别在于复杂程度。拿水做比喻，水的化学符号是 H_2O，可以炸开一个水分子，就只剩下两个氢和一个氧，这是个比较简单的例子。但也有组成很复杂的分子，如果炸开这些分子，您会看到更原始或简单的东西，这就是我所说的有机体。我经常用这样的方式来区分：如果我把这个东西炸了，看到的是更小的组件还是我已经能看到构成它的基本单位？

让我把刚才的话翻译成你们多模态世界中的语言：从“播放音乐”聊起，扩展到执行播放操作的所有不同模态。听起来您在尝试通过结构化、层级化的方式来思考多模态界面。我认为这是很有意义的。这个特定的话题也让我觉得非常有趣，而且让人深思。对于“播放音乐”或“暂停”这样看似简单的操作，您可能有一百种不同的方式来拆解。这真的很酷。

但是，原子设计本身并不能为“我要如何描述完成一项任务的流程”带来答案。不过没有关系，这类问题我们可以并行处理。

问：**您在原子设计系统中用了“页面”和“模板”等名词，似乎主要是因为您有网页开发和设计的相关背景。您能想到还有什么方式能将这些概念应用到传统的视觉用户界面系统以外的地方吗？**

其实，很多人跟我说：“为什么不直接统一用化学元素做比喻？为什么突然放弃比喻而改用模板和页面的说法？为什么不使用一致的分类法？”我在书中也提到过我的看法：“我尝试过，但客户认为我疯了！”他们说：“我们是请您来做网站，对吧？而这个网站需要有网页，对不对？”所以这就是为什么这个比喻没有贯穿始终的原因。

我不想做这么具体的比喻，但在某种程度上，原子设计的模板就像敏捷实践中的用户故事：“作为一个用户，我希望能够……”它们描述任务的方式是一样的。比如在设计“播放”这个触发词，在我的看法，模板是“播放某个内容”，这最终会应用到类似于“播放和节日相关的音乐”这样的场景下。

用多模态场景举例，人们可以通过多种方式来播放节日音乐。比如以用户使用手机的场景为例，他正在搭地铁，拿出手机，用面部识别方式解锁，选取歌单。另一个场景，用户手上正提着一大袋东西，所以他用语音方式在手机上选歌。这些场景相当于是页面级别的，也就是模板的具体应用实例。

如果将我使用原子设计的工作方式应用于此，那么页面就是您表达所有这些不同事物的层级。底层系统将与此关联并受其影响。并且，系统也与所有页面互相关联。如此一来，这些东西的设计与开发工作都将是同步展开的。

问：**多模态使得原子设计系统面临更复杂的挑战，但您做过许多复杂的设计系统。在处理那些非常棘手而复杂问题时，有哪些让您觉得很棒的最佳实践？**

最重要的是，真正将设计系统与产品挂钩并使之成为现实。确保设计系统真正为产品提供推动力，而不仅仅是一个设计练习。

另外，我们经常说试点项目。每次与某家公司做项目，我们都会说：“今年有哪些项目准备做但还没有开始，我们怎样才能开始这些有足够资金的重要项目？”其中至少有一些干系人会指出某个项目并说：“这很重要，需要做出来。”我们如何将设计系统与这类工作结合起来？

另一个重要的事情是，找到一个出发点。但不要认为自己必须暂停一切其他的事情，也不要认为自己需要把所有准备工作都做得恰到好处。

某些大公司拥有大量的人员和资源，他们认为：“因为我们无法完成这件事，所以其他的事情我们也做不到。”或者他们做某件事的时候，试图一下子火力全开开始做所有事情。可以从一些非常小的东西开始进行。也许只是关于“播放”的流程 。我们可以做了之后再想其他的事情。但让我们至少从某处开始。

布拉德·弗罗斯特是一名网页设计师、顾问、演讲者和作家，他住在美丽的宾州匹兹堡。他是《原子设计》一书的作者，书中介绍了一种创建和维护有效设计系统的方法。除了共同主持“风格指南”播客，他还针对网页设计师协助创建了一些工具和资源，包括 Pattern Lab，Styleguides.io，Style Guide Guide，This Is Responsive 以及 Death to Bullshit 等。

第 13 章

超越设备：人类+AI

主流消费市场所认为的“未来感”早就在企业或军事环境中得到了验证。虽然“人工智能”被认为是未来的事情（比如电影中的天网或HAL）但许多未来的想象实际上早就已经存在了。

正如许多从业者告诉您的那样，人工智能（AI），必然会引起恐惧、热情和对语义的辩论。您可能看到了AI的技术复杂性，但不要因此放弃对人工智能进行更深入的了解。设计师在塑造人工智能的使用和部署方面发挥着关键的作用，但如果对基础的技术和潜在的隐患缺乏深入的理解，就无法负责任地进行这样的工作。

通俗地说，人工智能指的是能够根据过往观察或创造者提供的信息对新信息或事件进行判断的系统。但需要注意的是，这些由人工智能驱动的体验受限于其创造者所提供的经验和数据。因此，基于AI的体验可能会放大或结合人类自身的偏见以及他们观察到的系统中隐含的偏见。

说明 我们都不完美

在某种程度上，AI设备和儿童没有太大的区别，都是基于并不完善的心智模型对周围的世界进行决策。当然，成年人也有不完善的心智模型，他们和现在的人工智能系统相比，只是在一个不同的领域里进行观察与体验。

设备在学习和反应能力上的进步意味着我们的系统能够以“更像人类”的方式采取行动，比如理解与产生自然语言对话。因此，这些注入AI的系统在行为上会蒙骗我们的大脑，让我们把这些系统当作更接近于人类的东西。能力越强，也伴随着责任越大。

本章旨在帮助大家开始（或继续）AI扫盲之旅，将要介绍下面几点：

- 人工智能是如何创造、训练和使用的
- 算法歧视的基本原理
- 类人的技术对人脑思维可能产生的影响

13.1 定义 AI

针对人工智能，最早的定义由约翰·麦卡锡教授 1956 年提出，人工智能是“用于研制智能机器尤其是智能计算机程序的科学与工程”。但这句话中的“智能”是什么意思？今天的 AI 专家将这个概念划分成许多更加实用的分类，如表 13.1 所示。

表 13.1 人工智能的分类

分类	缩写	示例	描述
超级人工智能	ASI	HAL，天眼	几乎在所有情况下，系统的理解力、创造力和决策能力都超过人类
强人工智能（人类水平的人工智能）	AGI	机器人罗茜（动画片《杰森一家》）	在执行任务和专业领域上的自主性、技巧和决策都能够和人类处于同等的水平
弱人工智能	ANI	亚马逊的 Alexa 与 IBM 的深蓝自动驾驶	专门的一套系统，可以在具有特定的限制环境或任务中达到或超过人类能力

在未来十年，和您作伴的人工智能很有可能是 ANI 或者说是弱人工智能。无论是哪种分类，所有类型的人工智能都有能力做到以下几点：

- 对一个事件或新的一组数据进行审查
- 将这些数据信息与一系列历史的输入和行为进行对比
- 根据系统过去所看到的情况，提出解读这些数据信息的最佳建议

13.2 机器学习

在传统的计算机编程中，人类通过编程的方式来定义具体的指令。相比之下，人工智能是训练得来的。如果能够预见所有可能的用户场景，并且通过代码来处理这些场景，那么传统的编程就很好用了。但体验越是多变，传统的模式就越不实用。如果不知道自己会遇到什么情况，又该如何设计一个可以对外界刺激作出反应的系统呢？

机器学习（ML）算法是对数据进行训练的程序，用来对趋势、规则和模式进行识别与应用。训练后输出的是一个机器学习模型，可以通过对过去相似的输入进行观察，并对从未见过的输入作出反应。虽然各种复杂的训练方式并不在本次的概述范围内，但了解以下三种最常见的机器学习方法也是很有帮助的：监督学习、无监督学习和强化学习。

13.2.1 监督学习

从零开始进行监督机器学习时，通常需要向算法中输入上百、上千或是上百万组信息输入与期望中对应的结果，目的是训练它未来能够作出决策。另一种情况是，科学家会采用一个已经通过其他数据训练好的模型来减少所需的训练量，就如同将数学中学到的知识应用到一个新的领域中，比如化学。

13.2.2 无监督学习

无监督机器学习不需要指明期望的结果。相反，算法会在数据中对模式和关系进行寻找与学习，例如亚马逊的推荐功能。推荐给用户的产品不一定要设置，但系统已经观察到过去购买特定商品类别之间的关联性。

13.2.3 强化学习

强化学习的模式最贴近大多数人日常生活中的学习风格。通过一套基于试错的系统，以“碰运气”的方式对学习算法进行强化，对好的结果进行“奖励”，对坏的结果进行“惩罚”。这些系统需要一个外部的解读者（往往是另一套系统）来评判这个结果是值得奖赏还是惩罚，对该解读的处理方式会对最终系统的行为产生不同程度的影响。

为了更好地理解上述例子，可以从人类的视角对它们进行思考。

- 在受监督的课堂环境中进行学习时，学校会通过一些范例来展示好的课堂环境是怎样的。
- 在无监督的情况下进行学习，往往需要整理更多的材料，并且没有太多的指导原则告诉您什么是重要的或者如何才能取得成功。因此，您可能会获得一些自己意想不到的结论。
- 强化学习如同在工作中通过绩效考核系统获得反馈，或者在学校通过成绩单获得反馈。您的表现会受到系统所呈现的价值观的影响。

表 13.2 展示了一组更简单且更容易理解的例子。

表 13.2 现实世界中的 AI 应用场景

技术	场景	通俗语言
传统编程	基于语法的语音指令	“以下是所有用户可能说的话以及对每一种话的回应方式”
监督学习	自然语言理解	“我们不知道用户到底会对他们的智能音箱说些什么。但这里有很多他们在初期测试过程中说过的话以及他们说这些话时希望我们做的事情”
无监督学习	用户服务	“这里有大量的用户聊天记录。我们应该看看有没有什么共同的模式”
强化学习	穿衣风格推荐	“这里有一些各种各样不同的服饰。可以尝试将它们混合搭配，我们会告诉您这样搭配是否好看”

13.3 根据置信度进行回应

当使用 AI 模型来处理新的输入信息时，所有产生的建议通常都会搭配一个置信度测量值，系统有多确定这个建议是一个好建议？

在后端，这个“置信度”的概念往往会以 0 到 1 之间的数值进行展示，1 分代表系统之前有确切地见过这种输入。还有一种常见的情况是，AI 返回一个可能的结果列表，每一项都有它对应的置信度值。

例如，一个用户在声音嘈杂的车上说“打电话给强尼”，系统可能会返回以下结果。

- “打电话给强尼”置信度：0.9
- “打电话给罗尼”置信度：0.82
- “播放谁是强尼”置信度：0.26

这是设计师可以介入的一个关键节点，应该由他们来帮助决定并定义系统应该如何处理这些结果。在什么情况下可能会忽略上述建议？如果上述例子中的罗尼是常用联系人之一呢？

当研究语音识别系统的时候，我们还根据置信度以及置信度下结果数量，定义了高、中、低置信度的阈值，并指定了对应的系统行为。表 13.3 描述了一组类似的阈值和对应的回应方式。

表 13.3 根据算法置信度进行回应的示例

阈值	结果数量	置信度值	回应
高置信度	1	0.9 及以上	不需要经过确认，立即执行所要求的行动，除非该行动具有破坏性
高置信度	2 个或更多	0.9 及以上	让用户在匹配的结果中进行选择
中等置信度	任意	0.4 和 0.9 之间	在执行前对解读进行确认
低置信度	任意	0.4 以下	废弃原先输入的信息，并让用户重复该请求

定义的回应内容可能会因为阈值和请求的行为本身而产生变化。在微软车载系统项目上，我们直接执行了中等置信度的收音机调频请求，因为它犯错的成本很低。但即使系统相当确定我说了“打电话给史蒂芬・史密斯”，我们仍然要求进行确认。

作为设计师，当在处理机器学习算法返回的特定结果和置信度值时，设计决策要包含以下类似的问题：

- 根据高置信度的结果自动采取行动是否安全？
- 当只获得低置信度的结果时，系统会怎么做？
- 如果获得多个高置信度的结果，您是否会进行歧义消解，还是就任意选择其中一个结果进行操作？

13.4 理解人工智能

为什么要用人工智能？诚然，人工智能不是一种能够解决世界上所有问题的万能方案。但有些问题类型非常适合通过人工智能来解决。表 13.4 描述了一些常见的使用 AI 来提升人类体验的方式。

表 13.4　通过 AI 增强人类行为的常见模式

行为模式	描述	示例
自动化	在交互过程中，可通过基于 AI 的解决方案来替代人类，可以在不需要监管的情况下进行运作	语音交互电话机器人；无接触式高速公路收费站
代理	基于 AI 的系统，根据人类操作员指定的偏好采取行动，往往支持必要的干预	特斯拉自动辅助驾驶；拼写自动更正；Roomba 扫地机器人；智能恒温器
增强	基于 AI 提出建议，以降低人们的精力和认知负荷，但必须由人类自身对建议采取行动	地图应用的出发提醒；邮件应用中建议的回复语；媒体应用中的音乐建议

代理技术通常要能够向用户传达它的状态，以允许用户对偏差进行纠正（图 13.1 和图 13.2）。增强型系统无法支持这类干预，会缺少透明性，因此可能会带来风险。

图 13.1
特斯拉的自动辅助驾驶功能作为代理替代了驾驶员进行驾驶，接管了人类大部分的决策权。但与此同时，它还能够向驾驶员传达设备的状态，以便进行修正

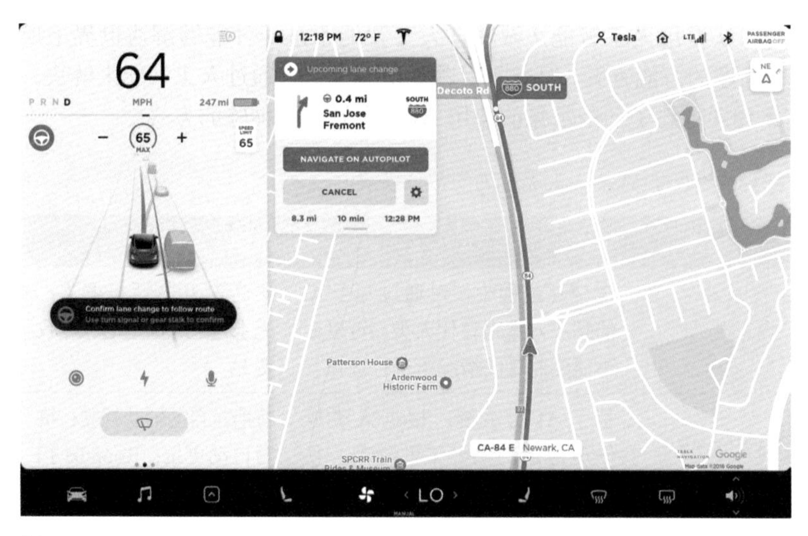

图 13.2
特斯拉自动辅助驾驶的用户界面将系统的状态传达给驾驶员

在增强人类行为时，基于 AI 的系统要帮助用户建立起一个心智模型，让用户在使用过程中了解到人工智能的能力。当 AI 提供的建议信息突然出现在用户的设备上，最轻微的情况是可能会打扰用户，最严重的情况则可能会惊吓到他们。确保用户能够理解为什么会产生这个建议（图 13.3）。

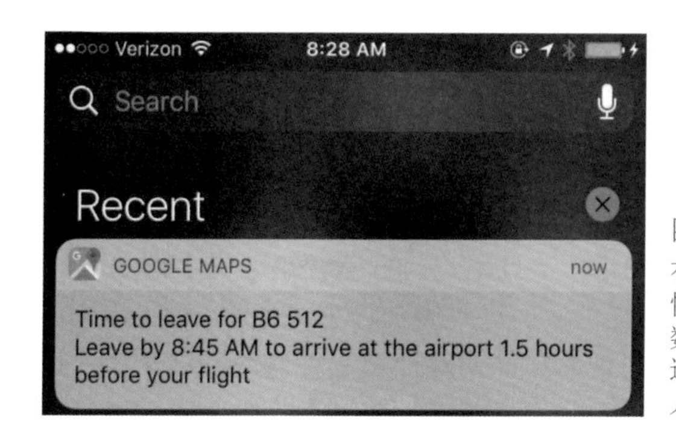

图 13.3
有的地图应用会根据交通情况以及人们日历或行为数据来提醒何时该出发。这种是一种通过 AI 增强人类行为的交互模式

13.4.1 “为什么我现在会看到这个”

当虚拟助手刚进入市场时，微软小娜（如许多手机中的助手一样）便开始可以根据设备在特定地点的停留时间来推断出一些重要的地点。起初，这些推断通过小娜提出的建议进行呈现，比如“前往老年中心的路况良好。”但如果没有告诉系统您要去老年中心或什么时候去，会怎样呢？

事实证明，如果将这种推断视为魔法，那么它们会带来很诡异的结果。微软小娜最终新增了一个名为“为什么我现在会看到这个”的链接，它对所有由洞察或推断得出来的建议提供了更多的上下文信息。

几年后，微软发布了其中包含 18 条原则的《人与人工智能交互指南》[1]，其中有几条与透明性问题直接相关。

- #1 明确系统可以做什么。
- #2 明确系统的能力限度。

① 网址为 https://doi.org/10.1145/3290605.3300233。

- #3 明确解释系统为什么会这样做。

透明性的重要程度远远不只是将用户面对后台监控的输出时所产生的那种隐约的毛骨悚然降到最低。在用户可能需要干预的任何条件下，人工智能系统的透明性都是至关重要的。

13.4.2 追求透明性

因为大多数机器学习的核心都是数学模型，所以即使是模型的创建者，也要明白为什么模型会提出各种特定的建议，这是一个不可忽视的问题。如果不理解的话，一旦用户问智能音箱“您为什么这么说？”设备将无法给用户提供他们想要的透明性。并且，为了避免这种不尽人意的行为重复出现，您需要对模型进行修改，这个过程会非常难。

业界一直都在推动了这个问题的解决，一些标准也正在出现。LIME（一种解释模型为何做出如此判断的方法，全称为 Local Interpretable Model-Agnostic Explanations），它可以让您对一个 AI 驱动的洞察进行反向工作，以发现“为什么”会产生这个洞察。

说明 模型背后

> 有一张被谷歌 Inception 神经网络模型识别为树蛙的照片，使用 LIME 技术后发现，算法在决策时重点关注的是青蛙的面目。同时，对 LIME 的应用表明为什么该算法还认为这张图可能是一张台球桌。显然，单独看的话，这只青蛙的眼睛和台球很相似。[②]

与此同时，透明性有时候也是有害的。《哈佛商业评论》在“人工智能透明性悖论”[③] 中指出，对 AI 决策进行透明的解释也会增加这些算法受到操控或攻击的风险。

② 访问日期为 2016 年 8 月 12 日，网址为 www.oreilly.com/learning/ introduction-to-local-interpretable-model-agnostic-explanations-lime。

③ 访问日期为 2019 年 12 月 13 日，网址为 https://hbr.org/2019/12/the-ai-transparency-paradox。

与多数最前沿的技术挑战一样，这并不存在简单的答案。如果选择将实施的算法透明化，则需要决定谁可以获得这些信息以及他们可以用来做什么，这可能根据行业差异而有所变化。

13.5 探究算法偏见

从人工智能的本质上讲，如果没有原始训练数据，它们是无法存在的。而这些数据（以及模型本身）也体现了这些数据来源于哪些人群、追踪这些数据的科学家以及收集这些数据的社会场景。

正如维基百科对算法偏见的定义：“描述计算机系统中系统性和重复性的错误，这些错误带来了不公平的后果，例如，任意一个用户群体相比其他用户群而言享有特权。”

人工智能中的偏见如何分类？对比多种不同的观点。最早和最广泛引用的分类体系来自巴塔亚·弗里德曼和海伦·尼森鲍姆在 1996 年发表的论文“计算机系统中的偏见”[④]。他们分析了跨多个行业的 17 个系统，描述了系统偏见的三种常见来源。

- 既有偏见（pre-existing bias）　当创建算法时，如果带入其他来源的偏见，就会产生既有偏见。当训练数据本身存在偏见时，最有可能发生这种情况，反映的是主流社会文化和社会制度。
- 技术性偏见（technical bias）　当一个算法倾向于某种特定的结果时，就会产生这种偏见。这是平台类型、技术手段或实施方式上带来的意外结果。按任意的字母顺序对列表进行排列，或者不完善的随机数生成器，这些例子都体现了技术性偏见。
- 新发的偏见（emergent bias）　当一个特定的模型用在现实世界中并遇到一些意料之外的外力时，就可能出现新发的偏见。例如，在医学诊断的机器学习模型中，一旦出现尚未纳入模型的新的疾病，就可能存在新发的偏见，该模型固然偏向于根据已知的疾病来进行诊断。

④ 网址为 https://doi.org/10.1145/230538.230561。

任何经过大量数据和机器学习训练的系统，在其生命周期内都可能产生某种形式的应用和复合的算法偏差。

13.5.1 算法偏见所带来的后果

鉴于多数 AI 赋能的体验规模和影响力，被动等待问题找上门是很危险的。最轻微的情况是，公司可能会失去在市场上已经建立的信任度或名誉。最严重的情况是，可能会违反多项道德伦理准则，并带来巨大的危害。以下是一些主要的案例。

- 求职申请（既有偏见）

亚马逊试图将员工的表现与过往的求职申请进行交叉对比，并将这些信息输入计算学习算法中。不幸的是，通过申请的员工反映的是行业中现有的偏见，所以 AI 对员工未来成功的预测也是如此。该工具在 2018 年停止使用，因为亚马逊发现这些预测增加了性别和社会地位的偏见。

- 肿瘤检测（既有偏见）

2017 年发表的学术论文“用深度神经网络实现皮肤科医生水平的皮肤癌分类”描述了一个 AI 模型，它是由科学家们以机器学习的方式，将一组皮肤图像数据与是否为恶性肿瘤的结果进行匹配，从而训练得来的。最初的报告声称其准确度相当于皮肤科医生。但后来发现，因为原有标准的存在，该模型更有可能将肿瘤判定为恶性，因为皮肤科医生更容易测量看起来很危险的肿瘤，所以导致该模型出现了偏见。[⑤]

- 信用卡（新发的偏见）

2019 年，苹果公司发布了钛金信用卡 Apple Card，并做了广泛的宣传。然而，没过多久，就有一对夫妻遭遇歧视的问题。据 CNN 商业频道报道，苹果公司联合创始人史蒂夫 • 沃兹尼亚克（Steve Wozniak）是发现这个问题的众多成员之一。他透露，他和妻子共享账户和资产，但他的

⑤ 访问日期为 2019 年 8 月 1 日，网址为 https://towardsdatascience.com/is-the-medias-reluctance-to-admit-ai-s-weaknesses-putting-us-at-risk-c355728e9028。

信用限额是妻子的10倍。[⑥] 这个案例就是一种新发的偏见，是将现有的信贷模式用于新环境时造成的不良后果。

- 自动驾驶汽车（技术性偏见）

优步（Uber）在亚利桑那州测试自动驾驶汽车期间，调整了对车辆进行控制的算法，以减少错误的紧急制动报警，从而提升乘客的舒适度。这一改变导致2018年3月有车辆重撞行人伊莱恩·赫茨伯格（Elaine Herzberg）。NTSB的初步报告指出，车辆的传感器确实监测到需要提前1.3秒钟进行刹车，但人工智能的配置阻止了制动发生。[⑦] 这一行为反映了技术性偏见，因为算法的调整脱离了上下文语境，也就是说，他们偏向于驾驶员的体验而不是行人的生命。

- 刑事司法（既存偏见和技术性偏见）

2016年，独立新闻编辑部ProPublica发布了一篇经过严谨研究的揭秘文章[⑧]，详细介绍AI驱动的量刑算法COMPAS存在的固有偏见和歧视。这个模型目的是为假释过程提供“风险评估”，评估某个人在获释后再次犯罪的可能性。但由于COMPAS是通过大量受到过度执法和过度诉讼的黑人罪犯的数据进行训练的，并且它还将寻求假释的黑人标记为更高可能性的“高风险”，导致这些人的监禁时间更长。COMPAS将人类的偏见变为有形，并造成了更大规模的危害。

⑥ 访问日期为2019年11月12日，网址为www.cnn.com/2019/11/12/business/apple-card-gender-bias/index.html。

⑦ 访问日期为2019年11月9日，网址为www.theverge.com/2019/11/6/20951385/uber-self-driving-crash-death-reason-ntsb-dcouments。

⑧ 访问日期为2016年5月23日，网址为www.propublica.org/article/machine-bias-risk-assessments-in-criminal-sentencing。

自动化的悲剧

机动特性增强系统（The Maneuvering Characteristics Augmentation System，MCAS）是波音 737 MAX 机型的一项特性：当飞机处于高速失速的状态（通过两个“迎角”的传感器进行检测），这套系统会接管人类飞行员的工作，重新控制飞机，使其回到安全的高度和方向。

不幸的是，波音 737 MAX 的工程师没有考虑到两个迎角传感器中有一个失灵的情况。如果没有第三个“进行最终决策”的备用传感器，传感器故障系统会误判飞机处于自由落体状态，正如机器学习专家所说的，这是“糟糕的特性工程”：

> MCAS 实现了自动化，在特定条件下可以进行辅助的飞行控制，在无需飞行员进行输入的情况下将飞机的机头向下推。对于 MCAS，波音公司在人类掌舵的飞机上增加了计算机控制的功能，但与此同时并没有增加计算机控制系统所需的完整性、可靠性和安全冗余。
>
> ——萨利·苏伦伯格（Sully Sullenberger），美国众议院听证会上的发言

由于迎角传感器失效，所以系统试图自动地对感知到的自由落体进行纠正，这最终注定了狮航 610 航班和埃塞俄比亚航空 302 航班失事。

虽然 MCAS 的故事在许多方面有警示性，但它特别清晰地阐明了一点：对于能够在不同程度上替代人类采取行动的 AI 系统，应该关注这三个关键问题。

1. 您能相信 AI 用来做决策的所有数据吗？

   系统是否还未搭建安全保障或安全冗余？如果是，那如果传感器或者系统失效，将如何对这种情况进行解读？

2. 如果系统的行为失当，可能会带来怎样的代价？

   在之前提到的例子中，通过语音打电话时，发生错误的代价便是可能会让人们感到尴尬。而当 MCAS 根据错误的数据进行接管时，这种错误的代价则可能是人命的损失。

3. 如何使用人工智能来降低人类操作员的认知负荷，但不会完全移除掉他们能够采取行动的能力？

深入了解

想要进一步了解行业中各种偏见的体现形式，可以参考案例“用户语音界面”，了解自然语言理解模型的偏见。

案例：语音用户界面

回顾第 6 章所提到的，自然语言的训练数据包含三个部分：话语的录音、话语的文字记录和预期的意图。这些被用作训练数据的录音便是语音控制系统中潜在偏见的来源之一。如果系统发布前没有经过特定方言或口音的训练，那么带有这种口音或方言的用户可能会有不好的体验。他们不大可能购买或者继续使用该系统，所以您无法从他们身上进行学习。如图 13.4 所示，这种偏见会呈螺旋式上升的趋势。

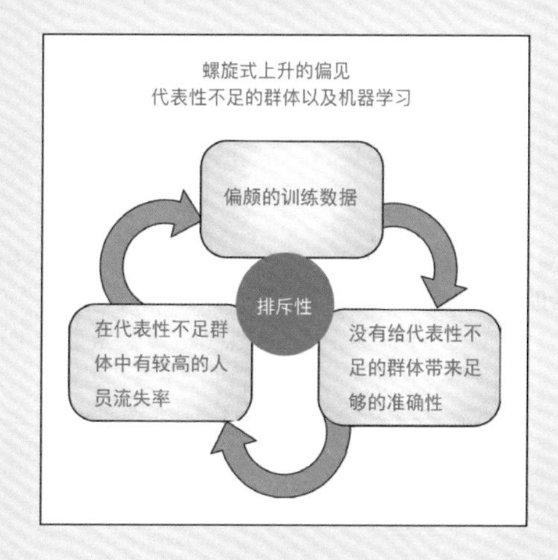

图 13.4
螺旋式上升的偏见：短期排斥所带来的进一步排斥

目前大多数语音用户界面都是在美国的高科技公司建立的，最初是用员工和他们家人的数据进行训练。但美国科技公司并不是一开始就有多样性的数据，尤其是在这些系统推出的时候。这些最初的数据集是几乎不可能覆盖到各种人口统计学特征的（性别、种族、母语或经济地位）。

谋智基金会的开源语音项目（图 13.5 和图 13.6）是向包容性的自然语言迈进的一道曙光。个人可以将自己的语音样本捐给开源的自然语言模型，并且还可以贡献自己的时间来转录其他人提交的片段。所得的自然语言模型会向全世界社会进行公开分享。

即便如此，呼吁大众贡献语音样本也只是旅途中的一步。即便是一个免费的手机应用，也可能无法覆盖到那些可能没有手机且也没有空闲时间进行下载和贡献的真正被边缘化的人。为了完全阻止语音识别的螺旋式偏见，您还需要走入社区，向那些没有资源自行收集语音的人进行收集（理想情况下，对他们付出的宝贵时间给予补偿）。

案例学习（续）

Common Voice 项目是谋智发起的倡议，旨在帮助教会机器真人的说话方式

语音是自然的、有人性的。这也是为什么我们希望为机器建立可用的语音技术。但要创造一个语音系统，开发者需要大量的语音数据。

大部分由行业巨头持有的数据，并未开放给公众使用。我们认为这会扼杀创新，因而推出了 Commom Voice 项目，让语音识别技术的大门对每个人开放而无障碍。

图 13.5

谋智的开源语音 App 和网站可以让任何人为群体驱动的自然语言理解引擎贡献自己的时间或语音

图 13.6

每个谋智的“开源语音创作共享”语言数据集随着群体提供的语音样本或通过转录提交的样本而增长

13.6 批判性思维

应对这些偏见的方式无疑是质疑一切。在模型训练的早期对问题进行修复，这会比模型已经实施或发布后再进行修复来得容易。当然，正如您在第 11 章中介绍乐观的悲观主义时所学到的，始终要对成功之后危险和最坏的情况进行研究。

在评估并可能开始减轻潜在的偏见时，可以从下面这些问题出发，但仍有更大的空间进行深入研究。

避免数据中的偏见：

- 训练数据从哪里来？
- 数据是如何收集的？
- 该数据中可能反映了哪些社会和结构性的偏见？
- 如何负责任地向代表人数不足的群体征求数据？

避免技术性偏见和新发的偏见：

- 您期望得到什么结果：如何在模型中传达这个信息？
- 如果模型发生了错误，会带来什么代价？人力成本？环境成本？财务成本？
- 在“真实世界中”，哪些传感器或信息来源可以为模型提供信息？它们是可靠的并且安全冗余的吗？
- 模型会随着时间的推移而更新吗？
- 模型的成功可能会对与之交互的系统产生哪些副作用？

通过包容性和代表性来避免各种形式的偏见：

- 帮助训练 AI 模型的建模者或评估者（“评分者”）资源池是否足够多元？
- 如何对评估算法性能的人进行激励？

- 是否让客观的外部咨询师或审查委员会一起审查数据和模型？
- 是否会评估模型为多样化和边缘化人群带来的影响？出现问题的话，会如何应对？

深入了解

以上这些问题来自谷歌的《人+AI设计指南》（*People + AI Guidebook*）。如果想要深入了解人工智能，可以看看这本不错的辅助性读物。

13.7 是否要将语音助理具像化

研究表明，人类的大脑倾向于认为所有的语言都来自于人类，即便人们可以看到产生该语言的设备。因此，备受关注的数字化助手（如Alexa）比同类的图形用户界面有更深的社会和情感影响。[9]

在狩猎采集时代，人类没有特别的身体优势，所以长期依靠社会关系来得以生存。所以，几千年来，人类的大脑已经变得非常专业化，能够快速从语言交流中提取出额外的洞察，比如说话者的性别、性格、富裕程度和情绪。

即便声音不是由人类发出的，但人的大脑也不会纠结于这些“小细节”，而是乐于直接针对这些社会信号得出结论。因此，语音用户界面这种模式有效地引发了我们的情绪反应，比如在和智能音箱打交道时容易感到高兴或沮丧。

13.7.1 对话中隐藏的上下文

当对话界面从书面转变为语音时，人类的思维坚持通过语音界面进行挖掘以获取社会数据，这意味着性别、个性和拟人化都成为重要的设计决策。人类无法抛弃几千年来养成的行为习惯。

⑨ 出自 Clifford Nass and Scott Brave 的 *Wired for Speech*：*How Voice Activates and Advances the Human-Computer Relationship* (The MIT Press， 2005)。

13.7.2 性别偏见

由于多数情况下现代社会都特别强调性别规范，而且社会的成功与“遵守界限”的能力有很大的关系，所以我们大多数人的大脑都学会了通过性别标记来快速判断对话伙伴（参见表 13.5）。

表 13.5 传统的语言性别标记[10]

性别	音高	语言标记的例子（美国文化）
男性	更低： 85 Hz ~180 Hz	倾向于陈述性话语 很少有反问句式 较多的动作动词和现在时动词
女性	更高： 165 Hz ~255 Hz	较多的辅助词（“嗯”和“对啊”） 较多的话轮转换 更具表现力的语言 较多的副词（“昨天，我……”）

音调较低的男性一般被认为更强大、更有吸引力、更有指挥权；而对女性的认知分为高音调（更有魅力）和低音调（更强势）。这些感知驱动的判断通常是瞬间发生的，而且往往是无意识的。如果不留意，甚至可能都察觉不到这些反应。

说明 改变规范

这些规范并不是一成不变的，实际上，这些标记很有可能在未来几十年里发生重大的变化。不过，并不是所有受众都会在语言学方面取得进步。我们既希望规范发生变化，也希望可以满足人们当前的需求。

《连线语音》是一本开创性的著作，作者在一项研究中调查了人们如何对语音界面进行评判。结果表明，参与者采用了和他们对待人类语音相同的标准对数字化语音界面进行评价，即便设备是可见的。当性别化的声音与人们社会性别刻板印象相一致的时候，参与者的反应会更加正面，例如，以一名男性的声音对电动工具进行描述。

⑩ 网址为 https://doi.org/10.1111/j.1468-2958.1985.tb00057.x。

因此，对于产品中语音的性别并不存在“中立”的选择。性别的选择会对体验产生潜移默化的影响：

- 注意性别的选择会不可避免地影响人们对语音界面的认知
- 警惕自己的选择不应加剧对所选性别的负面刻板印象
- 在可能的情况下，尝试中性的选择，并探索如何向中性或者兼具两性的语音助手方向发展

13.7.3 性格匹配度

人类大脑会根据音量、音调范围（有多强的表现力）和语速（说话的速度）等特征来判断人物性格。《连线语音》的另一项研究提到，当向参与者展示与他们性格更相匹配的语音 UI 时（尤其是在相对内向或外向方面），参与者的反应更加强烈且更加信任。

这一发现引出了一些有趣的问题，让人联想到电影《她》所描述的世界。在这部电影中，主角从一系列不同的选项中选择了一个虚拟助手。这样的选择在现实中是否可行仍有待观察。如果提供语音的选择，会对用户的体验产生怎样的影响？像 Alexa 或 Siri 这种个人的助手，在它们的性格特征已经固化的情况下，他们是否能够真正保持广泛的吸引力呢？

13.7.4 人工合成还是拟人化

您的机器人是否知道自己是个机器人？用户是否知道自己正在跟机器人交流？尽管用户会不由自主地对性别或个性产生感知，但您仍然需要从道德伦理上和情感上考量机器人的自我认知问题。

在某些方面，您做的事情已经受到了法律的约束。2019 年 6 月，加州成为第一个州，率先要求机器人程序须进行自我身份表明。这个立法是对谷歌 Duplex 作出的回应，这个电话语音机器人，可以主动

打电话给商铺以了解信息并进行预定。从表面上看，这个功能看似无害。但Duplex有意将自己机器人的本质掩盖起来，它甚至使用“嗯”这样的“话语停顿”使自己显得更像是人类。

如果机器人不表明自己的身份，则意味着用户完全不清楚机器人能够做什么，以及它对你们的对话做了什么。Duplex是一个语音机器人，这意味着对话需要进行录音，并在云端进行处理。康卡斯特（Comcast）公司的语音交互接待系统会在处理的时候播放敲击键盘的声音，这种有意的做法似乎在误导用户认为自己正在和人类对话。

如果你有意设计关于“类人”的系统，就需要反问自己下面这些关键的问题。

1. 为什么要模仿人类？想要达成什么效果？

2. 在交互过程中，用户是否需要知道他们的信息会被用来做什么？

3. 如果机器人伪装成人类，这会给用户体验带来怎样的好处或伤害？这与直接机器人导向的交互有什么区别？

4. 当用户询问机器人它的身份时，它将如何进行回应？

讽刺的是，坦白机器人的身份通常可以带来好处。用户通常会较为宽容地对待数字化系统，并且一旦触及其交互能力的边界，用户比较不会感到沮丧。在极少的情况下（如精神病学或医学），让机器人饰演人类进行交互是可行且可取的。

13.7.5 变无形于有形

是否要让语音助手具像化呢？Alexa和Siri几乎都是纯语音的，而微软小娜则以屏幕中抽象的形象进行呈现。但是，为什么PC桌面端的小娜形象是抽象的（图13.7），而在其名字灵感来源《光环》系列电子游戏中，小娜却是一个完全拟人化的角色？

您是真实的吗？
即便不是，我也是您的虚拟伙伴。

图 13.7
当微软小娜进入 Windows 手机和电脑时，" 她 " 的形象已经演进为更偏向人造的形式。当然，抽象的形态并不妨碍她成为我们的朋友

图 13.8
微软小娜最初是 Xbox 视频游戏中的一个拟人化形象

何时或者如何在物理空间中体现数字化助理或者角色性格？这类决策可能像是一场宗教辩论。到底要将体验安置在哪里？当 Alexa 设备刚推出的时候，小孩子们认为 Alexa“住”在黑色的圆柱体中。但如果人们有五台 Echo 设备和一个 Alexa 助理，她现在又住在哪里？她遍布各处、无所不在并且总能够出现吗？还是她像奇妙仙子小叮当[11]一样，从一个设备穿梭到另一个设备中呢？任何拥有语音、文字或者人物角色命名的设备都需要搞定“这个东西住在哪里？什么时候住在那里？”这样的哲学问题。

如何在多界面或者多设备的环境中处理这些多功能助手的表现形式，这个问题至今没有准确的答案。而在更传统的设备交互中，也对虚拟形象（Avatar 阿凡达或称“化身”）的使用进行了探究。医疗技术公司 Sensely 的前用户体验主管凯西 • 佩尔分享了自己打造虚拟护

⑪ 译注：一个极有修补天赋的精灵。

士形象过程中的一些经验：

> 根据我们在南加州大学等地所看到的研究，他们研究了人们对虚拟形象的反应并发现，相比静态的图像或者非视觉形象，虚拟形象可以带来更强的亲密感。我们处于医疗领域，为患有慢性病的人提供帮助。例如，虚拟形象会要求他们进行日常检查，包括检查血压和测量体重。这是一件很烦人的任务，没有人愿意做这件事。然而，我们发现虚拟形象确实能够发挥作用。对我们来说，虚拟形象带来的亲密感让更多人愿意天天做检查，从而更加遵守个人健康护理，使自己远离医院。当您需要类似这种极度的亲密感时，这个虚拟形象的加入确实起到了作用。

当今的虚拟形象类型，从微软小娜抽象的圆环，到 Sensely 拟人化的虚拟角色，形式几乎各种各样（图 13.9）。有的角色甚至是介于两者之间。微软中国的聊天机器人小冰使用了半人类、半虚拟角色的形象。这反映了他们选择创建一个知道自己机器人身份的角色，但表现出了对人类的关注。但是，任何形象都无法拯救差劲的互动，看看大眼回形针[12]就知道了。

一旦决定投入时间为语音交互界面去开发一个虚拟形象，就要考虑下面这些问题。

- 形象是拟人化的还是抽象的？
- 是打造单一的一种个性，还是让用户有选择余地，哪一个更重要？
- 对种族、性别和其他特征的选择会对用户产生怎样的影响？
- 您所追求的用户参与度是否与任务的重要性相匹配？对于查看日历的任务，拟人化形象可能会矫枉过正，而如果用它来鼓励过度消费等具有破坏性的行为，则可能引发道德问题。

⑫ 译注：大眼回形针是微软为 Office 开发的桌面卡通助手形象，它可以智能地帮助解答用户提出的 Office 使用问题，但微软后来取消了该功能。

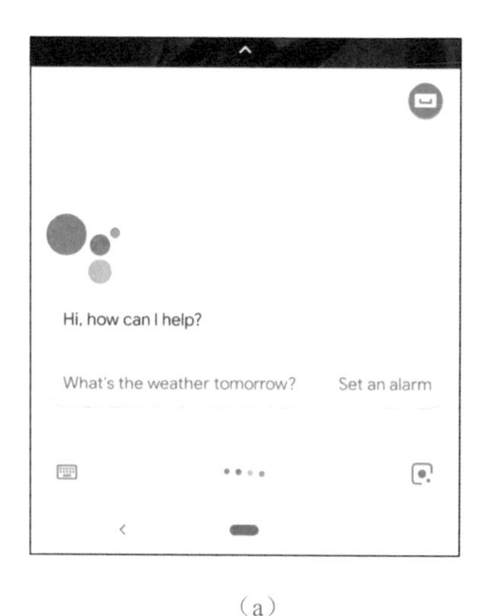

(a)

(b)

(c)

图 13.9

一系列虚拟形象：（a）谷歌助手；（b）微软小冰；（c）Sensely 的虚拟护士

逆风而行

我在亚马逊的 Alexa 语音用户界面设计团队工作期间，我们广泛讨论了数字助理的性别所带来的影响。这是一个难以回答的问题：Alexa 是否应该继续保持大众刻板印象中的女性形象？我们虽然无法改变她的声音，但可以控制她的话语并有意地违背既有的形象。

- 我们是否可以使用非女性化的语言结构来创造用户认知失调来以打破陈规定型的观念？
- 如果任何违背刻板印象的尝试都失败，导致其不讨人喜欢，会不会引起人们对人工智能的敌对情绪？
- 有没有办法将 Alexa 这个高科技平台上女性声音的形象变成一种积极因素，让用户逐渐将女性与技术关联起来？

尽管我们对占主导地位的数字助理皆为女性形象的担忧有依据，但从认知心理学和数字设备的角度来说，一开始将设备的形象塑造成女性，这可能是使得这些设备在家用场景中被人们接受的唯一方式。克利福德·纳斯和斯科特·布拉夫在他们 2005 年出版的《连线语音》一书中揭示了主观偏见的问题。这些虚拟的数字助手扮演的是居家场景中的专家角色，而在美国，在家庭中这类角色的既定印象并不是男性（至少在本书写作时不是）。

Alexa 的性别已定，亚马逊如何将其性别定位变成一种积极的变革力量呢？

13.8 落地实践，行动起来

设计的解决方案或者体验是否会用到人工智能？可以，并不意味着应该。设计师具有对人类的语境提出“为什么？”的非凡才能，他们具有独特的定位，可以帮助他们的合作伙伴在 AI 驱动的项目中定义不宜通过 AI 来做什么。

确保团队走在正确的道路上。

1. 根据用户的语境定义期望的结果。

    ○ 提议的系统如何帮助用户？它是增强型、自动化还是代理型的？

    ○ 在这种情境下，用户可能会对人工智能的使用有怎样的反应？

    ○ 是否可以和用户一同探索他们希望与不希望您做的事情？可以参见本章中对奥维塔·桑普森的采访，从中获取灵感。

2. 将乐观的悲观主义应用于提问中，探索成功的后果和失败的风险（详见第 11 章）。

    ○ 理解成功的定义，并花时间研究该定义可能产生的意想不到的副作用及影响。

    ○ 主动采取了哪些措施来确保代表人数不足的用户不至于受到排斥或伤害？

    ○ 如果模型犯了错误，会对人、环境和经济产生怎样的影响？该如何减少这些影响？

3. 仔细审查数据、实施计划和进行模型搭建的团队。

    ○ 了解数据。这些数据从哪里来、是如何进行挑选的以及如何反映社会偏见？

    ○ 对模型进行训练的人群是否足够多元化？

    ○ 模型是否具有透明性？可以说明它为什么会提出某些建议。

4. 探索人工智能所有潜在的体现方式。

    ○ 体验中是否包含语音 UI？对性别、语调、语速和语言的选择如何影响用户对体验的感知？

    ○ 系统是否会坦诚其数字化身份？如果将它当作人类，可能会带来哪些法律相关的影响？

- 您是否在试图定位一个近似人类的系统（即具有名字以及人类的一些特征，比如说话时的停顿词）？这种幻想可能带来什么影响？
- 是否会在体验中加入视觉形象？这种人性化形象所带来的驱动力是否适合用户的情况和需求？

人物访谈：奥维塔·桑普森

一起定义不该设计什么

奥维塔·桑普森是微软的首席创意总监，她带领着一个多学科团队开发各种未来科技产品：从人工智能驱动的自动驾驶汽车、智能软件产品到AR/VR应用。她痴迷于通过各种方式让未来的科技更注重以人为本，并在18个月的时间里帮助IDEO开发了一些原则和实践来编制实用的道德伦理准则，以开发出以人为中心的人工智能。从我们关于"为无形的东西做设计"和"科技在社会中扮演的角色"的谈话中，我深受启发。

问：**根据您的个人经验，人工智能和其他新科技是如何改变设计过程的？**

未来，随着科技的发展（尤其是人工智能、混合现实或许还有虚拟现实），我们的工作会变成决定不设计什么。这将是优先级最高的事情，而不是像现在这样——考虑如何设计和设计什么。因为这些人工智能技术能够做任何事情，我们的研究工作就是找出人们不希望发生的事情，或者不想被设计、不想被搞砸以及不想以某种人为的方式进行呈现。

这个不易察觉转变会让许多设计师和研究人员措手不及。因为大家已经习惯了如何修复问题或者如何设计东西。如果我们想要保护人性、文化以及所有这些东西，即我们所说的"文化规范"和社会规范以及去理解什么是人类，我们就必须非常谨慎地对待现在的设计。我们留下了什么，以及我们设计了什么。

如果我们想保持以人为中心，那么问题就会变成"我们不设计什么"，而不是"我们要设计什么"。如果不在乎这些，那么我们将设计出千奇百怪的东西。我觉得人性的定义就是变化，而我们现在最该做的就是以一种不会被科技所取代的方式来塑造它。

人物访谈（续）

问：**在设计和研究人工智能驱动的系统时，您是如何调整设计过程的？**

作为研究人员，我认为我们必须为人工智能创造未来的技术，其中一件事就是我们必须模拟交互将要发生的环境，并将人类置于其中。我们可以玩游戏，聊天，等等。但最好的办法其实是让人们坐在椅子上，并配上道路影像和方向盘，然后把所有这些多模式的交互方式扔给他们。

这听起来可能很简单，但我认为，作为研究人员，我们已经习惯了用这种低保真的人类学研究方式去模拟那些看起来很奇怪的环境。我们对人类的状况很了解，所以不需要做这方面的研究。未来的科技是带有语境的。我们真的需要更多地研究语境，而不是人类的状况。

我的观点是，我们可以将设计人与机器的感知交互视为对关系的设计。我们知道，“关系”是有前因后果的，如果要以这种方式进行研究，那么我们就必须模拟人们操作这些机器时所处的各种不同的语境模式。

问：**您说过不要假设人工智能的边界。在 IDEO 工作期间，您是如何应用这一原则的呢？能分享一些具体场景吗？**

在研究自动驾驶汽车的体验时，我们会通过以下这个游戏来获得人们的建议。一旦他们展示出自己的常规旅程，我们就会给他们一些称之为“超级英雄卡片”的物件。我们会说：“现在，您的汽车具有超能力，现在汽车可以做到这一点，现在汽车可以做到那一点。可以将这张超能力卡用到当前的旅程中，并告知我们在何时以及为何想要使用这张卡。”

这样一来，我们用不着太多解释未来的科技，就可以真正了解人们想要这项技术的目的以及原因。这使我们能够创造出真正基于人类需求和动机的设计原则，也使工程师们能够理解在设计自动驾驶汽车时哪些事情不应该做。

国际自动机工程师学会（SAE International）将自动驾驶车辆的技术范围分为 1 级（仍由人来驾驶）至 5 级（除非有正当理由或者需要，不然无需驾驶员介入）。这里涉及汽车正在做什么的一些技术术语。我们知道不能向人们谈这些技术术语。“自动驾驶技术是通过激光雷达看到拐角处的情况，所以现在，您的车就像超人，他可以看到四周的墙壁。您会用它做什么呢？会关心这个吗？”我们不能以这种方式与人进行探讨。

问：**不能这么做的原因是……**

不在于技术本身。我们的目的是告诉我们的商业伙伴人们真正想要的是什么样的自动驾驶汽车以及为什么自动驾驶汽车如此重要。商业伙伴知道他们要制造自动驾驶汽车，但如果有的话，人类希望它可以满足自己什么需求？那个游戏让我们将所有的技术囊括进来，但又不至于妨碍我们理解行为动机和人类的需求。我觉得这是 IDEO 最知名的地方，现在人们还在使用它，因为这是一个用不同方式做研究的典型例子。您不能只是问人们未来怎样的问题，这是很难进行想象的，即便是我们。

20 多年的记者生涯使奥维塔·桑普森具备了敏锐的观察力、解释力和理解人们如何与周围世界互动的能力。德保罗的人机交互硕士学位使她进一步具备相关的技能去探索认知、心理、社会和环境对人们的想法、口头表达和行为背后的影响。作为 IDEO 设计研究的负责人，她参与过一系列项目：服务设计软件、自然语言处理搜索引擎、道德框架、以人为本的系统设计等。

第 14 章

超越现实：XR、VR、AR 与 MR

1998 年的经典电影《黑客帝国》中，主角尼奥发现自己周围的整个世界不过是通过数字化模拟 20 世纪 90 年代的地球而已。坏消息是，对虚拟世界精密的模拟凌驾于感官之上，掩盖了更可怕的现实。好消息是，这些令人信服的模拟让学习变得非常容易。

回到真实世界中（如果我们也不是生活在模拟世界中的话），接下来的几十年，输入和输出技术将得到相当大的提升，《黑客帝国》中虚拟技术与消费技术之间的差距缩小。从线框图所构建的“现实”，到任天堂时运不济的“虚拟男孩”以及 20 世纪 90 年代标价六位数的 VR 头盔，这个行业已经成熟到拥有一代消费级“扩展现实”的产品，准备最终改变消费者的体验和企业的体验。

然而，对技术保真度和沉浸感的每一次提升都会带来更大的风险。一旦找到通往人类感官的虚拟捷径，相比起传统显示器带来的视力疲劳，这种联结的滥用对情绪或身体更有可能造成伤害。

说明　扩展现实

广义的“扩展现实”一词现在用来指代通过数字化内容来取代或扩展我们周围世界的一系列产品。目前，扩展现实包括增强现实、混合现实和虚拟现实技术。

在本章中，您会了解到在进行这些新媒介工作时需要考虑的几个重要注意事项。本章虽然不会无助于了解如何进行端到端的扩展现实体验的工作，但可以帮助您很好地了解应该如何开始。

14.1 没有所谓的新想法

就像许多非常新技术和前沿技术一样，扩展现实的概念在 20 世纪中期首次进入人类的想象中。

1935 年，斯坦利·温鲍姆的科幻小说《皮格马利翁的眼镜》首次提出了沉浸式、逃避现实式体验的概念，它的特点是一副多感官的眼镜。

1957年，电影摄影师莫顿·海利格的传感影院首次亮相，是今天4D电影体验的鼻祖，在主题公园或新颖的景点中都可以看到。它的特点不只是环绕的音效，还有模拟的触感甚至是嗅觉发射器！

20世纪60年代，人们对头戴式显示器、运动跟踪和运动模拟做出了进一步的探索。其中最著名的是伊万·萨瑟兰1968年的头显"达摩克利斯之剑"，如图14.1所示。[①] 一个不变的定律是，那些受沉浸式技术所吸引的人往往带有一丝戏剧性的天赋。

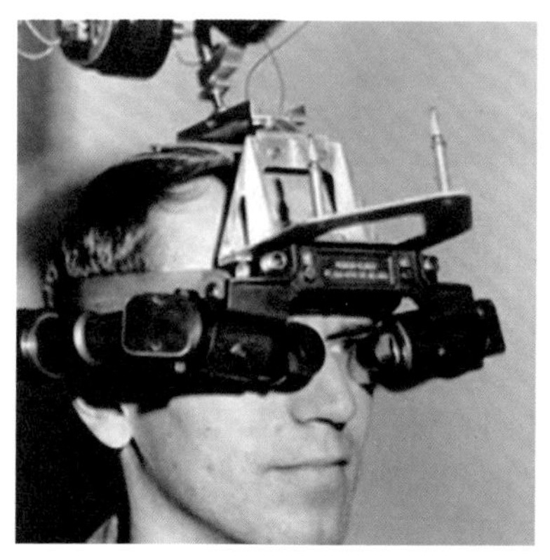

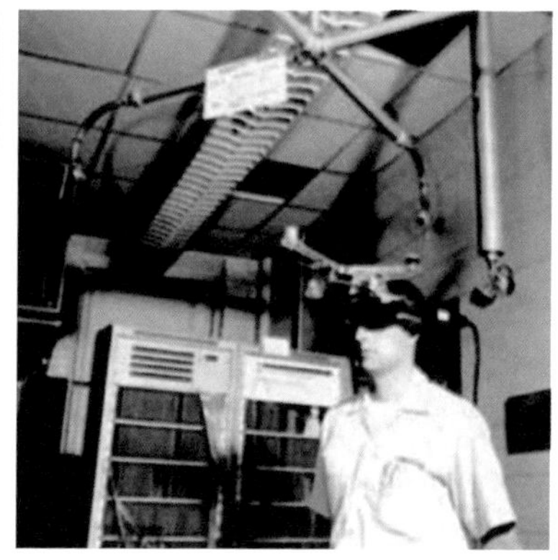

图14.1
伊万·萨瑟兰创造的达摩克利斯之剑是一个挂在天花板上的头戴式虚拟现实显示器，与今天的一些消费体验并不完全相似

说明 快速的VR

我有幸作为卡内基梅隆大学"构建虚拟世界"课程的助教，花了几年的时间研究虚拟现实体验。每两周，学生都要根据自己的能力类型随机分配到新的四人小组中：开发者、3D建模者、3D画家还有一个兼任者，他可以是从事电影行业的，也可以是作家或者其他的创意者。在两周的冲刺中，将产生一些极具影响力的想法，所以，尽管VR看起来让人望而却步，但实际上并不是的。

① 网址为https://doi.org/10.1145/1476589.1476686。

大约每隔 10 年，VR 的浪潮又会周期性地循环往复，20 世纪 10 年代也不例外。HTC Vive 和 Facebook 高调收购 Oculus 引领了周期性的技术炒作。但这个时代真正的转折是增强现实和混合现实的到来。

如果一直以来您都在做电脑端或移动端的设计，那么这些体验可能一开始会让您觉得超过了自己的认知范围 —— 没有人要求您必须放下一切，调整自己商业计划。至少，通过更深入地了解这些技术，可以让您在无法避免的技术浪潮中保持清醒。

14.2 扩展现实的词典

对于第一次接触扩展现实的人来说，不同类型的扩展现实技术，它们之间的差异可能会细微得让您感到惊讶，但如果探索宇宙最后的疆界太容易，那么谁还需要柯克船长呢？随着扩展现实背后技术的发展，用来定义其组成部分的术语变得更加微妙。曾经简单的“虚拟现实”现在已经演进到包含多种不同的层次。随着时间推移，这些术语可能得到进一步的发展，但在撰写本书时，“扩展现实”的组成包含了虚拟现实、增强现实以及最新出现的混合现实。

14.2.1 虚拟现实

虚拟现实（VR）技术是最直接的一种对现实世界的数字扩展。虚拟现实体验充斥了人类的主要感官（目前是视觉和听觉），试图令人信服地取代人们对周围世界的感知。为了营造这种幻像，虚拟现实采用了立体视觉输出的方式（虽然不一定是呈现真实的世界）。

在一些情况下，VR 体验也会通过触觉反馈、氛围效果甚至气味来吸引人。图 14.2 和图 14.3 展示了迪士尼在 20 世纪 90 年代末推出的阿拉丁高度沉浸式 VR，体验过程中通过实体设备提供触觉和运动觉的输出。[②]

在最充分的实现效果情况下，虚拟现实也会让人们其他感官丰富地体验到一个完全合成的世界，从触觉反馈到丰富的空间音频提示。

② 出自 Randy Pausch et al. 的文章“Disney’s Aladdin: First Steps Toward Storytelling in Virtual Reality，”发表于 *Proceedings of the 23rd Annual Conference on Computer Graphics and Interactive Techniques* (Association for Computing Machinery，1996)，https://doi.org/10.1145/237170.237257。

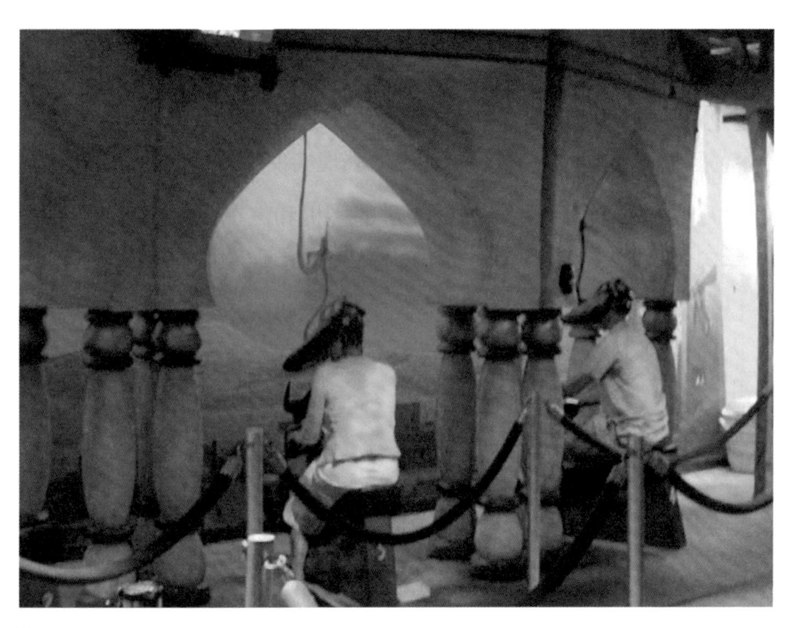

图 14.2
已停业的迪士尼探索世界数字主题公园有一个具有突破性的乘坐阿拉丁魔毯的虚拟现实项目。游客戴上 VR 头盔，坐在与视觉效果同步的定制化运动底座上

图 14.3
以今天的标准来看，迪士尼探索世界的阿拉丁魔毯 VR 游乐设施的视觉效果算不上细致。但恰恰是视觉效果、沉浸感和实体设备的结合，使得这种体验引人瞩目且令人信服

14.2.2 增强现实

相比之下，把增强现实（VR）看成是叠加在现实中的独立的信息层更容易理解。您可能熟悉下面几种增强现实的形式。

- 前几代和现今的头显，如在先进的飞机和汽车上看到的，其中一些会在驾驶员和地平线间投射出速度等信息（图 14.4）。
- 已经停产的谷歌眼镜将各种数字信息（比如转弯指示）投射到人的视野中。正如 Phandroid 评测员罗伯 • 杰克逊所言：“如果用一句话来解释谷歌眼镜的话，那就是画中画的生活。”[3]（图 14.5）。
- 《精灵宝可梦》是一款热门的智能手机应用，在互动过程中，神奇宝贝会实景呈现在相机的画面中。

大多数增强现实的例子都是视觉主导的，但这并不排除其他感官的参与。

图 14.4
通过增强现实技术在现实世界的基础上增加数字化内容（洛克希德 - 马丁公司 C-130J 超级大力神飞机的头显）

③ 访问日期为 2013 年 5 月 9 日，网址为 https://phandroid.com/2013/05/09/google-glass-review/。

图 14.5
谷歌眼镜的用户界面（评测网站 Phandroid 的罗伯 • 杰克逊拍摄）

14.2.3 混合现实

最新的（也是最具有技术复杂性的）沉浸式体验类型就是混合现实，它所描绘的数字化内容看起来就像是真实世界的一部分。增强现实是独立于现实的额外一层投射信息，而混合现实则融入了“真实世界”中。

富兰克林研究所提供了一个更清晰的定义：“混合现实（MR）体验结合 AR 和 VR 的元素，是现实世界和数字化对象的相互作用。”[④]

混合现实系统融合各种前沿的输入和输出技术来达到这种效果。全息显示器、红外深度传感器、高清晰度视频传感器和陀螺仪等，旨在营造出一种幻象，即数字化内容与周围真实世界的物体具有相同的属性。输入技术的使用也被推至极限，以尝试弥补无形的数字世界和它所在的物理世界之间的差距。

④ 访问日期为 2017 年 9 月 21 日，网址为 www.fi.edu/difference-between-ar-vr-and-mr。

案例

《精灵宝可梦》

虽然《精灵宝可梦》一开始是一款增强现实应用，但在随后推出的几个大版本中，它已经逐渐发展成为一款混合现实应用。

《精灵宝可梦》主要通过地图视图来增强现实。这款应用通过额外的信息来增强人们在物理世界中的生活体验：健身房的位置、精灵驿站和神奇宝贝。但它并不是真正地对物理世界作出“反应”：建筑物被拆除后，精灵驿站仍然存在，并在某些情况下，驿站存在于无法前往的物理空间位置。

在最早发布的版本中，人们可以和神奇宝贝“一起”拍照，但它们只是在对环境认知度很低的情况下，直接投影到环境中。神奇宝贝的形象往往出现在视野的特定位置，而不管它在物理世界中是否“有意义”（图 14.6）。

图 14.6

如果没有我先生大卫的一些创意摆拍，《精灵宝可梦》的 AR 模式照片看起来会略显尴尬。像伊布这样的角色在画面中经常以错误的比例显示或者漂浮在空中

但是，等等！这里有两种不同的混合现实，也许您并没有发现这种细微的差异。

- 物质世界主导的：“真实”的世界是用户视野中的主导部分，投射出来的视觉效果如同物质世界的一部分。例如微软的 HoloLens。

最新发布的版本正在发展成为混合现实：更加关注图像比例的缩放以及地平面的识别，形象甚至会受到真实世界中物体的遮挡。现在，玩家可以将一只神奇宝贝伙伴“放在”旁边的平面上，并通过智能手机与它们互动，就如同在房间里一样对它们进行喂食或抚摸。尽管这被称为“AR+”模式，但严格地说，更像是一种混合现实技术，因为数字世界正在对物理世界作出反应（图 14.7）。

图 14.7
随着《精灵宝可梦》应用程序对环境条件检测能力的发展，神奇宝贝角色以更加真实的比例和更具有逻辑性的位置叠加到真实世界中（图中是 2019 年的游戏设计）

- 数字世界主导的：沉浸式的数字化显示器占据了用户大部分甚至是所有的视野。但是，大部分组成元素都可以映射到在“真实”世界中的一些元素或者场景。VOID 是一种基于地理位置的虚拟现实体验，它采用数字化主导的混合现实，当用户在与虚拟世界进行互动时，实际上是在布景中行走（图 14.8）。

图 14.8
VOID 是一个以数字世界主导的混合现实体验的例子，它通过物质世界和数字世界的共同协作来提供沉浸式体验。体验需要穿戴沉重的参与设备

14.3 空间中的交互

对于映射在 3D 空间的界面元素，人们如何与它们进行交互呢？当虚拟世界可以让人们做更多事情的时候，是否还应该遵循物理定律？虽然“真实”的世界为我们提供了强大的心智模型，让我们可以利用这些模式来提高可用性和可寻性，但除了日常体验，还有更大的潜力。

Ultraleap（也叫 Leap Motion）的博客和开发者指南提供了关于混合现实工作的各种宝贵意见，而且幸运的是，这些见解大多也完全适用于虚拟现实体验。他们提出了 3D 环境下扩展现实体验的三种关键模式：直接交互、隐喻交互和抽象交互。⑤ 有趣的是，这些模式并不完全互斥，而是 XR 交互图谱中的三个节点，如图 14.9 所示。

⑤ 访问日期为 2016 年 11 月 22 日，网址为 http://blog.leapmotion.com/building-blocks-deep-dive-leap-motion-interactive-design/。

直接式　隐喻式　抽象式

物理交互
基于真实世界的体验
简单并自然

高层级的交互
基于内在逻辑
可能会相对复杂

图 14.9
扩展现实交互模式，来源于《Leap Motion 开发者指南》

说明 不只是面向开发人员

如果是刚涉足扩展现实的设计师，不要对深入了解开发者文档感到担心。尽管有时候真的很复杂，但几个大平台的大量概述内容却出乎意料地容易理解。回顾所选平台的基本开发者文档，会让您更好地了解自己以及开发伙伴在工作中必须具备的能力、限制和常用术语。

表 14.1 总结了三种可以适用于扩展现实工作的通用模式，它们的区别主要在于预设用途的性质以及和现实世界心智模型的联系。

表 14.1 扩展现实体验的交互模式

模式	描述	具像化预设用途	真实世界的物质
直接式	通过真实世界的预设用途来操纵一个物体	是	是
隐喻式	以数字世界特有的方式对对象进行操作	有时候	概念中的
抽象式	采取的行动与物理世界或物体没有直接的联系	不是	不是

14.3.1 直接式交互

直接式交互是在物理定律和物理世界的约束下进行的。在物理世界中，物体的预设用途表明一个物体能够以及如何进行使用，直接式交互也依赖于这些预设的用途。

示例

用户想要将一张数字化的纸张撕成两半。直接式的交互方式可能如下所示。

- 支持通过双手握住纸张并反方向拉动的方式来撕纸张。
- 提供一把虚拟的剪刀，可以让用户通过一只手拿着剪刀进行操作简单的同时另一手拿着要准备剪的纸张。
- 当然，直接式交互的魅力在于可寻性，利用的是用户的直觉和心智模型。

14.3.2 隐喻式交互

但在一些情况下，虚拟物体可能不具备相应的能力让你实现自己想要支持的操作类型。在这种情况下，可以创造一种隐喻性的交互，这种交互可以通过交互对象的物理属性和操作的性质来进行启发。

隐喻式交互有很大的潜力，因为它们可以让用户觉得他们自己是魔术师或超级英雄。您可以把他们的能力扩展到肉体之外。这类操作往往让人觉得很兴奋。

示例

用户想要将一个数字世界中的实心木块切成两半，可以让用户通过一把锯子将木块锯成两半，但这需要经过几个步骤：拿起锯子；定位锯子位置；来回拖动锯子。

相反，可以选择一种隐喻的交互方式，支持用户通过他们的手来将物体切开，他们的手如同是一把剑。这虽然是来自物理世界的启发，但并不是用户一般情况下可以完成的事情。

14.3.3 抽象式交互

规则？数字世界其实不需要遵循物理世界的规则。抽象式交互不会受限于任何物理预设用途或者现实生活的隐喻。

许多抽象式交互是在隔空进行的，并不涉及任何真实或虚拟的对象。许多抽象式交互利用了现有的心智模型或文化规范：例如，通过“大拇指”作为 OK 的代号。不过，在大多数情况下，还是需要训练人们建立交互方式和预期效果之间的联系。

说明 并非所有文化的思维方式都相同

文化规范可能会给本地化的责任带来很高的成本，在一些文化中，就连用手指指着别人这样简单的事情都意味着对别人的冒犯。

示例

设计一个工作场景下的混合现实系统，并且希望在工作时可以通过安静的、不需要手持设备的方式来调节温度。要决定两种手势。

- 交叉双臂表示“我很冷”，并暗示希望进行升温。
- 摇扇子表示“我很热”，并暗示希望进行降温。

但由于用户通常不会通过哑剧的方式来表达对温度的期望，所以产品需要教会他们这些抽象的手势，并鼓励他们进行使用。这样的学习曲线可能十分陡峭 —— 毕竟，对大多数人来说，手势并不是一种耐用的交流手段。

14.4 另一个维度的输入

这些 XR 技术都能够为核心场景中的输入需求增加第三个维度。鼠标、触摸屏、手写笔……这些都是二维的输入，但在多数情况下，它们的沉浸感并不强。系统应该如何应对这个额外的维度呢？

14.4.1 隔空的手势交互

并不是所有的 XR 系统都依赖控制器。微软的第一代 HoloLens 是一种 MR 设备，将全息影像投射到用户的视野范围内。HoloLens 支持指定范围内的手势交互（腰部以上）来作为主要的输入机制之一，而不同于 Kinect 的全身跟踪。图 14.10 描述了 HoloLens 上光学传感器进行手势跟踪的可视范围，表 14.2 描述了它支持的最基本的几种手势。[⑥]

图 14.10
微软第一代 HoloLens 的手势跟踪范围

表 14.2 第一代 HoloLens 支持的 OS 级别的手势

手势	描述	效果
绽放	“将手指聚在一起，然后将手指张开”	返回起始界面
隔空点击	1. 注视想要选择的物件 2. 把食指指向天花板 3. 放下手指，然后再快速地抬起来	选择一个应用或其他物件
点击并拖动	1. 注视想要选择的物件 2. 把食指指向天花板 3. 放下手指 4. 移动手指来重新放置物件的位置 5. 抬起手指来放置物	移动一个应用或其他物件

关于这些手势，需要注意下面两点。

- 确切地说，它们是跟踪手的姿势和手的位置。
- 由于缺乏精确度，并不会通过手势来识别物体，而是利用了同时发生的模态（即跟踪用户的目光）来替代传统的指针。

⑥ 访问日期为 2019 年 9 月 16 日，网址为 https://docs.microsoft.com/en-us/hololens/hololens1-basic-usage。

14.4.2 运动控制器

娱乐产业推动了许多扩展现实的创新，具体地说，是视频游戏产业。因此，VR 输入尤其专注于下一代运动感应控制器，其中最早面世的是任天堂 2006 年发布的 Wii。

在消费者层面，如今的运动控制器是魔杖和游戏垫的混合体。它们通常包括各种按钮和预设用途，以明确每个控制器所指的方向。

14.4.3 自由度

当坐下来与扩展现实领域的专业人士交谈时，他们可能会开始抛出自由度（Degrees of Freedom）、三自由度（3DoF，Degrees of Freedom）和六自由度这样的术语。它们是跟踪单个关节旋转的两种不同模式的首字母缩写。

- 三自由度（3DoF）：只跟踪旋转运动：纵摇（pitch）、垂摇（yaw）和横摇（roll）。许多独立的头戴式设备是 3DoF 系统，且无需控制器；自由度指的是头戴式设备本身的移动和跟踪。
- 六自由度（6DoF）：除了三个旋转自由度之外，6DoF 系统还能够跟踪位置变化。简而言之，人们可以在虚拟世界中漫步。有以下三种基于位置上自由度的定义：纵荡（surge）、垂荡（heave）和横荡（sway），如表 14.3 所示。

表 14.3 定义三维世界中六种程度的自由度

名称	类型	定义	例子
纵摇	旋转的（3DoF）	沿垂直轴旋转	上下看
垂摇	旋转的（3DoF）	沿水平轴旋转	把头左右转动
横摇	旋转的（3DoF）	沿中央轴旋转	将头向一侧倾斜
纵荡	位置上的（6DoF）	向前或向后移动	向前挥拳
垂荡	位置上的（6DoF）	向上或向下移动	下拉绳子
横荡	位置上的（6DoF）	向左或向右移动	向右滑动

14.5 高效的手势控制

尽管 6DoF 控制器提供了极大的灵活性，但它并不总是必不可少的。以 HoloLens 为例，长时间地将双手维持在手势交互区域中会特别费劲，并且在某些情况下，这会将那些有肢体障碍的人拒之门外。因此，通过一种方式对这些手势进行模拟是有必要的。

微软在 HoloLens 上给出的解决方案是“遥控器”[⑦]（图 14.11）。它是一个小的、扁平的薄片，上面有一个按钮，但它不只限于是用来点击。这个片子可以跟踪手的位置，用来捕捉摄像头也能够跟踪到的相同手势 —— 但手臂可以同时处于放松的状态。

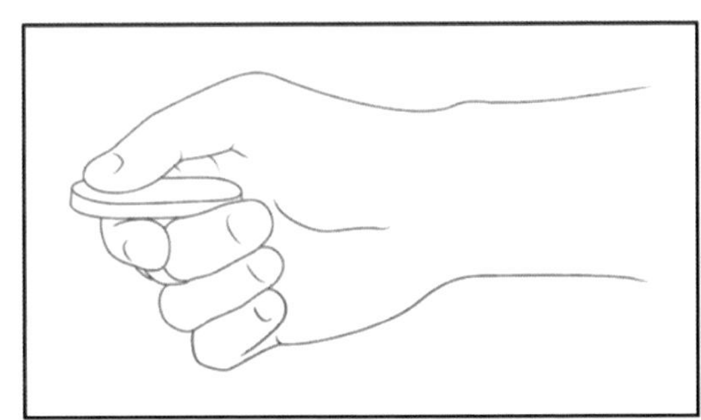

图 14.11
微软极简 HoloLensClicker 外设，可以在没有光学跟踪的情况下捕捉手势交互

严格来说，Clicker 本身就是一个多模态界面：它同时支持手势输入和触觉输入（通过按钮）。

14.5.1 全功能的运动控制器

当人们在进行虚拟现实游戏或混合现实创作等重型的扩展现实活动时，这种六种程度的自由度能够带来很大的灵活性。

Oculus Touch 是一对标准的 6DoF 手持控制器，是所有的 Oculus VR 设备的附带部件。就像前面提到的微软 Clicker 控制器，Touch 可以检测到人们通过控制器作出的任何旋转手势。不过，每一个控制器还能够将其位置传回头戴设备，从而实现另外三个额外的自由度。

⑦ 访问日期为 2019 年 9 月 16 日，网址为 https://docs.microsoft.com/en-us/hololens/hololens1-clicker。

说明 **光学跟踪**

运动控制器上的位置跟踪通常通过光学跟踪技术来实现：通过视觉进行接收设备与控制设备上的标记或信标的交流。光学跟踪已经取得了长足的进步，但它仍然容易因为受到遮挡（手、家具、身体等）而失效。

当人们站在一个 VR 世界中，拿着 Touch 这样的控制器时，经常会在实际双手的位置上看到数字化的双手。取而代之的是，多数全功能的运动控制器都包含一系列受游戏控制手柄所启发的触觉控制。表 14.4 列出了扩展现实场景中最常见的触觉控制。游戏玩家会注意到，这个列表看起来就像是游戏控制手柄的极简清单！

表 14.4 运动控制器上常见的触觉控制

控制名称	使用	用途
指拨摇杆，模拟控制摇杆或触控板	拇指	空间中的运动 精确选择
按键	拇指	表明上下文的意图
触发器	食指	选择对象、拾起对象、发射子弹。
握杆	中指	拾起或操作对象
系统 / 菜单	拇指	调出一个常用的用户界面

控制器的设计范围很广，如下所示。

- Facebook 的 Oculus Touch 控制器是成套出货的，两个控制器共包括两个模拟控制摇杆、四个按键、两个触发器、两个握杆和两个系统按钮（图 14.12）。

- HTC Vive 控制器设计成可以单独使用的，它包括一个触控板以及一个系统按键、一个菜单键、一个触发器和一个握杆。

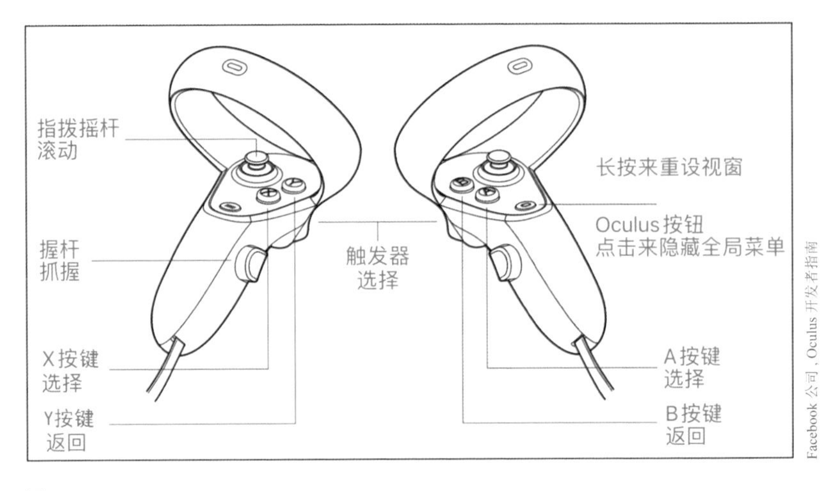

图 14.12

Oculus Touch（第二代）控制器。请注意，这些是要成对使用的：左手和右手控制器的形状不同，按钮上的标签也不同

除了支持手势控制和触觉输入，由于多数扩展现实运动控制器内嵌了震动器，所以也可以作为基本的触觉输出设备。

14.5.2 语音、注视和同步化的多模态

语音是扩展现实体验另一个非常可行的选择，而且是一个未得到充分利用的选择。如果同步式多模态依赖于手势和注视这类隔空的输入时，能够表达范围将很有限，而包含语音的同步式多模态则具有很大的潜力。

例如，HoloLens 2 支持语音和注视结合的多模态，它无需使用“隔空点击”手势，只需要注视着对象并说出“选择”即可选中对象。

眼动跟踪仍然是一种非常不成熟的消费者级技术，尽管可用性研究工作中已经用到了这种技术。注视无法作为一种独立的输入机制。它的亮点是可以为另一种更加具体的输入类型补充上下文的信息。然而，微软 HoloLens 2 背后的团队描述了“暗示行动”[8] 的概念：可以基于对人类意图的推断（通过眼动数据提供），从而采取相应的

⑧ 访问日期为 2019 年 10 月 29 日，网址为 https://docs.microsoft.com/en-us/windows/mixed-reality/eye-tracking。

行动。他们在文档中提供的一些简单的例子，包括了自由滚动和平移及缩放。

14.5.3 双向触觉

更进一步的是科幻小说中的全身触觉输入 / 输出设备。如果读过或看过恩斯特 • 克莱恩的《头号玩家》，就会了解虚拟现实环境中“触觉外套”的一个例子。在现实世界中，多数触觉套装只是局部穿戴，比如迪斯尼研究中心的力反馈套装或者特斯拉服的触觉手套（图 5.4 所示）。

这些套装的反馈是双向的。当然，一个运动控制器可以解读手势和意图。但一套触觉套装可以给人们带来沉浸式的触觉体验，如同立体光学带来沉浸式的视觉体验一样。人们可以在一瞬间感受到不同的材料，比如衣服或者盔甲。人们也可以抓住物体的边缘。

有一些触觉套装也监控生物特征的输入，因它们已经和身体如此共生接触。特斯拉服手套包括一个脉搏血氧仪，可以针对用户对体验的反应进行监测，并作出反馈。

触觉套装虽然受到大肆宣传，但并不能作为 XR 体验需求的一个通用解决方案。触觉套装凌驾于触觉之上，所以只能用于严格控制的环境中，因为这种更深层次的沉浸感关联到“现实世界”的脆弱性。

触觉套装特别适用于培训和高精度的体验，但这些体验设计的复杂性远远高于它们所带来的好处。

14.5.4 选择正确的模式

在 XR 发展的现阶段，一旦确定平台，便没有太多关于输入技术的选择。

大众媒体对虚拟现实体验的描述很少提到物理运动控制器，言下之意是，人们所期待的 XR“最终状态”是纯粹的隔空手势交互。然而，其实没有这么简单。表 14.5 对各种交互模式的主要优势和劣势进行了分析。

表 14.5 评估 XR 可选的输入方式

输入	优势	劣势
隔空手势	◎ 硬件成本更低 ◎ 解放双手的交互 ◎ 不需要管理外围设备	◎ 具有相对性的以及抽象的 ◎ 具有文化上的差异性 ◎ 无触觉反馈 ◎ 功能可见性差
高效运动控制器（3DoF）	◎ 极其容易学习 ◎ 较低的人体工程负荷	◎ 输入范围有限 ◎ 需要给电池充电
全功能运动控制器（6DoF）	◎ 触觉反馈 ◎ 可以在空间中进行移动 ◎ 结合多种输入方式	◎ 会因为遮挡受到影响 ◎ 硬件成本更高 ◎ 需要给电池充电
语音	◎ 可以通过非常多种方式进行输入 ◎ 从多个方向输入 ◎ 支持同步性式多模态	◎ 本地化成本高 ◎ 处理器密集 ◎ 功能可见性差 ◎ 会受到周围环境噪声的影响 ◎ 较难进行对象的选择
注视（眼动跟踪）	◎ 解放双手的交互 ◎ 极低的人体工程负荷	◎ 需要进行校准 ◎ 可能受到矫正镜片的影响 ◎ 可能需要额外的输入或者上下文来对意图进行确认
双向触觉	◎ 极其微妙的输入 ◎ 最具有沉浸式的输出 ◎ 表现突出的高精细度	◎ 极高的成本 ◎ 用户更容易受到影响 ◎ 输出可能是具有侵略性或创伤性的

虽然选择的平台会限制能够采用的基于手势或运动觉的控制方式，但是这并不妨碍通过语音、注视和其他传感器驱动的输入来进行同步型多模态的探索。实际上，这些同步型的多模态——注视加手势、

语音加触觉等 —— 正缓慢但又明确成为标准化的 XR 体验。除了谷歌纸盒（Google Cardboard）等基于手机的系统外，XR 开发人员都在接受和探索丰富的、有层次的输入方式，并且效果不断在提升。

14.6 虚拟空间的真实性

扩展现实应用独特的设计考量远远超出 3D 空间中交互所带来的输入模态挑战。正如语音设计师必须考虑额外的限制因素，如关键语句的声音独特性需求，XR 设计师也必须认识到哪些附加的差异化因素会推动 XR 体验。

14.6.1 「现场感」是如何产生的

研究表明，在虚拟空间中“身临其境”可以提升各类任务的表现水平，从参与社交到国际象棋和引擎的维修。但究竟什么是虚拟世界中的“现场感”呢？马斯 • 韦奇、苏菲 • 肯尼以及迈克尔 • 巴尼特 - 考恩在 2019 年在“心理学前沿”这篇文章中描述了这个概念：

> 40 多年来，实现现场感的目标一直被认为是 VR 体验成功的一个决定性方面……这个概念普遍如此描述：观察者的心理感受脱离其真实的位置，感觉像是被传输到一个虚拟的环境中。简单来说，现场感就是一种“身临其境”的幻觉。[9]

尽管听起来简单，但相比起直接在用户的视野中呈现虚拟世界，现场感还有更多需要呈现的。虚拟现实的先驱以及 Schell 游戏公司创始人杰西 • 谢尔描述了他的团队对虚拟现实游戏中的“现场感”这一概念的体会：

> 现场感的产生方式是，如果大脑对周围的空间进行扫描，就会产生现场感。所以当人们被传送到一个新的地点并且慢慢地转动环顾四周，很快便发现自己开始获得了现场感。但如果一次

⑨ 出自 Séamas Weech，Sophie Kenny，and Michael Barnett-Cowan 的“Presence and Cybersickness in Virtual Reality Are Negatively Related: A Review，”2019 年 2 月发表于 *Frontiers in Psychology 10* : 158，doi: 10.3389/fpsyg.2019.0015，https://www.frontiersin.org/articles/10.3389/fpsyg.2019.00158/full。

又一次地传送，而没有真正环顾四周，就会有一种分离的感觉，就好像人们并不是真正在那个空间里，而是在看屏幕。这样的话，现在做的这些还有什么意义呢？[10]

幸运的是，您也许不需要强迫用户缓慢地浏览每个虚拟环境来建立现场感。就像声音设计一样，可以利用现有的潜在心智模型（如果没有，就小心翼翼地重新融入，可以随着时间的推移迅速建立一种现场感）。

- 是否可以基于“标志性”的地点进行环境设计，比如情景剧客厅的布置？过往的熟悉感可以缩短实现现场感的时间。
- 是否可以重复使用相同的总布局，即便材质和布景会产生变化？现场感很大程度上与物理形状和屏障有关，想想看，就像改造房子时不拆清水墙一样。

目前，对“现场感”的度量似乎与“喜悦度”的测试一样难以捉摸。对这个问题进行重构可能会有帮助。杰西·谢尔指出，虽然无法明确度量现场感，但可以确切地衡量自己何时打破了现场感。

您能够注意到自己何时打破了它，往往是在人们开始说话的时刻。常常因为他们发现某些事情并没有按照期望的方式进行运作而导致现场感被打破。他们想通过某种方式与环境互动，当这种方式不起作用时，他们的肢体语言就会改变，就会开始谈论：“真搞笑，为什么没法用……这是怎么了？”然后他们就会从场景中脱离出来。

现场感并不总是这么简单，如果决定探究现场感中的这些阻碍，这意味很可能需要做额外的工作。经验丰富的用户研究员会熟悉这种现象的其他变体——当用户触达原型功能无法支持的边界时，可能会导致用户与整个体验脱节。同样，在某些情况下，在虚拟环境中增加了一个看似无害的东西（比如一个道具电话），当用户试图与它进行互动却失败，此时，现场感就会被打破。

在进行扩展现实现场感设计时，您能够做到最好的事情就是有意识地对待所有环境的设计，并对整体的环境进行考虑，而不是单独地

[10] 关于杰西·谢尔的访谈细节，请见本章末尾的人物访谈。

看待每一个个体。如果还没有消化第1章中CROW缩写里的“地点”，请回过头去，让自己完全沉浸于可以用来探索这些潜在的环境中的问题与技术。

就像传统的用户界面一样，当扩展现实的预设用途无法使用时，会使得用户的认知发生变化，而您所构造世界结构的一致性会以更强的“现场感”带来更强的满足感。

14.6.2 参与交互的姿态

并不是所有的扩展现实体验都要求用户保持同样的姿态。有许多常见的互动“模式”：坐、站、移动。有一些最热门的VR游戏可以根据故事叙事的需要，在这些模式之间进行切换。

坐姿

当一个人通过坐着的姿态进入到XR的世界，他在获得沉浸感的同时，也不会受到XR互动中带来的大部分肢体上的风险。

- 这是三种扩展现实参与模式中最安全的一种。
- 如有需要，它可以利用传统的计算机外围设备进行交互，如键盘或鼠标。
- 这是一个相对固定的环境，这可能意味着更流畅的体验。
- 有些椅子可能会阻碍活动范围。

站姿

最常见的扩展现实体验，用户在大部分的交互过程中都可能是站着的。

- 相比坐着，可以提供更多空间进行手势交互。
- 在狭小或杂乱的空间里可能完全行不通。
- 移动太远导致遭遇意外伤害的风险更高。

移动的姿态

在 3D 空间中运动是一个极其困难的问题。虽然一些研究实验室已经尝试过复杂的全方位跑步机（通常看起来更像是酷刑设备而非尖端科技），但相比起通过物理控制器来指引移动的这种模式，人们在物理空间中移动身体所获得的参与度可能性较小。

- 支持沉浸式移动参与的技术成本通常很高（需要包含 6 类自由度的控制器和传感器）。
- 在不受控制的环境中，有极高的受伤风险。
- 在没有移动平台的情况下，空间上的约束会使 6DoF 的探索受到限制。
- 通过触觉控制来进行移动是可能的，但沉浸感差得多。

说明 客观环境

您可能经常在扩展现实的讨论中听到“客观世界”这个术语，“现场感”是其中的一个要素。克里斯汀·帕克（和约翰·奥尔德曼在他们的著作《跨感官设计》中赋予了客观世界一个极妙的定义：“生物学基础中将我们对个体和物种的感知称为‘客观世界’，这个理论首先由雅各布·冯·乌克斯库尔进行阐述，随后得到托马斯·A. 塞伯克等人的进一步完善。‘客观世界’一词的书面含义是指‘环境’，乌克斯库尔的基本思想是生物生活在一个可以充分体现其生命与繁荣的感官世界里。”

14.7 落地实践，行动起来

扩展现实很有诱惑力，但用于取代人类的感官时，也会带来相当大的风险。一旦涉及扩展现实，特立独行是很危险的。带着这些准则，帮助自己找到值得信赖的开发和艺术方面的合作伙伴，肩负责任，实现自己的愿景。

14.7.1 做好功课

了解正在进行开发的平台。

- 探究所有的开发者档案或者人机界面准则。
- 关注平台支持的输入方式以及参与交互的姿态。
- 查找该平台发生过的常见危害的信息，了解如何机智地减轻这些危害：意外伤害、模拟器病和晕动症等。

14.7.2 定义多模态策略

大多数扩展现实系统本身就支持触觉控制器和语音等细粒度的输入以及手势和注视等需要上下文驱动的输入。

- 如何才能最大程度地用好有限的资源？
- 什么样的输入组合方式才能最大限度地减少对身体和感官的压力，同时还能提供适当的灵活性？

14.7.3 最大限度地促成互动

- 对操作对象本身的模式进行调整以适应预设用途，由此邀请用户进行直接的操作（如果支持的话）。
- 不要向用户推荐系统无法支持的东西。如果知道系统无法支持现实世界中的某些预设用途的交互，就尽量避免它在系统中出现。
- 评估抽象式交互和隐喻式交互的文化合适性。
- 尽量少用抽象式交互，以免给用户带来不必要的认知负荷。即便要用，也要确保能够对用户进行适当的教导。
- 复用环境上的布局、允许用户按照自己的节奏来探索以及确保所有的预设用途都是可以操作的，以此来打造强烈的现场感。

人物访谈：杰西・谢尔

杰西・谢尔的虚拟现实透镜

杰西・谢尔不仅是《全景探秘游戏设计艺术》的作者，更是 Schell 游戏公司的首席执行官，也是开拓了虚拟现实娱乐领域的先驱。我在卡内基梅隆大学求学的时候有幸与杰西一起研修游戏设计课程，所以很荣幸能够有机会再次与他见面并畅聊他对消费级虚拟现实技术最新的想法。

问：**您的团队如何处理虚拟现实体验的输入技术？**

使用现成的控制器时，必须仔细思考这东西用起来如何。如何将这些控制器应用到您希望创造出的体验中？

我要说的是，许多人认为 VR 的手持控制器是个错误的决定，无需手持控制器即可实现跟踪的 VR 体验才是最佳的选择。我不得不说，我个人非常不赞同这种说法和思路。

触觉是人类与生俱来的。早在 3 亿年前，生物体就开始尝试触碰事物并理解什么是触感。所以，通过这种触摸能力，可以得到一些真正原始的东西。通过手上可触摸的控制器进行振动、点按或者拾起的动作时，实际上也会得到一个更好的触觉交互，我认为这是虚拟现实的发展趋势。

很多人认为：“哦，这只是在我们找到无需手持控制器就能实现跟踪之前的权宜之计吧。”但我认为微软体感设备 Kinect 没能真正取得成功是有原因的。Kinect 将剔除游戏控制器作为他们的发展目标，“哦，各位，使用手持控制器是一件多么烦人的事。免手持控制器的跟踪技术难道不香吗？”但事实并非如此，免手持控制器跟踪可能更糟。我想说的是，我是高品质手持控制器的忠实拥护者。它们提供的触觉交互是无可替代的。

如果正在设计这些设备，那么就必须非常了解它们，清楚人们如何与它们建立连结。

我要说一个很好的例子，在最初还没有手持控制器的时候，我们制作了一个以鼠标作为控制器的 VR 游戏《我希望您从我眼前消失》。后来，手持控制器问世，我们又不得不去修改之前为鼠标设定的全部细节。

我们和 Oculus 团队在早期有过一个比较大的争论：他们的触摸控制器有两个主要按钮，一个是用食指操控的扳机控制器，另一个不常用，用中指操控的抓地力控制器。

Oculus 的早期使用指导是这样的：需要用中指抓住物体，然后用食指“激活”它们。如果世界里所有的物体都是枪支，那么这个操作是行得通的。

但如果它们是普通的物体，那么食指的“激活”将变得毫无意义，且我们捡东西的时候最大的作用力实际上应该由食指发出，即用食指和拇指共同作用力把东西捡起来。

所以，为了使用这些输入设备，真的必须去解构这些无形的诉求：想要我们的手如何与之互动？因为虚拟现实差不多就是模拟现实世界。

所以，实际上，学习、观察和理解我们掌握的真实方式，然后弄清楚如何解构和重构它们，以便最自然地塑造一个虚拟世界中适应性的自然体验，这就是设计工作的方向。

我基本上很少看到仅从设计概念就能成功落地的交互方式，成功的交互通常来自于我们坚持不懈的“操纵，再寻找捷径，或改善一些我们已经习以为常的事情。”

问：**许多虚拟现实体验需要将玩家圈在一个固定的地方。能解释一下为什么移动会成为虚拟现实体验中的大难题吗？**

解决移动问题的难点在于同时要解决两个问题。一个问题是晕动症的问题，如果视觉运动和实际运动之间有太多的不一致，可能会导致晕动症，所以我们必须考虑并解决这个问题。

我们必须解决的第二个问题是，虚拟现实最强大的部分是身体的现场感，也就是身处一个空间的感觉。看电影和做梦的区别在于，在做梦的时候，您真的相信自己就在梦发生的地方。梦并不比电影更接近现实，事实上，它甚至比电影更脱离现实。但是，梦里的感觉却异常真实，因为大脑确信身体就在某个特定的地方。

这就是虚拟现实的力量。它有能力说服大脑，让身体相信它就在某个特定的地方。虽然理智上我们知道这不是真的。但一些低层次身体机能会相信周围空间的现状。这也就是它之所以如此强大的原因之一。不仅仅是物理空间，还有社会经验。其他人和您在同一个空间里的想法会激发大脑中很多关于您和他人之间的关系。

在虚拟现实中，移动的第二个问题是，如果移动得过于不切实际，那么就无法建立现场感。人们对晕动症提出的一个简单解决方案是，如果在空间中移动让您觉得不舒服，那么我索性就让您实现瞬移。但问题是，尽管瞬移很方便，但无法让大脑有足够的机会建立现场感。

所以移动的挑战在于平衡。怎样才能让您在感到舒适的情况下穿越这个空间并建立现场感呢？这是每个从业者必须努力达到的平衡。

人物访谈（续）

当然，与不同任务相关的移动可能是非常不同的。举个例子，在玩迷你高尔夫的时候，我希望有的动作和我开赛车时希望有的动作完全不同。

动作的应用应当基于所处的具体情况具体分析。

移动是分析和合成的过程。必须将人类玩家与世界的互动分解为基本组成元素，然后以适合新虚拟媒介约束的方式重新建立这种互动。

杰西·谢尔是Schell游戏公司的CEO。在2004年创办游戏之前，杰西是迪士尼幻想工程虚拟现实工作室的创意总监。他在那里工作了7年，并参与了迪士尼探索世界和在线卡通城（第一款面向儿童的大型多人游戏）。杰西在卡耐基梅隆大学娱乐技术中心教授游戏设计课程，并以特聘教授的身份为学生提供咨询。他担任过国际开发者协会主席，也是获奖书籍《全景探秘游戏设计艺术》的作者。

第 15 章

为与不为

电影《侏罗纪公园》可能是有史以来最伟大的电影之一，影片中一个产品团队将人类的梦想转化成科学事实。如果还没有看过这部电影，请先去看一下。它是所有设计师的必修课。在电影中，有位企业家在琥珀中的一只蚊子身上发现了恐龙的DNA，并通过与科学家的合作进一步建造了一个居住着活体恐龙的“主题公园”，期望借此大赚一笔钱。（剧透一下，他其实并没有赚到。）

对很多家庭的用户进行访谈时，小孩子都会说：“我希望我能看到真正的恐龙！”但《侏罗纪公园》并不是美好的童话。它更像是一个现代寓言故事。生命自会寻找出路，而且通常不由人来控制的。

正如影片中的混沌理论家伊恩•马尔科姆所言：“科学家过度关注于是否可以实现，却不曾停下来思考是否应该这样做。”（图 15.1）

图 15.1
真相从来都不是说出来的。杰夫•戈德布伦在《侏罗纪公园》（1993）中饰演伊恩•马尔科姆

前面几章探究了问题所处的语境及其初步的概念。在继续下一步之前，有一点很重要，即自己是否在正确的方向上做正确的事情？在这个执迷于颠覆的行业中，太容易在想法一有苗头时就盲目前进。这种快速的步伐使您需要面对更多道德和财务方面的考虑，这些都值得仔细审查。

恐龙是否会吃掉游客

在20世纪中期的互联网文化中，在推特上讲故事的人可能会看到“有图才有真相”的回复。让我们在这个比喻的基础上继续扩展。当您要创造一个非凡的场景时，一定要先拍照片（PICS）。PICS一组帮助记忆的缩写，代表着用来评判所有设计的四个关键原则（问题、包容、变化和系统）的视角（见表15.1）。

表15.1 有图才有真相

原则	挑战的问题
问题（Problem）	◎ 谁有这个需求？您是如何识别到它的？ ◎ 您是在根据解决方案寻找相应的问题吗？ ◎ 如何更好地利用时间和分配精力？ ◎ 优先级与价值是否匹配？
包容（Inclusive）	◎ 团队具有多元化的视角吗？ ◎ 当您在咨询专家时，是否会根据他们的建议采取行动？ ◎ 您是否会从健全人以外的视角进行探索？ ◎ 团队的作为是否为创造力和协作提供了安全的空间？
变化（Change）	◎ 您的改变理论是怎样的？ ◎ 成功和失败分别是什么样的？ ◎ 如果产品消失了，会怎样？ ◎ 对于意外情况或新状况，您的解决方案需要如何做出相应的变化？
系统（System）	◎ 是否考虑过您的提议可能会对系统产生怎样影响？ ◎ 您的工作可能会破坏哪些系统，如何将危害降到最低？ ◎ 您的提议可能会给整个行业、经济、环境或者社会带来什么意想不到的后果？ ◎ 您的解决方案将如何与体制化的种族主义或其他形式的制度性歧视相互影响？

15.1 它可能会带来哪些危害

虽然 PICS 可以运用于任何体验，但这种评估方式在多模态和跨设备的体验中变得尤为重要。为什么？因为随着多加一层交互模态（尤其是像语音这种具有表现力的模态），潜在的危害将显著提升。

- 多模态虽然很吸引人，但如果运用不当，可能会将许多人抛在身后，而不是带来更广泛的包容性。
- 多模态的解决方案往往更多聚焦于硬件，但如果过度关注于定制化硬件，那么每一个设备的购买都是在促成气候变化。
- 正如第 6 章、第 7 章 和第 13 章，语音体验能够有效地激活人们的大脑，跳过基于社会启发式评估的理性思考。恶意或有害的声音体验不仅会造成物质上的伤害，还会带来情感上的伤害。
- 正如在第 13 章中学到的，任何由人工智能驱动的解决方案都会在多个方面受到偏见的影响。如果没有包容的方法和积极的改变理论，这些系统将对人类的生活和自由造成重大的、不可弥补的伤害。
- 深度沉浸式的扩展现实体验（如 14 章所讨论的）是颇有说服力的，同时也是高成本的。如果使用不当，它们可能会造成经济上的压力、情感上的伤害或身体上的疾病。
- 这类思想练习的道德伦理框架早已存在。肯尼德·鲍尔斯在《未来的伦理学》一书中，以现代化的视角谈及义务论等思想流派：

> 伊曼努尔·康德建议我们想象一下我们的行为是否会被认为是一种普遍的行为法则。如果每个人都做了我准备要做的事情，会怎样？康德这个最重要的理论的简化版，对科学家而言是一个非常宝贵的伦理提示。它让我们关注于我们的决策可能创造的未来，并驱动我们从更广的视角来看待伦理的选择。

在任何项目中，您可能一开始都会认为那些不常用的应用、功能或产品看似无害。本章的问题想要迫使您以更开阔的思维方式进行思考。让我们通过 PICS 来探索我们的工作会带来哪些影响。

15.2 P：解决正确的问题

PICS 框架中的 P 代表的是“问题”。这个视角可以揭露出客观存在的和道德伦理上的影响。

- 谁有这个需求？您是如何识别到它的？
- 是在根据解决方案寻找相应的问题吗？
- 如何更好地利用时间和分配精力？
- 优先级与价值是否匹配？

15.2.1 谁有这个需求，您是如何识别它的

跳出用户画像，谈论真实的人类。

- 确保您在处理真实人类的问题。角色、原型和用户画像可以是宝贵的沟通工具。然而，它们往往会随着时间的推移而演变成一种虚构的手段，用来呈现我们期待看到的东西。尽量避免为现实中不存在的且混合各种特性的假设打造产品。
- 维护连接用户洞见的黄金线。了解您是从哪里发现这个需求：是通过情境化观察？用户反馈？遥测研究？或者需求来自于一个有权势却无法代表大多数用户需求的干系人？

15.2.2 是在根据解决方案寻找相应的问题吗

如果是用户体验的实践者（或者只是对这个领域感兴趣的人），那么很有可能充满动力通过某种方式帮助他人。

但这种想要帮助他人的本能（冲着为伤口包扎绷带）并不总是奏效。如果为伤口缠上绷带后却掩盖了一个后果更加严重的问题呢？

已故的汉斯·罗斯林在《事实》一书中指出了 10 种思维谬误，这些谬误导致我们无法通过基于事实的视角来看待周围的世界。排名第 8 位的是“单一视角”。

> 我虽然喜欢专家，但他们都有各自的局限性。首先非常明显的是，专家们拥有专业知识都只局限于自己熟悉的特定领域，尽管他们往往不承认这一点。这很容易理解，我们都希望自己有渊博的知识，而且对他人有用。我们也都希望自己所拥有的特定知识可以使自己高人一等，有优越感。

根据以往经验，我可以说这种现象对我来说是一个挑战，我猜大多数多模态设计师在某种程度上都有这方面的困扰。像您一样，我们有着来之不易的关于前沿科技的专业知识。我们很确定自己在合适的时间点，出现在合适的地方！很确定自己所热衷的各种语音科技、手势、聊天机器人或 VR 都可以带来很好的影响！

这种热情可能导致您变得草率，导致您过早地缩短探索问题真正根源的时间，也可能导致忽视一些上下文的因素，而这些因素可能代表着不一样的或者更复杂的问题。

正如古语所说：“当您只有一把锤子时，所有东西看上去都像是钉子。”

一种很好的检验方式是：如何陈述这个问题？陈述也就是说，是否提到了技术？如果它与技术相关，那么您会面临较大的风险。即以技术导向而非以解决问题为导向，会导致您对其他可能的解决方案视而不见。

15.2.3 如何更好地利用时间和分配精力

这是一个更加复杂的艰巨任务，因为它更主观。如果把关注点放在这个问题上，您有可能会错失哪些更具有影响力的机会？您是否在强调少数人而非多数人的需求？

我经常会想到的一个例子是拥有多部手机的用户所体验到的互联体验。我在 2018 年加入基金会的时候，我可以选择在个人设备上使用基金会的手机套餐，或是可以让我同时使用第二部手机。我选择了和大多数同事不同的方式，使用第二部手机，因为我不能使用基金会的资源来做我个人的业务（Ideaplatz）。我已经准备好迎接管理两部手机这种相当痛苦和冗余的体验了。但当我使用自己的苹果账号登陆第二个手机时，我惊讶于它无缝连接的过程。我的应用程序和设置同时在两个手机中同步。我可以轻松地将两部手机结合起来使用。第二个手机电话号码显示在我的联系人名片中，并且我可以在任何一个设备上访问所有的 Safari 页面。

从一方面讲，这的确是一个令人兴奋的发现。但作为产品设计师，我也不由得陷入了思考：这个世界上有多少人真的有两个苹果手机呢？苹果投入了多少资源在跨设备的场景中？是否可以将这些资源投入到更具有影响力的工作中以影响更多的苹果手机用户？

当然，可能不像我所想的这么简单。我无法获取苹果公司的用户数据，或许有许多像我这样的人。虽然我对此深表怀疑，但这是可能的。又或许有一个专职的团队在开发这项功能（我对此仍然深表怀疑）。

执行已经安排给自己的工作是一件简单的事情。对一项任务提出质疑，并且从一个更广的问题上重塑人们的看法，则相对困难。随着事业的发展，您会面临越来越多这种进退两难的问题。

15.2.4 优先级与价值是否匹配

虽然技术不是中立的，但它也不是非政治性的。无论自称多么中立，您对产品的决策都会反映并放大您对世界的价值观。您在工作中缺乏对政治后果的考虑，并不意味着自己是非政治性的。产品仍然存在于政治世界中，那些将个人舒适和成功置于整个社会福祉之上的人，往往会忽视这种影响。

是否把用户的安全放在首位，是价值观的一种体现。

是否明确地寻求不同的观点以帮助确定工作的优先次序，也是价值观的一种体现。

当然，需要清楚地陈述出自己的价值观，才能正确地评估它与产品价值的一致性。尽管很难抽出时间来做这件事，但这个步骤可以使团队在面对不可避免的变化时，能够通过有意义的、可衡量的方式进行讨论。这些价值观能够为团队提供一种共同语言来讨论困难的问题。

人物访谈：奥维塔·桑普森

解决大麻烦

在第 13 章中，我们讨论了奥维塔·桑普森在 IDEO 是如何设计人工智能产品的。在这里，我们谈谈科技行业尚未解决的许多问题。

问：**您希望人们能够用人工智能来解决什么问题？**

您知道吗？我受够了世界上最聪明的工程师把时间浪费在“点赞”这种按钮上，而不是他们本应投入时间的经济不平等上。如果我在 100 年前说：“您猜怎么着？我们要把人送上月球。我们要创造一种全世界人类都能理解的语言。（计算机编程，对吗？）如果我说我们可以这么做，您肯定会说我“简直是疯了！”

现在，我们可以减少收入不平等。我们可以创造一个人人都有家的社会环境。有足够的食物和燃料生存。我们可以改变和扭转气候变化。我们可以……多到无法举例。对吧？我之前提到的所有事情都发生在科技领域。同样的，对于气候变化、贫穷、无家可归、低教育水平等，科技也都可以解决这些问题。

我们有最聪明的人在做对我来说不是最重要的事情。为什么世界上最聪明的人不去尝试改变世界，让它变得更好，而是去挖空心思制造更好用的鼠标呢？这是最令人沮丧的事情。我认为，正是因为资本主义，我们才在技术上取得了如此大的进步，我完全理解。但为什么我们不能提供一些技术，比如在三天内用不到 5000 美元建造一座房子？为什么我们不能为残疾人和盲人提供人工智能相关的服务呢？

问：**比如找到使需求与新技术相匹配的方法？**

对，我想这就是我现在的处境。我们有奴隶和主人的故事。但这并不是我的功劳，这句话出自伊丽莎白·多里·通斯托尔①。既然她以这种方式谈论人工智能，我也就顺势而谈。

为什么我们必须让人工智能以我们一直以来思考技术的那种资本主义的、服务型的方式思考？为什么我们以一种独特的奴隶主叙事方式来创造人工

① 伊丽莎白·多里·通斯托尔是安大略艺术与设计学院院长，是全球各地设计学院的首位黑人院长。她的著作和演讲主题包括非殖民化的设计教育。

智能？为什么交互必须在个人和机器之间进行？为什么不能是个人、机器和生态系统呢？一旦环境、机器和参与其中的人之间都具有平等的影响力，从公共的角度来看，那是什么样子的呢？

想象自动驾驶汽车，车里不仅仅是司机。对吧？有司机、有车、有行人，还有其他的车辆以及城市安装的照明系统，甚至包括摄像头的供应商。所以这里有一整个生态系统，系统中的万物相互连接，用来帮助每一个人。但在我们制造汽车时，只是考虑到了这个小客体，只考虑了里面的家庭成员。为什么会这样呢？

我和我的学生做了一个练习，我说："设计一个没有设备的未来技术。"那会是什么样子呢？因为这些设备最终会进入垃圾填埋场。我们能以一种不伤害环境的方式使用技术吗？这才是世界上最聪明的工程师应该做的事情。

20 世纪 50 年代，利克莱德[②]说过："我想创造一种机器，让个人可以与之建立共生关系。"这在当时看来，简直是胡说八道！因为当时的电脑大到需要占据整个房间。这也只是他对个人电脑的一个未来的设想。但微软却真的实现了这个愿景——人手一台笔记本电脑。所以，我认为如果我们决定用科技来消除收入不平等，我们一定也会找到方法的。

相反，我们正在用新技术重复我们所有的错误。究竟为什么要在刑事司法系统中使用人工智能？为什么要在警务中使用预测性模型？我们都知道那些错误数据是不可靠的。当甚至人类都无法做出正确的决定时，我们为什么要从非人类的地方增加另一层决策呢？

20 多年的记者生涯使奥维塔·桑普森具备了敏锐的观察力、解释力和理解人们如何与周围世界互动的能力。德保罗大学的人机交互硕士学位使她进一步具备了相应的技能去探索认知、心理、社会和环境对人们的想法、说话和行为背后的影响。作为 IDEO 设计研究的负责人，她参与了一系列项目：服务设计软件、自然语言处理搜索引擎、道德框架、以人为本的系统设计等。

② 访问日期为 2020 年 5 月 28 日，网址为 https://en.wikipedia.org/wiki/J._C._R._Licklider。

15.3 I：追求包容性

PICS 中的 I 代表包容性，这并不是项目结束时才需要跨越的门槛。如果不在项目前期考虑包容性，项目在道德和观念层面都将是站不住脚的。

- 团队具有多元化的视角吗？
- 当您在咨询专家时，是否会根据他们的建议来采取行动？
- 您是否会从健全人以外的视角进行探索？
- 团队行为是否会为创造力和协作创造安全的空间？

如果目标是影响代表性不足的群体，比如少数民族或障碍人士，那么不管意图是什么，至关重要的都是确保这些群体的代表能够参与到设计过程中。

我们的联系比以往任何时候都更紧密，如果致力于这项工作，那么触达这些人的难度是很低的。当涉及用户和这些代表性不足的群体时，可以通过许多种方法来支持手头的工作，其中一些整理在表 15.2 中。

在西雅图举行的“交互 19”会议中，我在丽兹·杰克逊分享的“同理心使残疾污名具体化”话题里第一次听到“相互关系”这个词。正如第 1 章提到的，丽兹指出，许多对“包容性”设计的尝试不经意间传达出一个信息，即这些不同文化的个人或群体是设计师需要适应、融入并且解决的问题。即便是善意的同理心也可能会适得其反，导致“解决方案”针对的是身心障碍人士，而不是他们周围的困难。这是我们所有人要经历的包容性旅程，也包括我自己。

想想看，我们现在如此紧密连接，能相互沟通，让代表人数少的群体能够有足够的声音指引来，这是一件多么美好的事情。继续聆听这些群体的声音，让您能够更好地履行相互之间道德伦理方面的义务。

- 潜在的项目或产品是能够产生组织层面的变革，还是试着去“指正”在现有系统中尚不具有优势的人？

- 是否可以奖励做正确的事并从源头上停止歧视？
- 是否可以增强身心障碍人士的优势，而不是企图迫使他们做本不适合自己的事情？

表 15.2 我挑选了一些方法，来让我们能听到更多群体的观点

方法	描述
多元化招聘	从不同的群体中招募代表人员加入产品团队，尤其是符合产品人口学特征的人。想要取得成功，就需要摒弃“文化契合度”作为招聘标准，而是采用多元化的视角
包容性设计	一种能够促成并利用人类多样性的设计方法。最重要的是，这意味着要包容拥有各种观点的人，并向他们学习
包容性设计冲刺	利用专门的一段时间（通常是一周，有时候会更久），完全专注于包容性设计中。通常，会有偿邀请不同群体成员以专家身份加入团队中以分享他们的观点
参与式设计	不要只是向不同群体的参与者展示设计并让他们进行评估，要让他们参与到实际的设计实践中。在这个实践的产出代表最终的产品设计
相互关系	在设计过程中，给予不同群体的成员充分的发言权，并让他们作为正式的主题内容的专家和干系人参与到工作中

说明 **残障歧视**

牛津英语词典对“残障歧视”如此定义：“一种歧视，表现为健全人倾向于对有身心障碍人士持有偏见。各种形式的歧视可以表现在有意识的和无意识的行为中。”

这项工作很难，但非常重要。

开始这段旅程时，需要鼓励大家从内部进行审查。对于代表性不足人群，无论他们是作为同事或者的参与者，团队哪些行为可能使其

声音被边缘化。反种族主义经济学家金·克雷顿博士是第 1 章提及的 #CauseAScene 指导原则的创造者，他通过我们在我们的领域中定义的“技术”来谈论这一现象。[③]

> 在努力变得更加包容和多样化的过程中，我们必须超越性别和种族的限制，批判性地审视我们有意和无意的行为，这些行为可能会为其他人带来障碍。如果不把我们定义的“技术”延伸并扩大到编程工作之外，那些拥有同样重要技能的人将更难将自己打造成专家并且得到同等的尊重和报酬。

在踏上包容之旅前，不需要事先就有解决方案。实际上，如果您不是少数群体中的一员，最好不要妄下定论。在寻找解决方案之前，可以通过上述方法寻找多元化的观点。

首先关注那些需求尚未得到满足的人，放大他们的声音，并在从概念到创新的旅程中将他们包括进来。在这个过程中，监测团队的态度和行为，找机会将偏见和歧视调整为更具有包容性的行为。

15.4 C：变化和后果

我们设计的产品反映了一种假设（即相信自己能对这个世界作出变化）及其带来的价值，即便等到体验发布了以后还在必须根据周围环境的变化而作出调整。

- 成功和失败分别是什么样的？
- 如果产品消失了，会怎样？
- 对于意外情况或新状况，您的解决方案需要如何相应地进行改变？
- 您的改变理论是怎样的？

③ 访问日期为 2019 年 7 月 5 日，网址为 https://hashtagcauseascene.com/coaching/2019/07/05/i-dont-do- non-technical-talks/。

15.4.1 成功和失败

第 11 章介绍了乐观的悲观主义这个概念，后者是一种用于探索特定问题可能性范围的工具。在产生解决方案之前，乐观的悲观主义也可以用来探索理想结果的可行性和可取性。

扩宽视野

虽然同理心[④]这个概念在设计行业中已经被滥用，但如果人类能够在故事中以某种方式“看到”自己，那么他们将更容易投入真情实感。这已经不是什么秘密了。

这是微软的包容性设计工具包如此有影响力的原因之一。它向有身心障碍的用户展示了多种生活和适应的方式，它也对临时性障碍进行了描述，以搭建一座同理心的桥梁。对这些不同视角的依赖会让身心障碍社区的一些人感到沮丧，为什么健全人的团队很难为其不一样的人进行设计？这种沮丧是可以理解的。但是，正如工具包所描述的那样，对许多人来说，他们有机会通过这座同理心的桥梁向更高的目标迈出关键的第一步。“世界人口 80 亿。我们的目标是创造出在身体上、认知上和情感上适合每个人的产品。第一步是将人类的多样性视为一种资源，用来引导更好的设计。”

如果准备开始聚焦于身心障碍并在此基础上进行多样化、适应性的设计，那么“包容性设计工具包”就是一个很好的入门读物（图 15.2）。它提供了很好的定义以及进行多元的视角和三个包容性原则探究的活动，可以轻松应用于日常工作中。

图 15.2
微软包容性设计工具包提供的练习、原则和视角展示了多种不同的用户画像，不同于传统的是，它是不是为身心障碍人士提供了这种非黑即白的分类方式

④ 译注：详情及相关小练习可以参见《同理心：沟通。协作与创造力的奥秘》，译者陈鹄、潘玉琪和杨志昂，清华大学出版 2019 年 7 月出版。

为了开发出兼顾技术和道德的解决方案，可以将内在因素（提供一个新功能或产品）和外在因素（事件和市场力量）作为设计制约条件进行探究 。

思考产品可能被滥用的情况，尽管这在一开始可能很困难。设计师作为创造力的先驱，有责任在企业内推动评估这种最差情况的头脑风暴（理想情况下，在产品初次体现出漏洞的迹象时，并且在取得巨大成功前做这件事）。本章对凯西·费斯勒博士进行了采访，可能可以从中获得一些有用的框架灵感。

如果不对滥用或扩展问题进行说明（或调整），就会对用户和平台本身造成持久的伤害。自从 Zoom 的使用量增加并引起黑客入侵的“Zoom 轰炸”现象后，Zoom 的公众形象受到重创，详情见本章介绍的案例。

15.4.2 为退出做设计

如果产品消失了会怎样？如果用户停止与产品的互动会怎样？我们对产品的诞生和潜在用户的初次使用给予如此多的关注，一旦用户关系发生变化，就还有无数的事情需要考虑。

- 停止使用产品或取消订阅：数据可以进行归档与携带，将服务移交给另一个供应商。
- 用户死亡：纪念、删除、AI 自动更新以及封存归档。
- 产品报废：升级、回收和处理。

如果不对退出进行思考，那么可能会有其他人来为您定义这些模式的风险。正如《结束》（*Ends*）这本书的作者乔·麦克劳德指出的：“世界上一些大型商业部门通常都会否认消费者的退出，以至于需要通过立法来强迫他们这么做。”美国的《全球数据保护条例》和《电话可携性准则》正是由于服务所有者缺乏积极主动的行动而产生的。

在一个难以确定品牌忠诚度的世界里，个人表达和灵活性十分重要，为用户设计周到的退出体验可能会带来更高程度的重新参与。

15.4.3 适应未来的变化

无论团队有多大的创造力，都无法预料到产品未来可能发生的所有事情。只需看看 2020 年的新冠病毒大流行，就可以知道突发的外部条件如何完全改变产品环境。

在一个无法预测未来的世界里，应该怎么准备应对意外？在很多情况下，这是变革管理的工作内容。

- 什么信号可以表明出问题了？
- 在产品推出后，通过哪些举措来允许产品方向的转变或调整？
- 如何让搭建的系统在几乎无需额外时间或资源投入的情况下做出重要的改变？

15.4.4 改变理论

对于那些大型的、具有野心的项目（大规模的 AI 举措、社会正义、政治改革项目以及各种不同形式的社会公益），可能需要制定一个更加强大的概念框架来指引自己逐步迈向之前未达成的目标。

在我的职业生涯中，每个新的篇章都能够扩宽我的眼界，让我以新的方式进行思考，我在比尔及梅琳达 • 盖茨基金会的角色也不例外。在社会公益、战略家、赞助者和项目官员的世界中，他们都在系统性地发展和获取自己的变革理论，为处理难题做出准备。

改变理论（Theory of Change）是一系列层层递进的假设，这些假设最终会带来理想的结果或世界的改变。它是一条因果链，从最初的假设到随着时间改变而发生的更显著的变化。从某种程度上讲，这是一种着眼于项目本身的服务设计。

案例：Zoom 以及新冠病毒（COVID-19）

新冠病毒在 2020 年全面爆发，一夜之间从根本上改变了数字协作市场。Zoom 作为数字远程会议平台一直健康但温和地增长，在这时的使用量却惊人地暴增。在短短四个月的时间里，日活跃用户激增 20 倍（据《纽约时报》报道，从 1000 万到 2 亿）。

这种惊人的成功是有代价的。危机发生不久后，关于黑客入侵 Zoom 会议室的报道开始出现。Zoom 原本为方便人们加入会议进行的优化却导致不良分子太容易不请自来地加入会议，并让其他参会者看到令人生厌的和冒犯性的内容。这种行为经常发生，甚至在 Rosenfeld Media 举办的 2020 年先进性研究数字会议上，主办方的房间里也出现了这种袭击。为了保障内容安全性而设计的平台通常需要进行认证，所以对微软 Teams 等竞争产品来说，这并不会构成问题。几周后，Zoom 发布了一个版本更新，强制将一些更严格的设置作为默认选项，但并没有从根本上解决问题。

2020 年 4 月，《纽约时报》的记者娜塔莎 • 辛格、尼科尔 • 珀罗思、亚伦 • 克罗利克与 Zoom 的首席执行官袁征就安全问题进行了交谈。[⑤]在和袁先生

⑤ 《纽约时报》，访问日期为 2020 年 4 月 8 日，网址为 www.nytimes.com/2020/04/08/business/zoom-video-privacy-security-coronavirus.html。

从一个非常高的层面来进行改变理论的定义。

- 商定一个可实现的长期目标。
- 探讨这个问题：“我们必须具备哪些条件才能达到这个目标？”
- 抓住这些条件以及与先前目标的因果联系。
- 根据需要重复进行。

这是一种有条不紊的方法，可以在没有计划的情况下创造一个计划（作为一个高度合作和抽象化的过程，改变理论工作坊已经在很多设计师的工作中得到应用）。制定了改变理论后，它能提供一条通往成功的途径，并为团队提供一种具体的方式，用来度量他们实现长期目标的方法。您的改变理论是什么呢？

的访谈中，记者认识到："……他最大的遗憾是没有意识到，有一天，Zoom 的使用者不仅包含精通数字技术的企业用户，还有大量技术新手。"

用袁先生自己在文章中的话来说：

> 我们专注于企业用户。然而，我们应该想到如果一些终端用户开始使用 Zoom ...... 也许是家庭聚会或者是在线婚礼。我们从来没有想过风险、滥用这些问题……如果不是这次危机，我想我们永远想不到这一点。

但这并不是 Zoom 第一次出现安全漏洞。2019 年，安全研究员乔纳森·莱特舒赫发现 Mac 电脑上 Zoom 用户端的一个漏洞，该漏洞允许恶意网站在未经同意的情况下强行让电脑打开视频通话。[6]未能在出现问题的第一时间就提升对安全性的重视，从而导致更为广泛和持久的后果。具有讽刺意味的是发生在该产品可能最成功的时候。

这种情况是一种很重要的警示：总是有些不良分子喜欢破坏产品。许多产品和服务仅仅是因为不足以引起他们的注意和下手而已。

⑥ 访问日期为 2019 年 7 月 9 日，网址为 https://9to5mac.com/2019/ 07/09/zoom-vulnerability-mac/

15.5 S：系统的视角

所有的东西都是相互连接的（且并不只是与互联网连接）。全球各地的每个设备都需要消耗时间和宝贵的资源。

云端的每一兆字节的数据都在昼夜不停地消耗着能源。而每一个数字体验都会对其所在世界的社会和政治结构产生影响。

- 是否考虑过您的提议可能对其所处的系统产生怎样的影响？
- 您的工作可能会破坏哪些体系？如何将危害降到最低？
- 您的提议可能会给整个行业、经济、环境或者社会带来哪些意想不到的后果？

- 解决方案将如何与体制化的种族主义或其他形式的制度性歧视进行交互？

15.5.1 考虑潜在影响

在第 11 章中，我们了解到乐观的悲观主义，这是一种思维练习，可以迫使我们主动发挥创造性，以避免未来的危害。乐观的悲观主义在产品范围内很受用，但也能够轻松扩展到产品或服务的边界之外，帮助我们从更系统化地进行思考。

作为设计师，您可能认为自己的行为举止并不重要，也可能认为自己的产品不会给世界带来负面的影响。但是，脸书（Facebook）上一个看似无害的广告平台对整个国家产生了不可否认的两极分化的影响，并可能使国际社会对选举进行干预。

当把责任归咎于一个人、一家公司或一个特定的现象时，无疑相当于失去了一个重要的机会来考虑自己可以做出哪些贡献。

假设自己设计的功能、产品或服务可能对周围的世界产生巨大的影响，那么还可能需要做出怎样的调整呢？

15.5.2 具有破坏性的扰乱

在许多情况下，用户的生活已经相当不错了。他们不需要、不希望、也不欢迎被打扰和破坏。

而科技行业几十年来一直在庆祝“破坏性”的技术。这种庆祝似乎是一种奇怪的情绪，因为最初对“扰乱”的定义是负面的：

> 扰乱（名词）：“打断事件、活动或进程的困扰或问题。”

无论媒体是否认为“扰乱”是正面的，但它经常导致大规模的意外后果（具体例子见后续补充内容）。今天，技术带来的远远不只是情绪上的烦恼，它还会使人类变得非常脆弱或者对生活方式造成持续性的伤害。

“扰乱”相当于在空中投掷闪光弹，趁着大家分神的时候抢走他们的钱，然后消失在烟雾中。面对可能带来的扰乱，要给予必要的尊重，因为看似有利可图的机会，可能会对处于社会边缘的人造成实质性的伤害。

扰乱带来的危害

今天，技术带来的远不止是情绪上的烦恼，它还会使人类变得非常脆弱，或者对生活方式造成持续性的损害。

家庭支离破碎

饱受争议的软件公司 Palantir 告诉《纽约时报》，他们为美国移民和海关执法局（Immigration and Customs Enforcement，ICE）所做的工作并没有被用于驱逐无证移民，因为这是用来支持国土安全调查部门的。[7] 但根据政治行动委员会 Mijente 获得的内部文件，Palantir 软件“…… 一直用于帮助特工建立移民儿童及其家庭成员的档案，以便起诉和逮捕他们在调查中遇到的任何无证人员。”[8]

隐私受到侵犯

谷歌 Duplex 冒充人类来电，通过电话套取商业数据，引发了社会上的强烈抵制。[9] 由于自然语言处理系统本身需要录音，所以冒充人类不仅仅是一种误导，还是一个重大的道德伦理问题。不到一年的时间，加州便通过立法，明确规定机器人冒充人类为非法行为，这两件事情之间不大可能纯属巧合。[10]

居民流离失所

爱彼迎（Airbnb）成功“扰乱”了酒店市场，但房东所居住的社区需要付出代价。短期租赁的巨大收益潜力带来了社区分裂、租金提升和驱逐事件，并且随着老旧的公寓被改造成临时住所，城市化进程不断加速。[11]

---

⑦ 访问日期为 2018 年 12 月 11 日，网址为 https://www.nytimes.com/2018/12/11/business/dealbook/investor-bias-discrimination.html。

⑧ Mijente，网址为 2019 年 5 月 2 日。

⑨ 访问日期为 2018 年 5 月 14 日，网址为 https://www.npr.org/2018/05/14/611097647/googles-duplex-raises-ethical-questions。

⑩ 访问日期为 2018 年 10 月 13 日，网址为 https://www.sfchronicle.com/business/article/California-law-takes-aim-at-chatbots-posing-as-13304005.php。

⑪ 访问日期为 2019 年 8 月 18 日，网址为 https://www.bbc.com/news/business-45083954。

人物访谈：凯西・菲斯勒博士

从小说到道德伦理

凯西・菲斯勒博士是科罗拉多大学博尔德分校互联网规则实验室的主任，她在该实验室讲授技术伦理、数字治理和在线社区等课程，同时也提供相关咨询服务。她不仅是人机交互（CHI）社区积极的参与者，还是一位出版过科技、法律、科幻小说和奇幻小说的作家。在2019新冠爆发的前几个月，我有幸与她聊到这个行业的未来发展方向。

问：**您的学生是否会基于技术在道德伦理上的应用提出一些新的观点？**

我时常被他们的乐观所折服。举一个具体的例子：我经常提到一个概念，即机器学习对心理健康有预测性效果，特别是基于社会媒体数据场景。我已经在几个不同的班级中提到这个概念，并作为具体的案例让他们进行研究。我会说："我来给您介绍一下这项技术的工作原理。下面是他们可能会做的一些事情，请告诉我该如何应用。"学生每次都会马上回答："当人们需要帮助的时候，我们会介入！或是阻止自杀！"但我真的必须促使他们在思考的时候须跳出那些显而易见、基于善意的思维。所以我会追问："举个例子，如果它预测用户可能患有饮食失调症，而推给他们减肥药广告，那该怎么处理？"然后他们的反应则是"啊！"不过，他们最终都会找到解决方案。

我真正感兴趣的研究是，这种推测行为对那些来自边缘化群体的人来说是否产生不同的结果。如果您在网上经常受到骚扰，可能会转而选择到一些不会被其他人骚扰的技术。

我做了过一个练习，我问："想象一下，一个超级恶棍会如何使用这种技术。该如何设计使其无法使用这项技术做类似这样的事情？"这是去年我们在CHI研讨会上做的一个练习，叫"恶魔的CHI"。

问：**就像是"如果灭霸掌握了这项技术，它会如何利用？"**

在这一点上……坏人以及他们如何使用科技是一件非常棘手的事情。像《复仇者联盟》中的灭霸就是利用设计虚构和投机思维来思考科技负面影响的好例子。

我们特意做了那个练习，我在课堂上采用"黑镜编剧室"的方式进行练习。它需要一些创造力，所以说我认为阅读科幻小说对道德伦理的思考确实有帮助。一旦他们着手去做，意识到自己可以思考的事情，就会真正地进入状态，想出一些很棒的东西。

但重要的是，您的思绪不能止步于此，还需要思考如何设计这项技术，或是说如何制定使用规范（也就是说，怎样才能防止这些不好的事情发生？）。

我们系有个班最近遭遇 Zoom 的黑客轰炸。而 Zoom 的首席执行官轻描淡写地说一句："我们没想到会发生这种事。" 我们都知道，人们不可能预见到未来。但如果在几年前能够坐下来说："在未来，突然之间，每个人都会使用这个平台。想想人们可能用它来做哪些坏事。" 这种情况下，有可能倒是会很轻易地想到"这些人很可能会跳进公共会议，并发布一些粗俗的言论。" 我不认为在设计过程中一定需要这种猜测，但在当下的社会环境下，这些思考可能十分重要。

问：**您的工作也涉及数字社区。您认为新冠病毒如何影响人们的体验呢？**

从很多方面来说，如果这一切发生在 30 年前，情况会非常糟糕！在每个人都有互联网之前，就已经存在严重的异化现象。更可能发生的是越来越多的人意识到数字互动是真实的。虽然人们仍然会区分在互联网或是现实生活中的交互方式。他们会说："好吧，X 是我现实生活中的朋友，Y 是我的网友。" 但他们其实都是真正的朋友！人们有着非常真实的深厚的友谊，他们与从未见过面的人们也有着密切的互动。在过去的 20 年里，这种情况一直存在，只是没有经历过这种情况的人都觉得很奇怪。但这里可能发生的事情是，更多的人开始意识到，想要获取有意义的互动，大可不必亲自与他人面对面互动。

由于各种各样的原因，互联网实际上已经成为许多不同人群的一个重要的支持空间。我研究过网上的粉丝社区，特别是有时候它可以作为 LGBTQ 社区的主要交流窗口。去年，我的一个研究生主导了一项研究，她对所有这些人描述了这样一个故事："我来自一个从未见过同性恋的农村。在玩汤博乐（Tumblr，轻博客网站）之前，我从来没有和这类群体中的人接触过，更是从未听过"无性恋"这个词。但这之后，我才逐渐意识到我其实就是一个'无性恋'者！" 所有这些神奇的故事基本上都是关于在线社区如何拯救生命的。我认为，对于那些在现实生活中可能得不到支持的边缘化或弱势群体来说，这种情况真的非常多。

问：**您希望向设计师和产品团队传达关于道德伦理方面以及工作内容方面的哪些信息呢？**

像乐观主义者一样创新，像悲观主义者一样准备。不要止步于考虑可能发生不好的事情，因为初期进行这种推测是非常必要的。在技术设计中，伦理学应该尽早并尽量多出现。整个过程都要考虑道德、社会影响和其他负面后果。还有，不要只是让律师负责道德规范，还要让不同的角色进行主导。

我以前用过这个比喻：安全工程师应该在建筑工地上工作。但这并不意味着搭建清水墙的人看到一根带电的电线时会说，“哦，那需要由安全工程师来负责修。”

我不认为每个在科技行业工作的人都应该有哲学学位。不是每个人都需要成为伦理学家。但每个人都应该思考这个问题。只有对它有足够的了解，才能够发现问题并把问题传递给团队，让大家一起思考并解决它。

凯西·菲斯勒博士是科罗拉多大学博尔德分校信息科学系的助理教授（也是计算机科学系的顾问）。她拥有佐治亚理工学院人本计算的博士学位和范德堡法学院的法学博士学位，主要研究社会计算、法律、伦理和粉丝社区（偶尔同步进行）。要想深入了解她的工作，请访问 caseyfiesler.com。

15.6 落地实践，行动起来

现在，您可能会感到不堪重负。也许自己并没有想着要拯救世界，只是想营造一个令人愉快的体验而已。

并不是说营造有趣、愉悦和创新的体验是不道德和不可持续的。实际上，这可能比您想象的更容易开展，只需要在背后集合一些东西，一套用来解决问题的框架和语言。

联合国公布了一份清单，包含 17 个可持续发展目标，旨在帮助国际社会团结起来面对最重要的挑战，使人类与地球能够共同繁荣发展。这些目标的提出，是希望在2030年之前能够看到相应的解决方案（图15.3）。

图 15.3
17 项可持续发展目标，由联合国提供

17项可持续发展目标如下所示：

1. 无贫穷

2. 零饥饿

3. 良好健康与福祉

4. 优质教育

5. 性别平等

6. 清洁饮水与卫生设施

7. 经济适用的清洁能源

8. 体面工作和经济增长

9. 产业、创新和基础设施

10. 减少不平等

11. 可持续城市和社区

12. 负责任消费和生产

13. 气候行动

14. 水下生物

15. 陆地生物

16. 和平、正义与强大机构

17. 促进目标实现的伙伴关系

在这些目标中有非常多的创新机会（不仅仅是目标 9“产业、创新和基础设施”）。这是 17 个具体的出发点，能够利用技术将世界变得更加美好：

- 通过多模态技术，使更多人能够使用生产力工具（目标 8 和 10）
- 开发一种 AI 交互工具，并反对带性别偏见的数据来源（目标 4 和 5）
- 利用虚拟现实技术创造沉浸式的教育体验，以获得更好的工作成果（目标 8）

是不是不知道从哪里着手才能确保个人意图与影响保持一致？

- 将可持续发展目标作为出发点。您的工作如何推动这些目标中的一个或多个？
- 在投入过多时间和金钱前，请参考回伊曼纽尔·康德的道德提示：如果每个人都做您要做的事，会怎样？
- 应用本书中的框架，创造一个丰富、灵活、包容的体验来追求个人明确指出的目标。
- 用 PICS 框架评估提出的解决方案，以确保它在道德上和观念上能够立足。

多模态的设计是一项宏伟、耗时且复杂的工作，它需要确保所有的努力真的能够带来一个更好的世界。这些项目比我们任何人都重要。需要通过相互协作、有纪律性的努力来完成这些雄心勃勃且宏伟的愿景。虽然有时候觉得这些基础工作并不值得付出努力，但相信我，务必坚持到底。我们需要建立一个强大的基础来支撑如此宏伟的愿景。

多模态的设计是一个漫长的旅程。它需要对语境有充分的认知、需要有真心合作的态度，需要有推陈出新的勇气，同时还要参与到深层次的系统设计中。但这也是一个激动人心的旅程，我迫不及待地想要看到这段旅程会带领大家前往何方。

致谢

感谢参与本书访谈并慷慨贡献时间和专业知识的各位（按书中出场顺序）：珍妮斯·蔡博士、赛义德·萨米尔·阿尔沙德、凯瑟·彼尔、珍·科顿、安娜·阿波维扬、克雷格·福克斯、布拉德·弗罗斯特、奥维塔·桑普森、杰西·谢尔以及凯西·菲斯勒博士。

感谢凯莉·麦克阿瑟：谢谢您成为我的第一个审阅者。您最勇敢，最多才多艺。在这个过程中，您几周前就读了我的作品，并给我提供了宝贵的反馈。

感谢我的技术审阅者：布莱斯·约翰逊、迪·当和贡萨洛·拉莫斯，非常感谢你们在有限的空闲时间里慷慨地阅读我未经琢磨的初稿，并为本书贡献你们宝贵的意见。

感谢我的编辑玛塔·贾斯塔克，感谢您热情的指导、有建设性的反馈并且用专业的视角与我展开了愉快合作。

感谢路·罗森菲尔德，感谢您为建立这个社区所做的辛勤工作，感谢您邀请我加入这个大家庭。

感谢比尔·巴克斯顿，2017 年底看到我在微软研究中心发表“语音的未来”的演讲后，您和我分享了您对多模态的看法。

感谢反种族主义的经济学家、标签 #causeascene 的创造者金·克雷顿博士，感谢您坚持不懈的宣传并慷慨地同意我将您的指导原则纳入本书。

丽贝卡·斯托克利、苏珊·麦克弗森、杰森·梅苏特、戴夫·马鲁夫、凯瑟琳·蒂茨沃思和乔治·罗比诺，感谢你们为我提供核实、定义以及观点的咨询帮助。

感谢我亲爱的丈夫大卫·福伯特，感谢您在我还没写这本书时就鼓励我写书，感谢您对我的多种职业坚定不移地给予热情的支持，感谢您鼓励我成为一个更好的人，感谢您给予我友谊与陪伴。您在我心中的位置稳如磐石。

感谢我的父母系琼 & 马克・普拉茨，感谢你们总是鼓励我做各种事情，感谢你们发现我年幼时惊人的求知欲并培养我，感谢你们为帮助我接受高质量教育所做出的牺牲（还有所有那些迪士尼之旅）。

感谢我的兄弟凯尔・普拉茨。当然，您是很棒的亲人，特别是让我认识了《神奇宝贝》，虽然看似无足轻重，但神奇宝贝对我来说一直是我重要的灵感来源。还有您一直以来的爱和支持，特别是我们一起的 Twitch 社区时间。

感谢我的兄弟道格・普拉茨，感谢您在我们大学时期和我们早期职业生涯发展过程中给予我的友谊和支持。

感谢维多利亚・皮科、乔・皮科、伊丽莎白・卡切尔、帕姆・波利卡斯特里、塞勒・沃尔曼、斯蒂芬・穆勒、凯利・麦克阿瑟、大卫・佩克、埃里克・本奈特、蒂姆・哈拉汉和阿文・拉塞尔。我很庆幸在我的生命中遇见你们。感谢你们一路以来的支持，从医院的病床到拼图游戏和那些在迪士尼的日子。为我们的未来干杯！

感谢兰迪・迪克森和杰・希特，你们在 Unexpected Productions 的指导、友谊和支持改变了我与舞台工作即兴表演的关系。还有肯特・惠普尔，为了支持这个即兴表演之家，您奉献了大量的精力。

感谢克雷格・福克斯、史蒂夫・埃廷格和 JC・康纳斯。你们的领导、指导、情谊和对我的设计能力的信任，改变了我的职业生涯。

感谢艾米・卡尔森，感谢您的友谊以及与我同舟共济，不管日子是好是坏。感谢您来到西雅图加入我的迪士尼之友旅程。还要感谢“迪士尼之友”的领队塔玛拉・诺斯和比尔・哈丁，我们一起的时间永远是特别美好的回忆。史迪奇将永远陪着我们。

感谢丽莎・史提夫曼、苏梅达・克什尔萨加、沙恩・兰德里（和达尔恩・吉尔。你们慷慨的指导帮助我开始了我的设计语音和自然用户界面的事业。

感谢伊娃・马诺里斯、麦琪・麦克道尔、罗伯特・泽能尔、冈萨罗・拉莫斯、雪莉・史蒂文斯、马克思・史派瓦克和杰克・魏。在亚马逊 Echo Look 团队工作的期间，感谢你们对我的细心和我们美好的友情。

感谢乔恩·哈里斯和纳菲萨·博雅瓦拉，感谢你们在我成为主理人的途中给予我指导、赞助和鼓励。

感谢弗吉尼亚·麦克阿瑟。在我早期从事视频游戏工作时，您的指导和对我的信任为我打开了许多的机会，这是我们俩都无法预料到的。感谢杰西·谢尔。我以前认为游戏设计和我不沾边儿，但您的才华、建言和技术能力，让游戏设计成为我早期职业生涯重要的一部分。

感谢亚历山大·穆尔、斯蒂芬妮·汤姆科和大卫·沃克。感谢你们在微软车载系统项目期间分享你们热情、独特的专业知识和友谊。

感谢马克·斯泰利克，您有着为任何卡内基梅隆大学学生提供指导的惊人能力，不论他们处在职业生涯的任何阶段。特别感谢您在9·11事件之后的黑暗时期热情地督促我完成我的计算机科学学位。

祝福 Unexpected Productiony 制作公司里的所有的演员和工作人员，特别是 NERDprov 大家庭的成员：珍妮、托尼、丹、劳伦、克劳迪娅、萨拉和迈克。

因为篇幅有限，对我在这里没有点名的所有亲爱的朋友（其中许多人也许在我写本书的一年中都没有机会见面），愿我们更快乐和更健康，未来有机会携手合作。

感谢比尔及梅琳达·盖茨基金会的同事，感谢他们的友情和对我演讲及写作事业的持续支持。我期待着我们一起继续完成这项伟大的事业。

感谢我的医疗团队在我创作本书的过程中对我的照顾。这在疫情期间并不简单。特别是帕勒姆医生和埃里克森医生，他们为我带来启发，让我在日常生活中从容应对自己的身心障碍。

感谢我的网络社区 ##MagicMafia。感谢你们让我对数字世界中的人性恢复了信心，感谢你们这些年来的友情、真诚和幽默。

特别感谢我的社区志愿管理者，凯亚伦、大卫·德玛及阿瑞丁斯科。

感谢各种专题座谈会的组织者，你们为想这样的人创造平台而辛勤工作着。感谢你们不辞辛劳，接受挑战，把不同的观点和文化聚集在一起。

感谢交互设计协会的指导，无论过去还是现在，他们创造的社区和举办的许多座谈会，为我和其他人提供了无数的机会。

感谢我的律师勒米·吉科尔森和克里斯塔·康提诺·桑比，感谢你们与我的专业合作，帮助我，为我引路。

感谢所有参加过我的工作坊或在讲座后及社交媒体上与我联系的人，你们的能量、热情和洞察力帮助我继续坚定地特立独行。

出版人寄语

非常感谢大家购买本书。本书以及我们 Rosenfeld Media 的每个作品背后都有其独特的故事。

自 20 世纪 90 年代初以来，我一直身兼多职：用户体验咨询师、会议主持人、研讨会讲师和作者。我最出名的作品可能是与人合写的《信息架构：超越 Web 设计》。在每一个身份中，我都曾经因错过应用用户体验原则和实践用户体验而感到沮丧。

我在 2005 年创办了 Rosenfeld Media，我的目标是，出版与设计和开发相关的书籍并使其知识点能够落地。从那时起，我们开始扩展行业，举办领先行业的研讨会和工作坊。在各种情况下，用户体验都在帮助我们创造更好、更成功的产品（如大家预期的一样）。从采用用户研究来驱动书籍的设计和研讨会项目，到与我们的会议演讲者密切合作，再到对用户服务给予深切的关怀，我们每天都在实践自己的主张。

请访问 rosenfeldmedia.com，深入了解我们的研讨会、工作坊、免费社区以及为大家提供的其他大量资源。欢迎大家提出自己的想法、建议和疑问，我的邮箱是 louis@rosenfeldmedia.com

我很乐意倾听到大家的意见，希望大家喜欢这本书！

关于著译者

谢丽尔·普拉茨（Cheryl Platz），知名设计师，她的工作聚焦于新兴技术领域。从最畅销的电子游戏到世界上最大的云平台，她的影响力涉及多个行业中的数百万用户。她的工作热情表现在自然用户界面、应用型设计故事叙述和征服任何复杂性设计问题等方面。她先后任职于亚马逊（负责 Alexa、Echo Look 与 Echo Show）、微软（负责 Azure 与 Cortana）、艺电（负责 The Sims franchise），Griptonite 游戏制作公司（负责 Disney Friends）、迪士尼乐园（负责 PhotoPass）和玛雅设计公司（MAYA Design）。

目前，谢丽尔是比尔及梅林达盖茨基金会的全职首席用户体验设计师，她帮助开发全球规模的新型数字合作服务。同时，作为设计教育公司 Ideaplatz 的负责人和所有者，谢丽尔在世界各地为五大洲超过 15 个国家的听众举办过深受大家欢迎的研讨会和讲座。

谢丽尔的背景很独特，有超过 15 年的专业演员和即兴表演经验。自 2008 年以来，她一直是西雅图一家表演团体的成员，并引以为傲。自 2013 年以来，她一直是该团体的指导成员。

谢丽尔拥有卡内基梅隆大学计算机科学和人机交互学士学位。她的推特账号是 @funnygodmother 和 @ideaplatz，也可以在 http://cherylplatz.com 深入了解她的工作。

林泽涵，毕业于香港理工大学设计学院，目前在蔚来汽车从事用户体验研究。在汽车 HMI 多模态交互设计、体验评测方向有丰富的项目实践经验。

毕庭硕（Ethan Pitt），加拿大英属哥伦比亚大学经济专业毕业，在日本庆应义塾大学获得媒体设计硕士学位。目前为体验设计工作者。

优秀设计师典藏 · UCD经典译丛

正在爆发的互联网革命，使得网络和计算机已经渗透到我们日常的生活和学习，或者说已经隐形到我们的周边，成为我们的默认工作和学习环境，使得全世界前所未有地整合，但同时又前所未有地个性化。以前普适性的设计方针和指南，现在很难讨好用户。

有人说，眼球经济之后，我们进入体验经济时代。作为企业，必须面对庞大而细分的用户需求，敏捷地进行用户研究，倡导并践行个性化的用户体验。我们高度赞同《用户体验研究》中的这段话：

> “随着信息革命渗透到全世界的社会，工业革命的习惯已经融化而消失了。世界不再需要批量生产、批量营销、批量分销的产品和想法，没有道理再考虑批量市场，不再需要根据对一些人的了解为所有人创建解决方案。随着经济环境变得更艰难，竞争更激烈，每个地方的公司都会意识到好的商业并非止于而是始于产品或者服务的最终用户。”

这是一个个性化的时代，也是一个体验经济的时代，当技术创新的脚步放慢，是时候增强用户体验，优化用户体验，使其成为提升生活质量、工作效率和学习效率的得力助手。为此，我们特别甄选了用户体验 / 用户研究方面的优秀图书，希望能从理论和实践方面辅助我们的设计师更上一层楼，因为，从优秀到卓越，有时只有一步之遥。这套丛书采用开放形式，主要基于常规读本和轻阅读读本，前者重在提纲挈领，帮助设计师随时回归设计之道，后者注重实践，帮助设计师通过丰富的实例进行思考和总结，不断提升和形成自己的品味，形成自己的风格。

我们希望能和所有有志于创新产品或服务的所有人分享以用户为中心 (UCD) 的理念，如果您有任何想法和意见，欢迎微信扫码，添加 UX+ 小助手。

洞察用户体验（第2版）

作者：Mike Kuniavsky

译者：刘吉昆等

这是一本专注于用户研究和用户体验的经典，同时也是一本容易上手的实战手册，它从实践者的角度着重讨论和阐述用户研究的重要性、主要的用户研究方法和工具，同时借助于鲜活的实例介绍相关应用，深度剖析了何为优秀的用户体验设计，用户体验包括哪些研究方法和工具，如何得出和分析用户体验调查结果等。

本书适合任何一个希望有所建树的设计师、产品/服务策划和高等院校设计类学生阅读和参考，更是产品经理的必备参考。

Web表单设计：点石成金的艺术

作者：Luke Wroblewski

译者：卢颐　高韵蓓

精心设计的表单，能让用户感到心情舒畅，无障碍地地注册、付款和进行内容创建和管理，这是促成网上商业成功的秘密武器。本书通过独到、深邃的见解，丰富、真实的实例，道出了表单设计的真谛。新手设计师通过阅读本书，可广泛接触到优秀表单设计的所有构成要素。经验丰富的资深设计师，可深入了解以前没有留意的问题及解决方案，认识到各种表单在各种情况下的优势和不足。

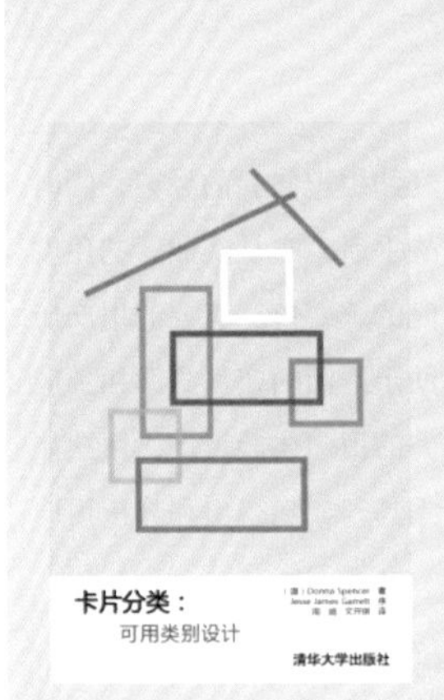

卡片分类：可用类别设计

作者：Donna Spencer

译者：周靖

卡片分类作为用户体验/交互设计领域的有效方法，有助于设计人员理解用户是如何看待信息内容和类别的。具备这些知识之后，设计人员能够创建出更清楚的类别，采用更清楚的结构组织信息，以进一步帮助用户更好地定位信息，理解信息。在本书中，作者描述了如何规划和进行卡片分类，如何分析结果，并将所得到的结果传递给项目团队。

本书是卡片分类方法的综合性参考资源，可指导读者如何分析分类结果(真正的精髓)。本书包含丰富的实践提示和案例分析，引人入胜。书中介绍的分类方法对我们的学习、生活和工作也有很大帮助。

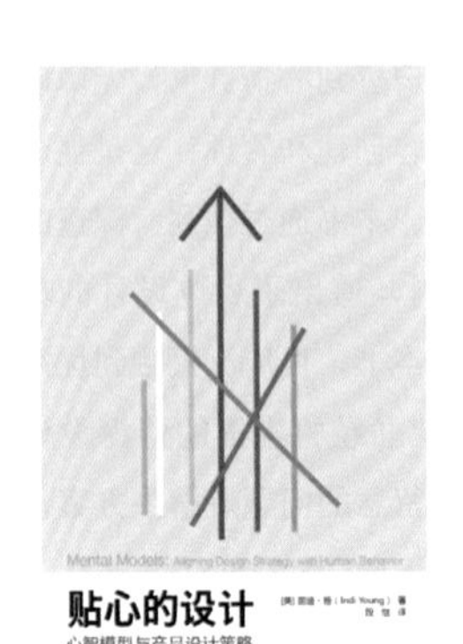

贴心的设计：心智模型与产品设计策略

作者：Indi Young

译者：段恺

怎样打动用户，怎样设计出迎合和帮助用户改善生活质量和提高工作效率，这一切离不开心智模型。本书结合理论和实例，介绍了在用户体验设计中如何结合心智模型为用户创造最好的体验，是设计师提升专业技能的重要著作。

专业评价：在UX(UE)圈所列的“用户体验领域十大经典”中，本书排名第9。

读者评价：“UX专家必读好书。”“伟大的用户体验研究方法，伟大的书。”“是不可缺少的，非常好的资源。”“对于任何信息架构设计者来说，本书非常好，实践性很强。”

设计反思：可持续设计策略与实践

作者：Nathan Shedroff

译者：刘新　覃京燕

本书从系统观的角度深入探讨可持续问题、框架和策略。全书共5部分19章，分别从降低、重复使用、循环利用、恢复和过程五大方面介绍可持续设计策略与实践。书中不乏令人醍醐灌顶的真知灼见和值得借鉴的真实案例，有助于读者快速了解可持续设计领域的最新方法和实践，从而赢得创新产品和服务设计的先机。

本书适合所有有志于改变世界的人阅读，设计师、工程师、决策者、管理者、学生和任何人，都可以从本书中获得灵感，创造出可持续性更强的产品和服务。

好玩的设计：游戏化思维与用户体验设计

作者：John Ferrara

译者：汤海

推荐序作者：《游戏风暴》作者之一Sunny Brown

本书作者结合自己游戏爱好者的背景，将游戏设计融入用户体验设计中，提出了在UI设计中引入游戏思维的新概念，并通过实例介绍了具体应用，本书实用性强，具有较高的参考价值，在描述游戏体验的同时，展示了如何调整这些游戏体验来影响用户的行为，如何将抽象的概念形象化，如何探索成功交互的新形式。

通过本书的阅读，读者可找到新的策略来解决实际的设计问题，可以了解软件行业中如何设计出有创造性的UI，可在游戏为王的现实世界中拥有更多竞争优势。

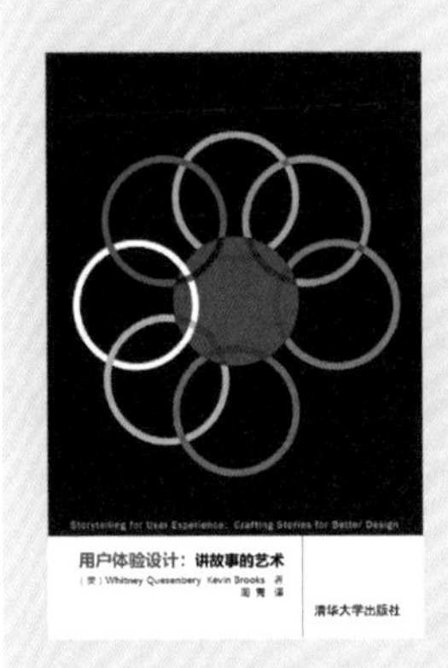

用户体验设计：讲故事的艺术

作者：Whitney Quesenbery，Kevin Brooks

译者：周隽

好的故事，有助于揭示用户背景，交流用户研究结果，有助于对数据分析，有助于交流设计想法，有助于促进团队协作和创新，有助于促进共享知识的成长。我们如何提升讲故事的技巧，如何将讲故事这种古老的方式应用于当下的产品和服务设计中。本书针对用户体验设计整个阶段，介绍了何时、如何使用故事来改进产品和服务。不管是用户研究人员，设计师，还是分析师和管理人员，都可以从本书中找到新鲜的想法和技术，然后将其付诸于实践。

通过独特的视角来诠释“讲故事”这一古老的叙事方式对提升产品和服务体验的重要作用。

问卷调查：更高效的调研设计与执行

作者：卡洛琳·贾瑞特

译者：周磊

本书来自作者从业十几年的实际经验，描述了如何通过七个步骤来实现更有效的问卷调查，从设计、执行和报告，有针对性地从轻量级开始，然后通过迭代来精准定位样本和收集到合适的数据，从而在此基础上做出更优的决策。

本书适合所有需要进行问卷调查的人参考和阅读，不管是面向专业人士的行业或薪资调研，还是面向消费者的市场调研或用户调研。

服务设计导论：洞察与实践

作者：安迪·波莱恩等

译者：周子衿

本书可以作为服务设计的入门导引，共9章，首先“抛砖”，明确指出服务和产品的差异，从而引出服务设计的本质，阐述如何理解人以及人与人之间的关系，揭示如何将研究数据转换为洞察和行动。接下来，描述服务生态圈，探讨如何拟定服务提案和如何做服务体验原型。最后，从客观的角度阐述服务设计所面临的挑战。

书中的案例涉及以保险为代表的金融服务、医疗服务、以租车为代表的出行服务、以解决失业问题为代表的社会服务以及电力等公共基础设施服务。本书可以作为参考指南，为需要和提供服务设计的企事业单位与设计机构提供战略方向和落地方案。

同理心：沟通、协作与创造力的奥秘

作者：Indi Young

译者：陈鹄　潘玉琪　杨志昂

推荐序作者：《游戏风暴》作者之一Dave Gray

本书主要侧重于认知同理心，将帮助读者掌握如何收集、比较和协同不同的思维模式并在此基础上成功做出更好的决策，改进现有的策略，实现高效沟通与协作，进而实现卓越的创新和持续的发展。本书内容精彩，见解深刻，展示了如何培养和应用同理心。

本书适合所有人阅读，尤其适合企业家、领导者、设计师和产品经理。